はじめに

本書は「**間違えやすい歯科疾患をチャンスに変える**」ことができる本であると思う.

言い換えれば，この本を手にされた獣医師はラッキーであると思う．さらにそこに通う患者である犬猫そしてその飼い主もラッキーである.

残念ながら，まだまだ日常の診療では，ひどい歯周病や口腔内トラブルで苦しむ犬猫が多くみられる．実は，その飼い主もその問題を解決したいと考えているが，十分な知識がないために間違ったデンタルケアをしてしまう場合も少なくない.

私は，そのようなかわいそうな犬猫と飼い主を少しでも減らしたいと思っていたところ，学窓社様からこの本を出版する機会をいただけた.

本書は，できるだけ臨床に携わる獣医師がすぐに現場で使えるように，実際の治療中の動画と写真を多用し，今までにない臨床に則したガイドブックに仕上げたつもりである.

本書を現場で活用することによって，間違えやすい歯科疾患を攻略し，早期からの予防とより良い治療を犬猫が受けられるチャンスを増やしてもらいたい．そのことは，犬猫でなく，その飼い主にとっても幸せなことになる．さらに動物病院にとってもよいビジネスチャンスとなり得ると思う.

2018年7月

とだ動物病院 小動物歯科　戸 田　功

目 次

本書とDVDの使い方

付属のDVDは，本書の内容を動画により補足することで，犬と猫の歯科についてより深く理解していただくことを目的として作られたものです．本書と併せてご活用ください．

DVDのメニューと内容

本DVDは以下のメニューで構成されています．
ページ数は動画を観るにあたっての本文の参照ページです．

診 察

予防的歯科処置

歯みがき

犬の抜歯

猫の抜歯

症 例

DVDを鑑賞する前にお読みください

重要な情報が含まれています．以下に記載されている[使用環境]，[免責事項]の内容に同意した場合のみ，本書に付属されたDVDをご利用できます．

[使用環境]

◉このディスクは映像と音声が高密度に記録されたDVDビデオ形式のディスクです．DVDビデオ対応のプレイヤーで再生してください．

◉パソコンに搭載されたDVDドライブで再生する場合には，使用環境(パソコンの設定・ハードウエア・ソフトウエア)により正しく動作しないことがあります．

※付属DVDは一般オーディオ用プレイヤーでは絶対に再生しないでください．大音響によって耳に障害を負ったり，スピーカーを破損したりする場合があります．

[免責事項]

◉収録されたファイルについては，入念な検証作業を行っておりますが，あらゆる環境での動作を確認するのは事実上不可能なため，著者および学窓社は正常に動作しない場合があっても保障することはいたしません．購入時の破損を除き商品の交換にも応じかねます．

◉付属DVDを利用して起きたいかなる損失や損害にも，著者および学窓社はいっさいの責任を負いません．

※このDVD-VIDEOを無断で複写，複製，有線放送，営利目的上映等に使用することを固く禁じます．

CHAPTER

1 歯科の基本的な解剖

歯科の処置では，抜歯などの外科的処置を行うことが多い．誤って口腔内や顎内の血管，神経，唾液腺の導管などに障害を与えないためにも，その構造について十分な理解が必要である．この章では，歯科治療に欠かせない解剖の基礎を解説する．

1 犬，猫の口の構造

1-1 犬，猫の歯の特徴

▶ Point

- 犬，猫の歯には肉食動物としての特徴がある．
- 犬では切歯と後臼歯で上下の歯が当たる．猫には臼状の歯がないため，切歯以外上下の歯が当たることはない．

犬と猫は肉食動物であり，その口腔内も肉食に適した構造となっている（**図1.1，1.2**）．そのため，人間はもちろん，他の雑食動物や草食動物と比較しても，歯の役割や構造が大きく異なっている．

例えば，獲物を捕らえるための長い犬歯や，獲物の皮や肉を切り裂くための裂肉歯（犬では上顎第4前臼歯，下顎第1後臼歯・**図1.3**）は，肉食動物ならではの特徴である．裂肉歯はヒトのように上下の歯が直接当たるようにして咬み合うのではなく，ハサミのようにすれ違い，肉を切り裂くことに適した構造となっている．

また，獲物を捕らえたり，捕らえた獲物を移動させたり，肉を切り裂いたりするには，強い力で顎を上下させる必要があり，犬や猫はそれに適した顎関節と咀嚼筋を持っている．ヒトに比べ，噛

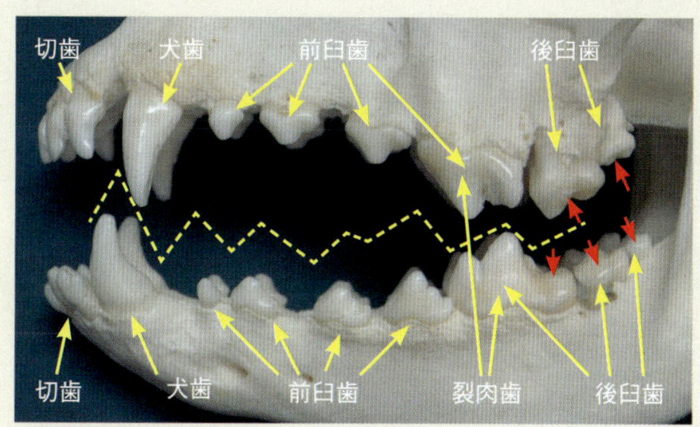

図1.1●犬の永久歯
切歯から前臼歯までは，上下の歯がすれ違いに咬み合う．後臼歯は臼状に咬み合う（赤矢印）．

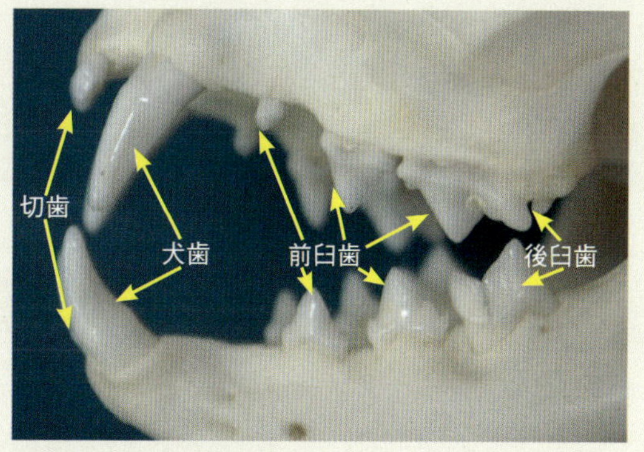

図1.2●猫の永久歯
臼歯は裂肉歯を含め，はさみ状咬合ですれ違いに咬み合い，肉を切り裂くことに適している．

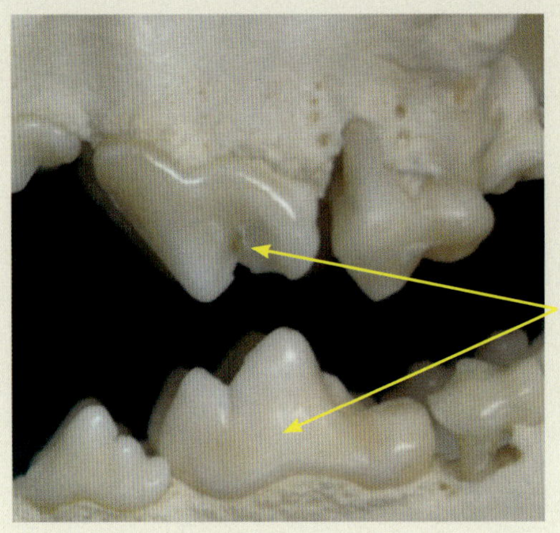

図1.3●裂肉歯の形状
上下1対の歯．正面から見ると，上下の歯が内側と外側にハサミ状にすれ違い，肉を切り裂くような構造になっていることがわかる．

む力は大きいが，歯が丈夫なわけではない．

犬と猫における最も大きな歯の違いは後臼歯にみられる．犬も猫も，犬歯，前臼歯までは上下の歯が当たることはなく，前述のようにすれ違いに咬み合う（切歯は前後に，それ以外は山と谷状に）．

しかし犬では，後臼歯が臼状になっており，上下の歯が咬合面で当たる．一方，猫には臼状の歯がなく，犬歯，前臼歯，後臼歯ともに上下の歯が当たることはない．

1-2 犬，猫の口腔内および顎の構造

▶ Point

- **口腔内および顎には，歯，歯周組織，舌，血管，神経，唾液腺などの器官が存在している．**
- **抜歯や口腔外科処置では，血管，神経，唾液腺などに十分注意する必要がある．**

犬や猫の口腔内は，大きく分けると歯，歯周組織，舌，唾液腺などからなる（**図1.4，1.5，1.13**）．猫の場合は，犬に比べると切歯部や臼歯部の歯肉の幅が狭く薄い．

口の中で確認しておきたいことは，唾液腺の導管開口部である．特に，犬，猫ともに上顎第1後臼歯の上部には耳下腺および頬骨腺の導管開口部があるが，小さな盛り上がりがあるのみで目立たないため，抜歯時やフラップ形成時に傷つけないように十分注意したい（**図1.6**）．

猫の場合は，舌下の下顎腺および舌下腺の導管（**図1.7**）と，臼歯腺（**図1.8**）の位置が下顎の後臼歯に近いため，こちらも注意が必要となる．

また，顎の構造にも十分な理解が求められる（**図1.9**）．顎骨内には重要な血管や神経が通っており，また上顎後臼歯のすぐ背側には眼球が位置するため，それぞれの位置関係をしっかりと把握しておかなければ，思わぬ事故の原因となってしまう．

詳しくはそれぞれの歯科処置に関する章で解説するが，抜歯や口腔外科処置の際に注意すべきポイントとしては，以下のようなものが挙げられる．

■ 注意すべきポイント

①**眼窩**――後臼歯のすぐ背側に眼球が位置する．特に上顎第2後臼歯は上顎骨の支持が少ないため，抜歯時にエレベーター等で眼球を刺さないように注意する（**図1.10**）．

②**オトガイ孔**――中オトガイ孔が一番大きく，第2前臼歯の腹側にある．下顎動静脈，下歯槽神経を通す．下顎犬歯，第1～第2前臼歯の抜歯時などに傷つけないように注意する（**図1.9**）．

③**眼窩下孔**――上顎第4前臼歯の口蓋根と近心頬側根の根尖の直上近くを通る．重度な歯周病の抜歯時に，傷つけないように注意する（**図1.9，1.11**）．

④**大口蓋孔，小口蓋孔**――後臼歯の口蓋側にある重要な血管．フラップ形成の際に傷つけないように注意する（**図1.12**）．

⑤**下顎管**――下顎骨体を走る血管神経管．下顎臼歯の腹側にあり，抜歯の際に傷つけやすい．特に下顎第1後臼歯の根尖のすぐ側にあるため要注意である（**図1.9，1.11**）．

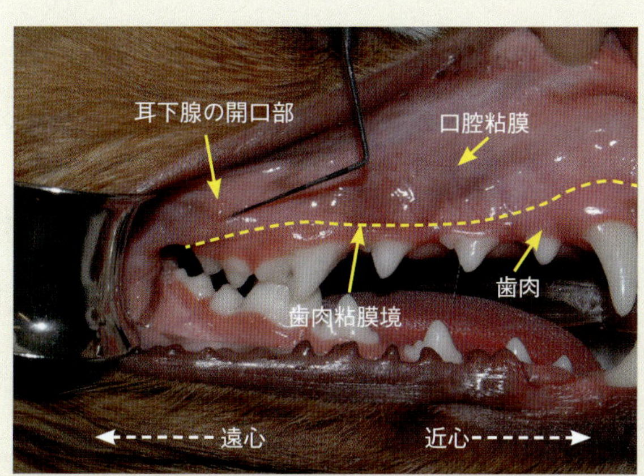

図1.4●犬の口腔内の構造

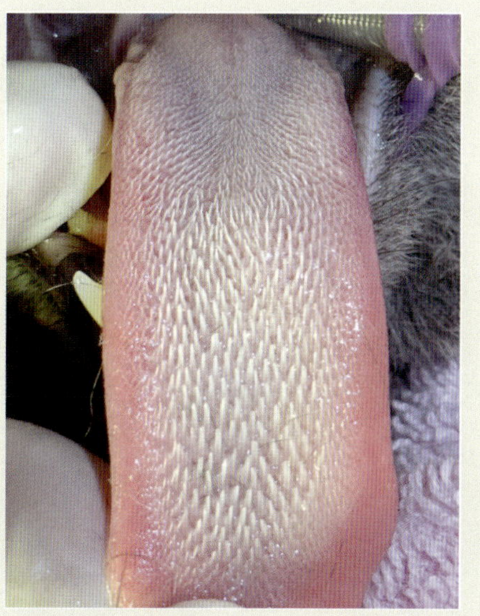

図1.5●正常な舌
舌の表面に，口の奥に向かって小さなトゲ状の糸状乳頭が多数みられる．

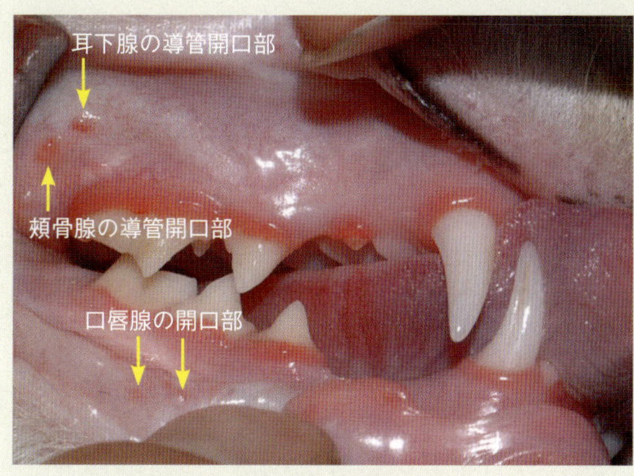

図1.6●耳下腺，頬骨腺，口唇腺
上顎第4前臼歯の背側に頬骨腺と耳下腺の導管の開口部がある．下唇の内側面に小唾液腺の口唇腺がある．全体の歯肉に軽度歯肉炎がみられる．

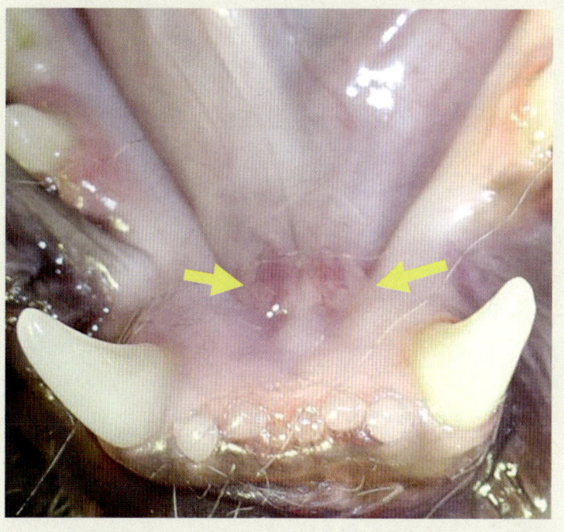

図1.7●猫の唾液腺開口部（矢印）（下顎腺，舌下腺）
舌下小丘に開口している．抜歯の際などに注意

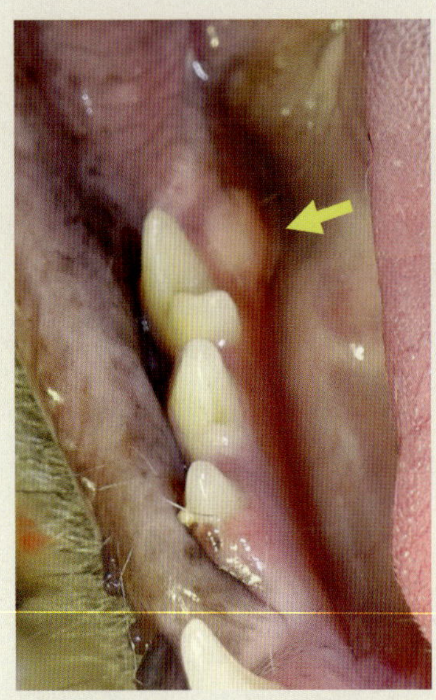

図1.8●猫の臼歯腺（矢印）
舌の横，下顎後臼歯のすぐ舌側に位置する．リンパ組織やしこりと間違えないように注意

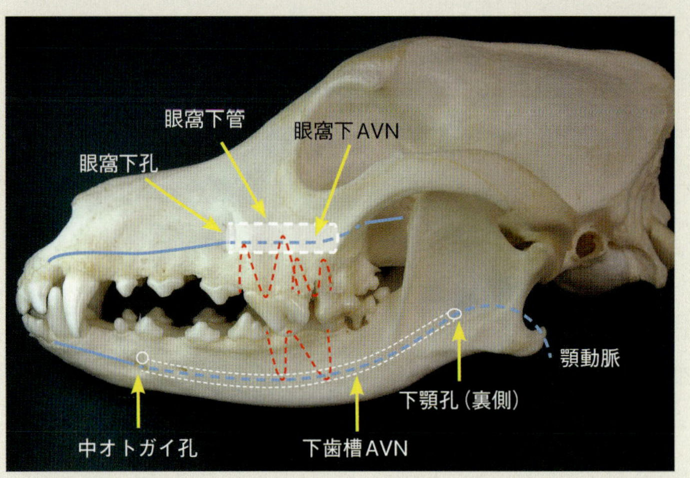

図1.9●犬の顎の構造
抜歯や外科処置の際，血管と神経の走行に注意．AVN：動静脈神経

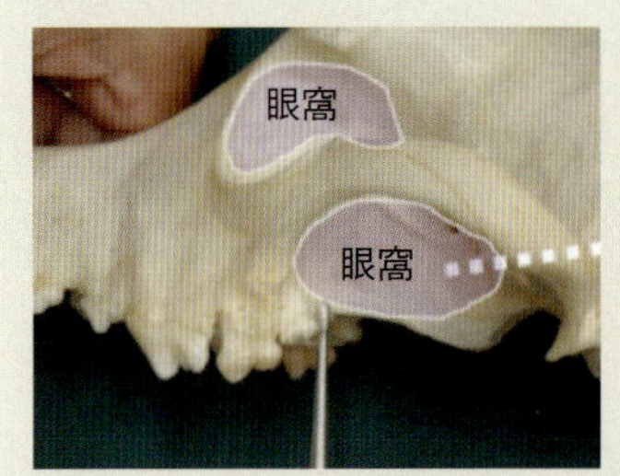

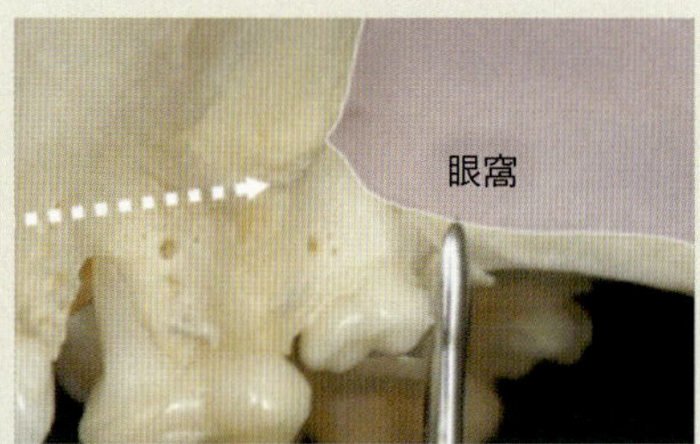

図1.10●犬の上顎後臼歯と眼窩の位置関係

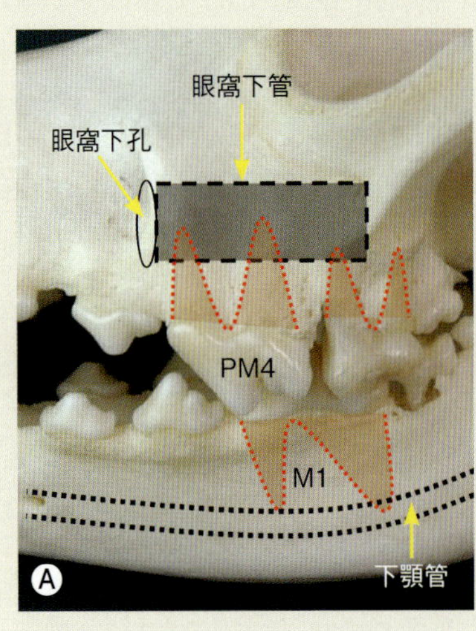

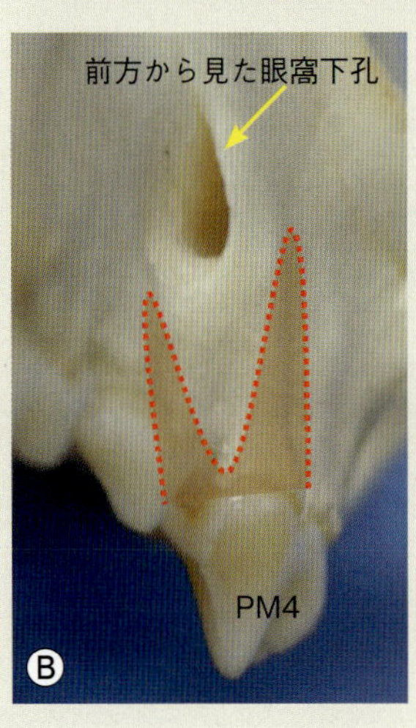

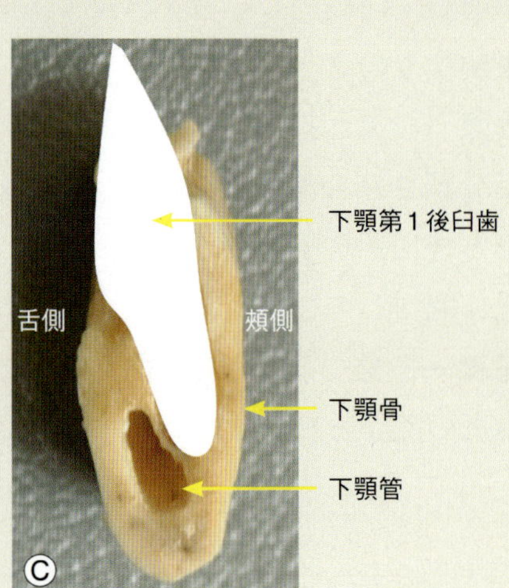

図1.11●犬の下顎管と眼窩下管の構造
（Ⓐ）犬の下顎管・眼窩下管と歯根の位置関係．上顎第４前臼歯（PM4）の頬側根の根尖部のすぐ内側に神経・血管の通る眼窩下管がある．下顎第１後臼歯（M1）の舌側には下顎管が通る．（Ⓑ）犬の眼窩下孔と歯根の位置．（Ⓒ）犬の下顎管と歯根の位置関係

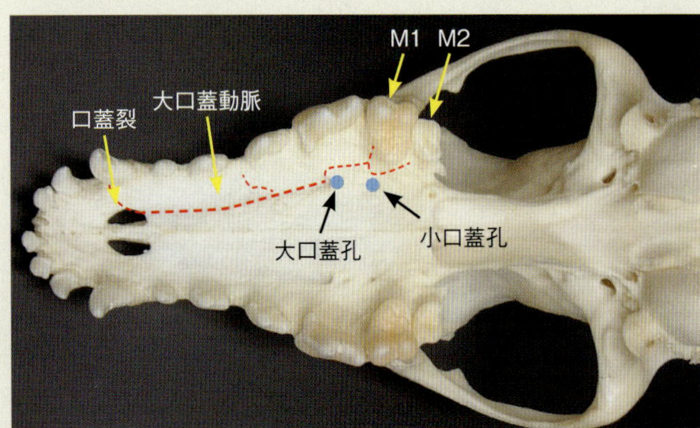

図1.12●犬の上顎の内部

1-3 唾液腺の解剖

■ 大唾液腺

唾液腺は大唾液腺と小唾液腺とに分類される．大唾液腺には耳下腺，舌下腺，下顎腺があり（**図1.13**），これらの腺体は大きく，口腔内から離れた結合組織中にあり，導管を通して口腔内に唾液を分泌する．その導管が閉塞などにより破綻することで，唾液腺粘液瘤を起こす．舌の下側方に発生したものは，一般的にガマ腫と呼ばれ，下顎角の腹側などに柔らかい流動性のある腫瘤を形成する．針吸引により，粘液性の唾液が採取されることで鑑別できる．

①**耳下腺**――耳の腹側に位置し，導管の開口部は上顎第4前臼歯上方にある（**図1.6**）．抜歯時に損傷しないように注意すべきである．

②**舌下腺**――下顎角のすぐ内側に腺体と導管がある．導管は下顎腺の導管と平行して舌の下側方を走行し，犬では，舌の下の舌下小丘に開口部がある（**図1.7**）．

③**下顎腺**――下顎角の直後に位置し，舌下腺と接しており共通の皮膜に覆われている．導管は舌下腺のものと並走する．これも舌下小丘に開口する（**図1.7**）．下顎リンパ節の腫大と間違えやすい．

■ 小唾液腺

小唾液腺は，口腔上皮に比較的近接した部分に存在し，腺体は比較的小さい．直接または小さな導管を通して口腔内に唾液を分泌する．猫の臼歯腺以外は治療面では通常問題にはならない．以下に代表的なものを挙げる．

①**頬骨腺**――犬と猫にのみみられる唾液腺である．頬骨弓の腹側に位置する．犬では，大唾液腺として分類される場合もある．メインの導管である大頬骨腺管は，耳下腺の開口部の約1cm尾側の第1後臼歯の背側付近に開口する（**図1.6**）．サブの導管である小頬骨腺管2～4本はその後方付近に開口しているが，肉眼ではわかりにくい．

②**臼歯腺**――猫でみられる（**図1.8**）．下顎第1後臼歯のすぐ舌側に直径0.5cm程度の腺が見える．口内炎の際などに腫大するとリンパ節と間違えられる場合がある．

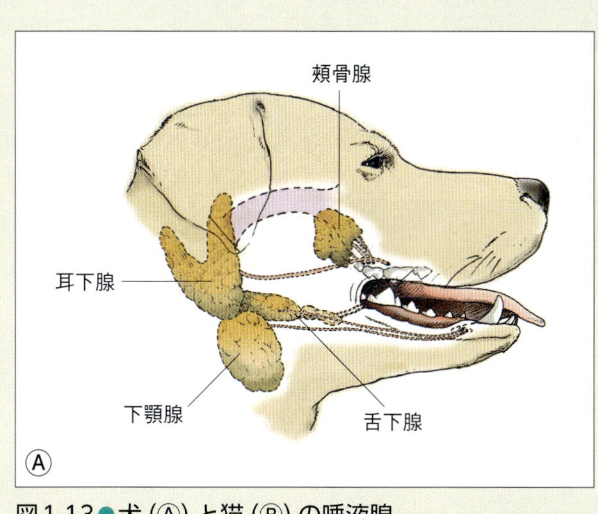

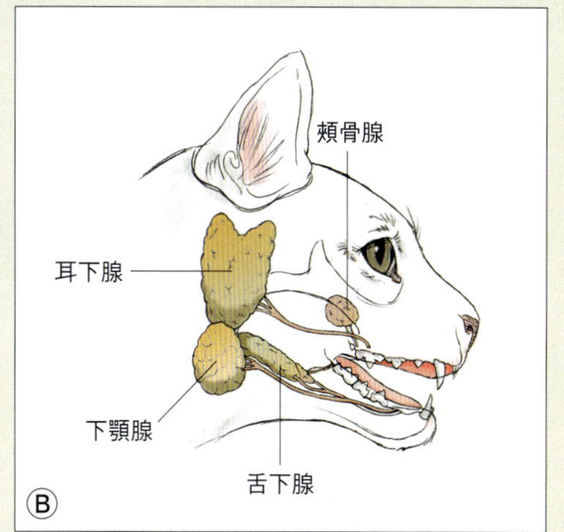

図1.13●犬（Ⓐ）と猫（Ⓑ）の唾液腺

③**口唇腺**——猫ではわかりやすい．口唇の内側に0.5 mm程度の小さな開口部が点状に数個並んで見える．
④**口蓋腺**——肉眼ではわかりにくい．臨床の場で問題になることはない．
⑤**舌腺**——舌粘膜下に無数に存在する．肉眼では見えない．

2 犬，猫の歯と歯周組織

2-1 永久歯歯列

▶ Point

- **猫の犬歯は厚い歯槽骨に囲まれているため，歯周病が進行しても横方向の動揺が少なく，縦方向に挺出してくる．**

犬の永久歯は，左右とも，上顎は切歯（I）3本，犬歯（C）1本，前臼歯（PM）4本，後臼歯（M）2本．下顎は切歯（I）3本，犬歯（C）1本，前臼歯（PM）4本，後臼歯（M）3本の計42本からなる（**図1.1**参照）．

歯式は次のように表される．

2×（I3／3　C1／1　PM4／4　M2／3）

先述したように，犬の後臼歯には臼状の歯がある（**図1.14**）．上顎第1後臼歯と下顎第1後臼歯の遠心1／3は咬合面を持ち，ヒトと同じようにすりつぶす機能がある．なお，下顎第1後臼歯の近心2／3は鋭く尖っており剪断機能がある．つまり，一つの歯で切り裂くこととすりつぶすことの二つの機能を持つ．

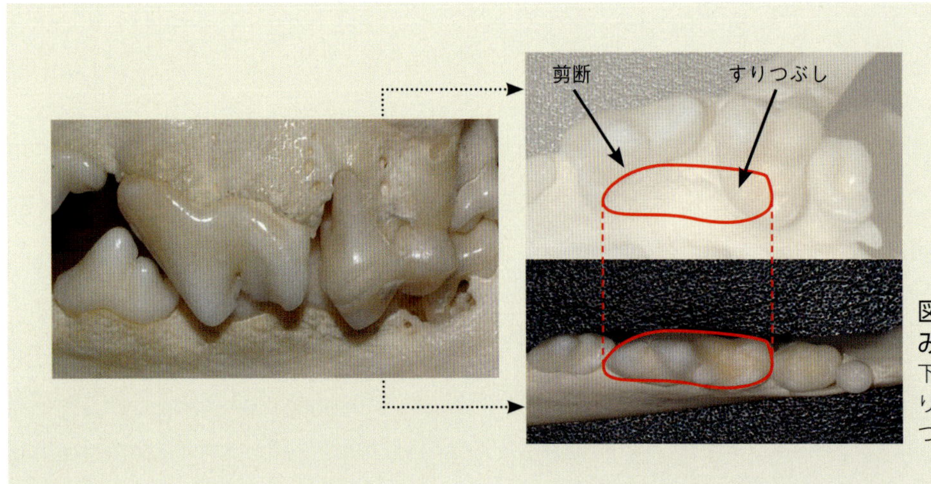

図1.14● 犬の臼歯の咬み合わせ
下顎第1後臼歯は剪断とすりつぶしの二つの機能を持つ．

猫の永久歯は，上顎は切歯（I）3本，犬歯（C）1本，前臼歯（PM）3本，後臼歯（M）1本．下顎は切歯（I）3本，犬歯（C）1本，前臼歯（PM）2本，後臼歯（M）1本の計30本からなる（**図1.15**）．

歯式は次のようになる．

2 ×（I3／3　C1／1　PM3／2　M1／1）

猫は犬に比べて歯の数が少ない．歯の特徴として，切歯がとても小さく細いほか，臼状の歯がないためすりつぶす機能がない．犬歯は獲物に深く食い込むように細長い形状をしており，そのため折れやすい．また，犬歯周囲の歯槽骨は厚く隆起しており，犬歯を取り囲むようになっている（**図1.16**）．そのため，歯周炎が進行した場合でも，横方向への動揺が少なく，歯が歯槽骨から挺出[註1]してくることが多い．

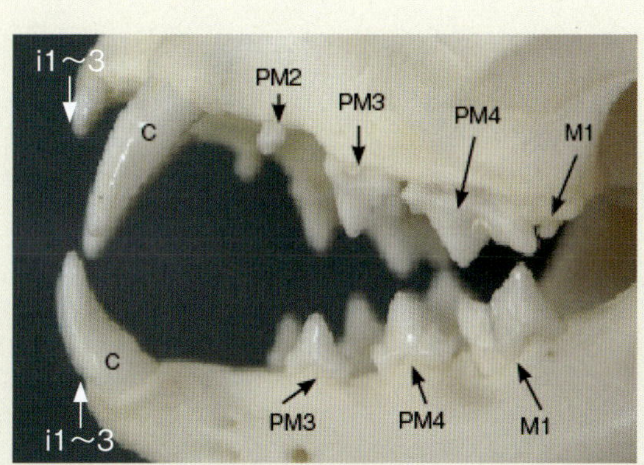

図 1.15●猫の永久歯と歯式
上顎M1はPM4の裏に隠れているため見えにくい．また，上顎PM2および下顎PM3は，吸収病巣などにより欠損している場合が多い．

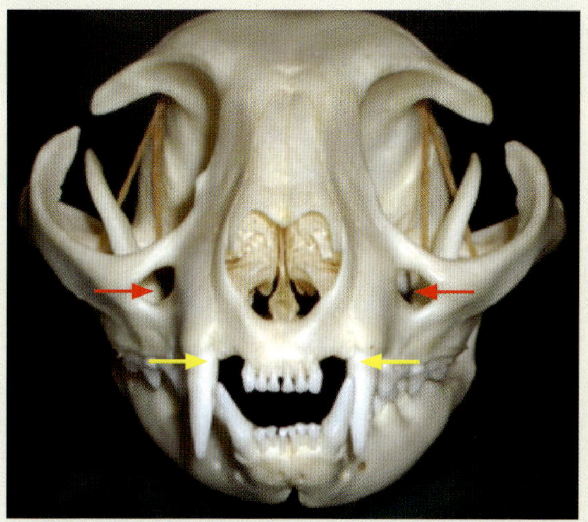

図 1.16●猫の犬歯周囲歯槽骨の隆起部
犬歯周囲の歯槽骨は厚く犬歯を取り囲んでいる（黄矢印）．上顎臼歯の上に眼窩下孔が開口している（赤矢印）．抜歯時に注意

▶註1　挺出．歯が歯槽窩から突出した状態になること．外見上は歯が伸びたように見える．

2-2 乳歯歯列

▶ Point

- **犬は乳歯と永久歯の交換時期にトラブルが頻発．適切な時期に生え変わっているかをよく確認すべきである．**
- **乳歯と永久歯の判別がつかない場合はX線撮影で確認する．**

犬の乳歯は，左右とも上下顎の乳切歯（i）3本，乳犬歯（c）1本，乳臼歯（pm）3本の計28本からなる（**図1.17**）．

歯式は，次のように表される．

2×（i3/3　c1/1　pm3/3）

猫の乳歯は，左右とも上顎は乳切歯（i）3本，乳犬歯（c）1本，乳臼歯（pm）3本．下顎は乳切歯（i）3本，乳犬歯（c）1本，乳臼歯（pm）2本であり，計26本となる．

猫の乳歯の歯式は，次のようになる．

2×（i3/3　c1/1　pm3/2）

犬猫ともに，成長に伴い乳歯は永久歯に順次交換されていく．通常は乳歯の歯根が顎の中で吸収され，乳歯の歯冠が脱落してその部位に永久歯が萌出してくる[註2]（**図1.18**）．

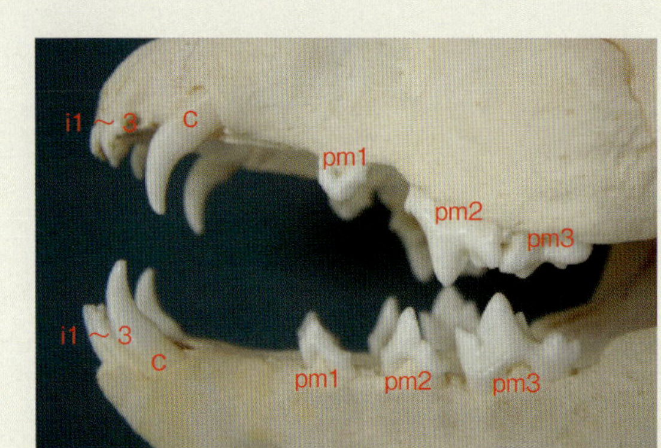

図1.17●犬の乳歯と歯式

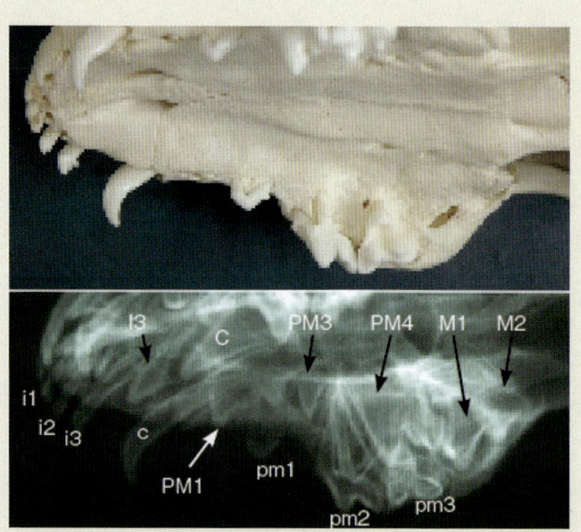

図1.18●犬の乳歯のX線写真（上顎）
乳歯の奥にすでに永久歯の歯胚が準備されていることがわかる．

▶註2　乳歯時の頭蓋の中で，永久歯の歯胚が乳歯の奥にすでに準備され，顎の中は永久歯の歯胚がかなりの体積を占めている．おおよそ永久歯の歯胚は乳歯のすぐ内側（口蓋側や舌側）に位置する．

そのため，乳歯歯根が正常に吸収されない場合，永久歯は本来萌出する位置とは異なる位置に萌出してくるか，あるいは萌出が障害されて顎の中に埋伏したままとなることもある．

猫ではこうした乳歯遺残は少ないが，小型犬種では乳歯遺残や萌出障害が頻発する．適切な交換時期（**表1.1**）に乳歯永久歯の交換がみられない場合には，早めにX線で確認し[註3]，抜歯などの適切な処置が必要となる．なお，乳歯を抜歯する際は，その奥にある永久歯の歯胚に十分注意しなければならない．乳歯の抜歯については抜歯の章で述べる（**第6章**参照）．

また，乳歯が露髄を伴う破折をした場合，そのまま放置すると歯髄が感染し乳歯歯根が壊死することもある．歯根部が壊死すると乳歯が正常に吸収されずに遺残するため，根尖部の細菌感染の影響が永久歯胚に及び，永久歯が萌出できないこともある．

表1.1●犬の永久歯の萌出時期（体格などにより時期は異なる）

切歯（I）	I1，I2は2～5カ月．I3は4～5カ月
犬歯（C）	5～6カ月
前臼歯（PM）	PM1は4～5カ月．PM2，PM3は6カ月．PM4は4～5カ月
臼歯（M）	M1は5～6カ月．M2，M3は6～7カ月

2-3 歯の構造と組織

▶Point

- **歯はエナメル質，象牙質，歯髄で形成されている．**
- **象牙質の象牙細管の中には神経線維があるため，損傷すると痛みが生じる．**

■ 歯の構造

歯の構造を大きく分けると，下記の三つの部分となる．

①**歯冠**——口腔内に出ている部分．表面はエナメル質で被われ，その下には象牙質，歯髄が存在する．

②**歯根**——顎の骨に開いている穴（歯槽）に収まっている部分．歯根膜と呼ばれる強い靱帯で骨に支えられている．

③**歯頸部**——歯冠と歯根の境の部分

透明なデンタルモデル（**図1.19**）があると歯根の状況がわかりやすく，臨床に役立つ．

▶註3　一般的に乳歯は歯冠が細く尖っているが，上下の前臼歯では永久歯との判別がつきにくい場合がある．判断を確実にするためには，X線撮影での確認が必要となる．

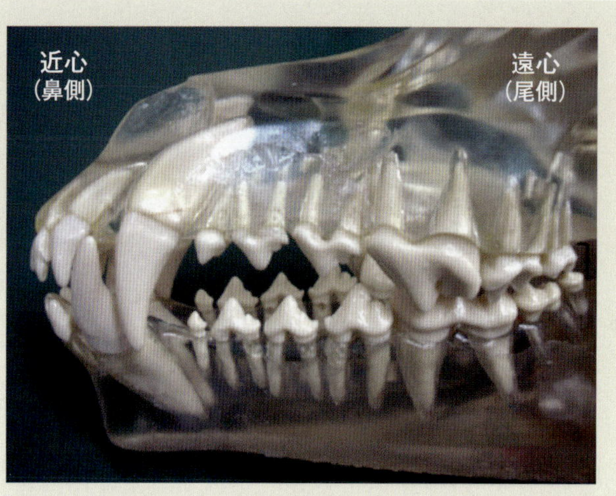

図1.19●透明なデンタルモデル
抜歯時の歯根の向きや，X線撮影を行う際の撮影位置を考える参考にもなる．

■ 歯の組織

歯そのものは，次のような組織で形成されている（**図1.20**）．

①**エナメル質**――歯冠の一番外側．身体の中で最も硬い組織であり，水晶と同程度の硬度を持つ．その95％以上がハイドロキシアパタイトと呼ばれるリン酸カルシウムの結晶からなる．エナメル質は，顎内での歯胚時にエナメル芽細胞から分泌されて形成されるものであり，一度萌出した後は再生できない．

②**象牙質**――約70％がハイドロキシアパタイト，残りの30％はコラーゲン由来の線維質からなり，歯髄にある象牙芽細胞から形成される．象牙細管の中には三叉神経からの神経線維が存在し，知覚がある．したがって象牙質が損傷すると痛みが生じる．

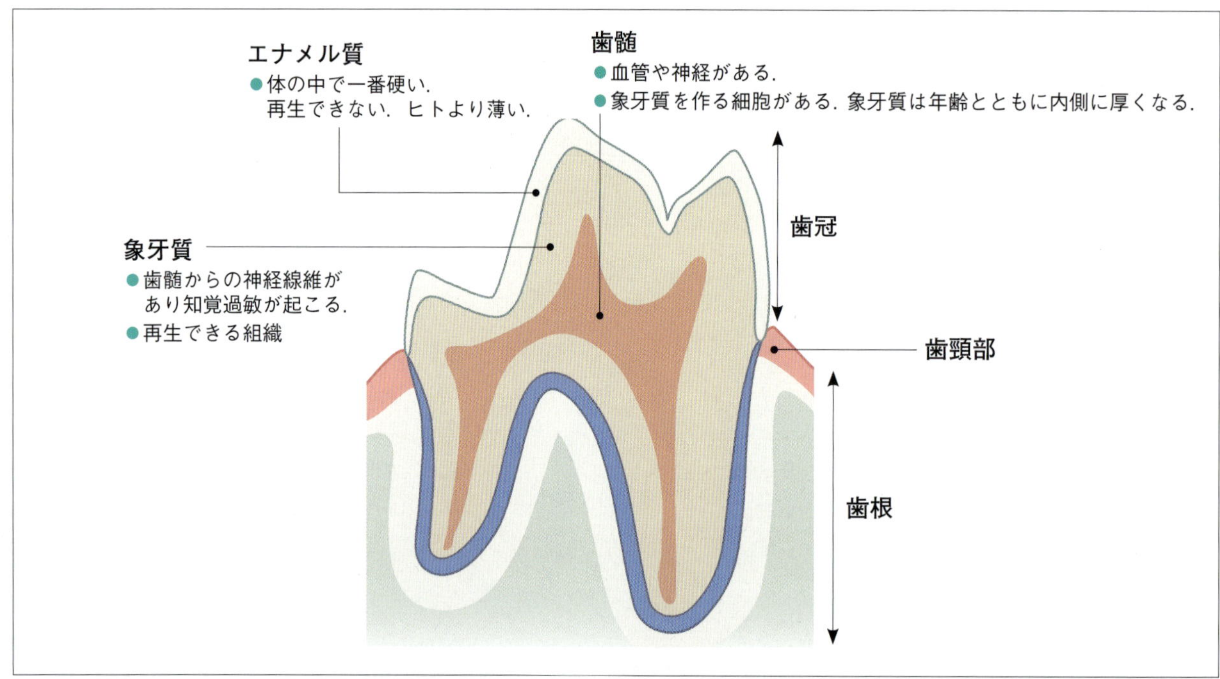

図1.20●歯の組織

③**歯髄**――歯髄には顎骨の中から血管や神経（三叉神経）が入り込む．血管は歯髄腔内までであるが，神経線維は上記の象牙質まで及ぶ．歯髄にある象牙芽細胞が活きている間は，象牙質は作られ続けるため，象牙質は年齢とともに内側に厚くなり，同時に歯髄腔は次第に細くなる．

2-4 歯周組織

▶ Point

- **歯を顎骨内に固定しているのが歯周組織である．**
- **歯周病は，歯そのものではなく，この歯周組織が破壊される疾患である．**

歯周組織とは，歯を顎骨内に固定している支持組織の総称で，セメント質，歯根膜，歯肉，歯槽骨からなる（**図1.21**）．重度の歯周病で歯が抜けるのは，この歯周組織が破壊されてしまうことによる．歯を顎に固定している組織について以下に説明する．

①**歯肉**――口腔粘膜の一部で，顎骨に硬く付着している．歯肉は歯肉溝を形成する遊離歯肉と，歯槽骨に付着する付着歯肉に分けられる．歯肉溝には免疫力の高い歯肉溝滲出液が漏出し，細菌から組織を守っている．

②**歯根膜**――歯周靱帯とも呼ばれる．歯のセメント質と歯槽骨を連結している強固な線維性結合組織

③**セメント質**――歯の構成要素のようにも感じられるが，実際には歯周組織の一部である．骨に類似した組織であり，歯根部の象牙質を被っている．歯根膜を介し歯槽骨と連結されている．

④**歯槽骨**――歯の周囲の顎骨の部分

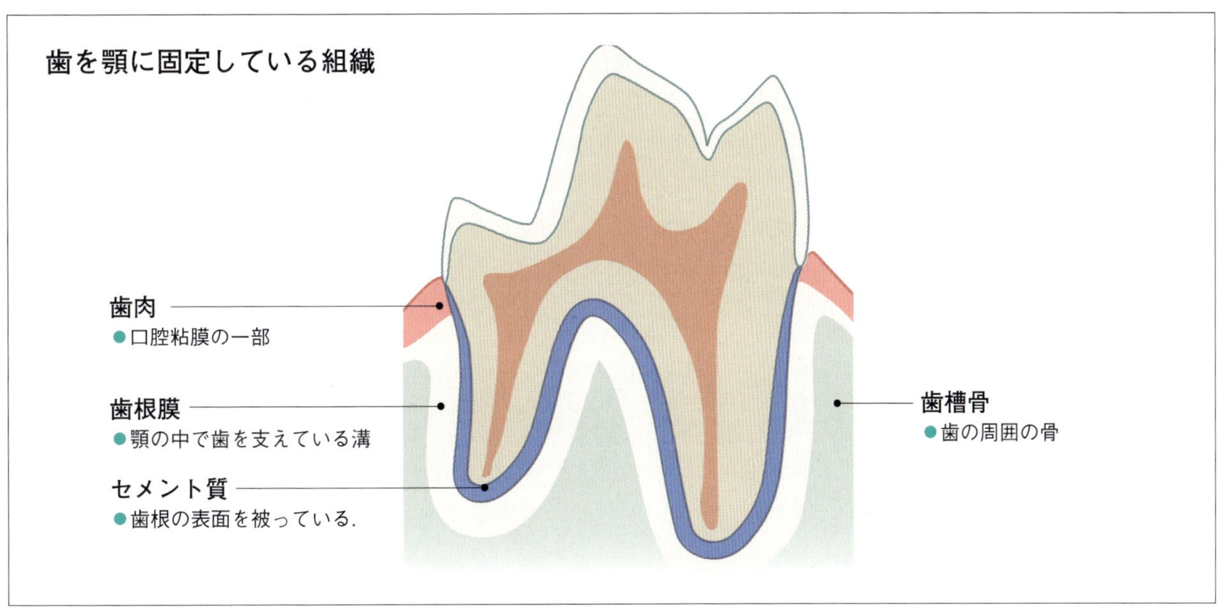

図 1.21●歯周組織

CHAPTER 2

歯科処置の手順

歯科の治療内容を判断するためには，麻酔下の口腔内検査がほぼ必須となる．しかし飼い主に麻酔を伴う歯科治療を了承してもらうためには，初診時の簡単な診察による仮診断で，十分かつ誤解のないように説明を行わなければならない．ここに歯科診療の難しさがある．本章ではそのポイントを解説する．

1 歯科処置の手順について

1-1 通常の手術と歯科処置との違い

▶ Point

・歯科では麻酔をかけなければ確定診断ができない場合がある．

・歯科診療の独特の流れを飼い主に理解してもらうためには，十分な説明が必要となる．

犬や猫の歯科において，歯科診療の流れは通常の手術と比べ特殊である．

通常の手術では，各種検査に基づいて診断をした後に，麻酔をして手術を行う（**図2.1**）．

しかし，犬，猫の歯科では，ヒトの歯科と異なり意識下で行える検査には限界があり，また，口腔内の疾患は見た目だけでは診断できないことも多い．そのため，全身麻酔をかけた後に口腔内を精査し，プロービングやX線撮影などの検査を行わなければ，診断を確定させることができないことも多い．そして，全身麻酔をかける以上，動物に負担をかけないためにも，診断と歯科治療を同時に行うことが一般的となる．つまり，歯科処置の場合は，**麻酔が先で，診断が後になることが多い**（**図2.1**）．

ここで問題となるのが，意識下での診察による仮診断の状態で，飼い主に麻酔を行う歯科治療の内容を納得してもらわなければならないということである．

より詳しく言えば，歯科治療では，意識下の診察による仮診断の段階で，麻酔をかけて行う実際の処置において想定される内容を，飼い主に理解および納得してもらわなければならない．また，麻酔下での詳細な検査を行わなければ診断を確定できない以上，処置内容については，ある程度の幅をもって伝える必要もある．

さらに，口腔内の疾患は見た目では異常がわかりにくいこともあり，飼い主が事前に想像している処置内容と，実際に行わなければならない処置内容との間に大きなギャップがあることも珍しくはない．そのギャップを埋めるためには，説明の内容だけでなく，伝え方にも十分な配慮が求められる．

こうした点が，歯科処置において初診時の対応が重要となる所以である．

なお，飼い主に説明する際には，**図2.2**のような歯科処置の流れを記載した書面を用意しておくと，説明がスムーズに進みやすい．

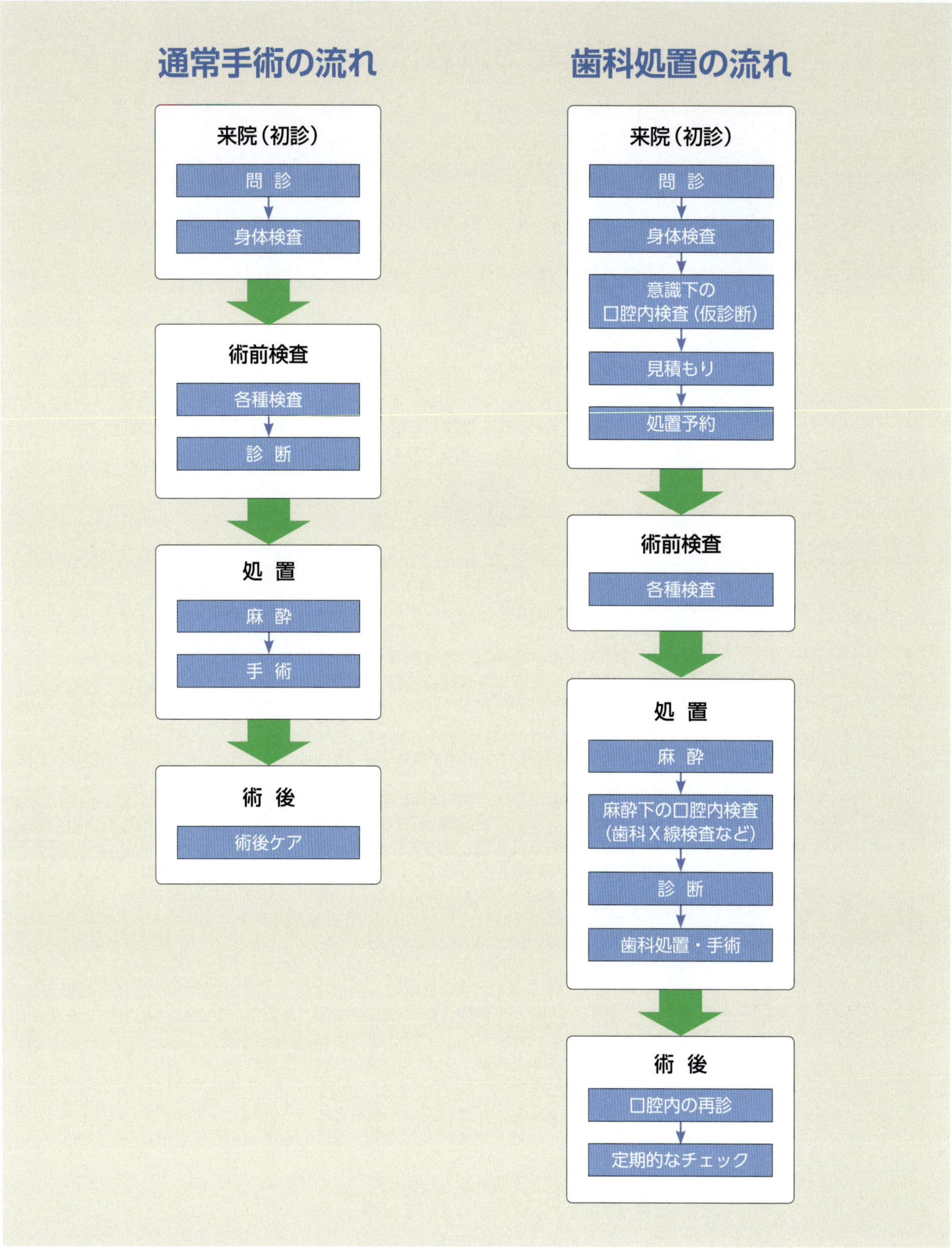

通常手術の流れ

来院（初診）
- 問 診
- ↓
- 身体検査

↓

術前検査
- 各種検査
- ↓
- 診 断

↓

処 置
- 麻 酔
- ↓
- 手 術

↓

術 後
- 術後ケア

歯科処置の流れ

来院（初診）
- 問 診
- ↓
- 身体検査
- ↓
- 意識下の口腔内検査（仮診断）
- ↓
- 見積もり
- ↓
- 処置予約

↓

術前検査
- 各種検査

↓

処 置
- 麻 酔
- ↓
- 麻酔下の口腔内検査（歯科X線検査など）
- ↓
- 診 断
- ↓
- 歯科処置・手術

↓

術 後
- 口腔内の再診
- ↓
- 定期的なチェック

図 2.1 ●来院から処置が終わるまでの一般的な流れ

歯科処置の流れについて

※歯周病の場合の一般的な流れについて説明しますが，症状や処置内容により内容は変わりますので，ご了承ください．

診　察	口の診察 見積もり 予約	●犬，猫の口，頭，体などを診察します． ●仮診断をもとに，ご家族に，歯科処置の流れを説明します（診断は麻酔後になります）． ●見積もりを提示します．

事　前	術前検査	●処置日より3～14日前に手術前の検査（血液検査，X線検査，超音波検査など）を行います． ご予約のうえ，6時間以上の絶食で指定のお時間にお連れください．2時間ほどお預かりして検査を行います．

処置当日	麻酔準備，麻酔	●処置当日は絶食（朝食なし）絶水（朝7時以降なし）で，指定のお時間（通常は朝9～10時半の間）にご来院いただき，お預かりします． ●処置同意書に署名捺印していただきますので，印鑑をご持参ください． ●麻酔の準備をします．点滴を付け，抗菌薬，鎮静薬などを投与します． ●麻酔導入薬を投与し，ガス麻酔で麻酔を維持します． ●各種生体モニターを付けて麻酔を管理します．
	口腔内検査，診断	●術前の口腔内の写真を撮り，口腔内の詳細な検査（プロービングや口腔内X線など）を行い，病状を診断します．
	歯科処置	●抜歯など痛みを伴う処置の場合は，処置前に局所麻酔を行います． ●処置の痛みに応じた鎮痛薬を投与します． ●処置内容や体の状態に応じて，麻酔を調整します． ●必要な歯科処置を行います． （例えば，軽度～中程度の歯周炎のときは，歯の上と歯周ポケット内の歯石歯垢の除去〈スケーリング〉，歯根表面を滑らかにする〈ルートプレーニング〉，歯肉内側の不良な壁の除去〈キュレッタージ〉，歯の表面の研磨〈ポリッシング〉を行います． 重度歯周病による抜歯のときは，歯肉を切り，歯を抜去し，不良な組織を除去し，切開した歯肉・粘膜を縫合します． ●縫合糸は溶ける糸です（約3～4週間後に抜糸せずになくなります）． ●処置後，麻酔を覚醒させます．通常，数分で覚醒します．
	処置後説明，退院	●処置当日のお伝えした時間に，お迎えに来ていただきます． ●検査結果，診断，処置内容，投薬，食事を含む処置後の管理方法などをご説明します． ●説明後に犬，猫をお返しします． ●処置当日から食事とお水を与えていただきます．

後　日	再診， 定期検診	●抜歯などの処置の場合は，後日に再診に来ていただきます． ●ホームケアなどをご指導します． ●定期的な歯科検診（約半年ごと）に来ていただきます．

※ご不明な点がございましたら，スタッフまでお尋ねください．　とだ動物病院

図 2.2●歯科処置の説明表

1-2 飼い主への説明と見積り

▶ **Point**

- **意識下での診察は仮診断であり，最終診断ではないことを伝えておく．**
- **診療費の見積もりは最終診断により変わる可能性があるため，「低めの場合」と「高めの場合」の両方を提示すると良い．**

まず飼い主に説明すべきことは，歯科処置当日の流れである．**図2.2**のような書面を渡しつつ，麻酔前検査の内容，麻酔をかけた状態での検査と想定される処置内容，術後の管理方法などの流れについて，飼い主に対して具体的に説明をしていく．

ただし，この時点では口腔内については十分な検査ができない段階での仮診断であるため，その点をきちんと伝えたうえで，想定される状態をすべて説明しておくと良い．

例えば，外見上は重度歯周病の徴候がない場合でも，麻酔後の検査による最終診断で，見た目以上に歯周病が進行しており，抜歯しなければならない状況となる可能性があることを伝えるべきである．

なお，その際に説明が多岐にわたってしまうと，飼い主が混乱しやすい．そこで，インフォームド・コンセント用のメモ紙に要点を箇条書きにして飼い主に渡しておくことで，理解がスムーズに進む．さらに，獣医師側でそのコピーをカルテに保存しておくことによって，トラブル対策にも役立てることができる．

歯科処置では，飼い主の想像と患者の状態との間にギャップが生じやすい．さらに説明後に「言った」「言わない」のトラブルを避けるためにも，できるだけ記録に残しておくことが重要なポイントとなる．

同様のことが，診療費の見積もりについても言える．仮診断の段階では，実際の処置内容が確定していないため，正確な見積もりを出すことはできない．そこで，「低めの見積もり」と「高めの見積もり」の両方を提示しておくことで，診療費に関わるトラブルを回避することができる．また念のため，処置時の状況によっては見積もりの範囲を超える可能性があることも伝えておくと良い．

以上の内容について飼い主の了承を得られたところで，歯科処置の予約を入れてもらい，絶食絶水の指示や当日用意してもらう事項，来院時間とお迎えの時間を伝える．飼い主に安心してもらうため，これらの内容を説明した書面についてもあらかじめ用意しておくことをお勧めする．

2 初診日（歯科疾患初診日）

2-1 問診

▶ Point

・歯科独特の問診の方法がある．問診で観察すべきポイントを押さえてから診察することが重要である．
・犬種や年齢によって，罹患しやすい歯科疾患も異なるため，注意して問診すべきである．

意識下での診察は，犬や猫が嫌がる場合が多く，口腔内を十分に観察できないうえに，診察時間も限られるため，重要なポイントを見落としてしまうこともある．

そのため問診を充実させることで，系統的に確認すべきポイントや，観察すべきポイントをあらかじめ押さえておくことが重要となる（**表2.1**）．

表2.1●歯科問診チェックリスト

項目の種類	内容
一般的項目	動物種，品種，性別，年齢，飼育環境など
歯科関連項目	●主訴，歯科現病歴 ●過去の歯科治療歴 ●食事内容 ●食欲・食べ方 ●噛むもの（蹄，硬い皮，骨，異食，おもちゃなど） ●ホームケア

歯科処置は麻酔下で行うことが多いため，問診では歯科に関連する項目だけでなく，全身性疾患についても確認しておく必要がある．

問診の具体的な内容としては，まず一般的項目として，動物種，品種，性別，年齢，飼育環境を聞く．

犬，猫それぞれで起こりやすい歯科疾患が異なるほか，犬では品種による頭蓋の形態の違いや，小型犬と中・大型犬によっても，起こりやすい歯科疾患は異なる．

また年齢によっても，歯周病などの発生率が異なる．さらに，ケージ飼育やボール遊びなど，飼育している環境も歯や口の疾患などに関連することがあるため，ぜひ確認しておきたい．

歯科に関する項目としては，それぞれ以下の点に注意して問診を行うと良い．

■ 問診のポイント

①**主訴および現在の歯科疾患の現病歴**——どのような原因でどのような症状なのかを，経過を含めてできるだけ詳しく聞く．

②**過去の歯科治療歴**——過去の処置以降，症状がどの程度まで進行しているのかを知ることで，これまでの評価と今後のケアの参考にする．

③**食事内容**——通常の食事（ドライフード/缶詰），間食の程度，人間の食事の採食程度などを聞く．

④**食欲・食べ方**——食べる量だけでなく，食事に対しての興味の程度や食べ方についても聞くこと．具体的には，片方の顎で食べたり，顔を傾けて食べていたり，食事を中断していないかなどを聞く．つまりは口腔内の疼痛による採食困難と，他の内臓疾患による食欲不振とを鑑別する必要があるからである．

⑤**噛むもの**——歯を傷つけたり，破折の原因となるような，蹄，硬い皮，骨，ケージ，異食，おも

ちゃ，石などを噛んでいないかを確認する．また，飲み込む危険性があるおもちゃなどを与えていないかを聞く．

⑦**ホームケア**——どのような方法と頻度で行っているかを具体的に聞く．例えば，方法としては，歯ブラシ，ガーゼ，デンタルグッズ，歯みがき粉など．頻度としては，毎日，何日に1回程度，毎食ごと，さらに，食前食後に行っているかなど詳しく聞く．

2-2 身体検査

▶ Point

- **歯科に関連した身体検査や意識下の口腔内検査の診るポイントがある．**
- **系統的に，身体検査→顎顔面→口腔内という順に診療していく．**

問診を済ませた後に身体検査を行い，続いて意識下での様々な検査を行う．歯科処置を前提とした検査手順としては，**表2.2**のようなものとなる．以下，身体検査および意識下での口腔内検査の概要を解説する．

表2.2●歯科処置を前提とした検査手順

1：身体検査，各種検査
● 全身状態の把握，歯科疾患と全身状態との関連 ● 麻酔に対しての評価

2：顔面・頭蓋の検査（口，鼻，眼，頸部などを含む頭部全体の評価）
● 各部位の腫大，疼痛，対称性などを評価 ● 機能（呼吸様式，食べ方，顎関節などの動きなど）の評価

3：意識下での口腔内評価
● 咬み合わせの評価 ● 歯，歯周組織，口唇，舌，咽頭など見える範囲の評価 ● その他

■ 身体検査

全身の身体検査を最初に行うことは，他の疾患と同様である．歯科においては，処置に際して全身麻酔をかけるうえでも，また歯科疾患と全身の状態の関連を確認するためにも重要である．

したがって，身体検査では，鼻先から尾まで，系統的に診察すべきである．例えば，摂食障害などにより削痩していないか，前肢で口を拭っていないか，心疾患など麻酔に関連するような全身疾患がみられないかを評価する．

2-3 意識下の口腔内検査 

■ 顔面・頭蓋の検査（口，鼻，眼，頸部などを含む頭部全体の評価）

次に，視診，触診などによる顔面と頭蓋の検査を行う（**表2.3**）．ここでは上下顎や唾液腺，リンパ節などの腫大，疼痛，左右対称性などを評価する．また，顎の動きと可動域をチェックし，開口閉口障害などを評価する．さらに食べ方や呼吸様式も評価する．また，歯垢を拭ってにおいを評価することも歯周病などの重要な指標となる．獣医師自身の視覚，触覚，嗅覚という感覚を十分に活用して，手短に観察を進めていきたい．

なお，口腔内の診察の際には，**ペンライトと長い柄の綿棒**が非常に有用である．片手で綿棒とペ

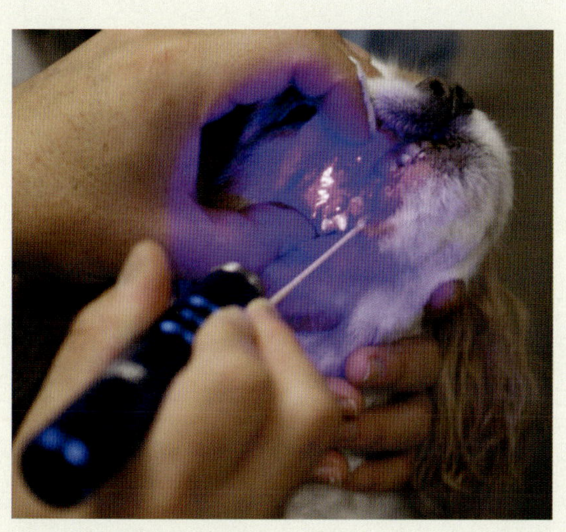

図2.3●口腔内の診察
片手でペンライトと長い柄の綿棒を同時に持つ.

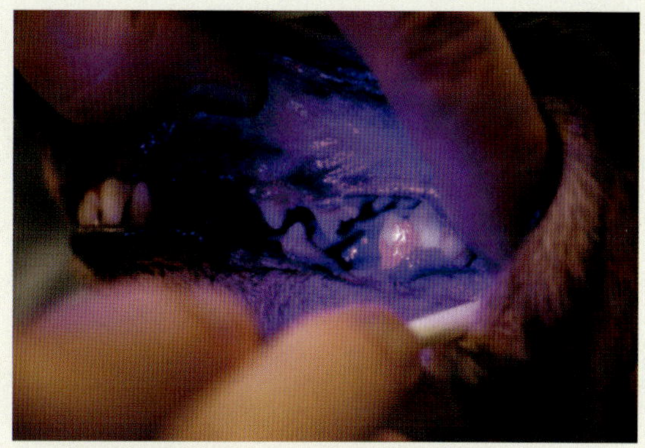

図2.4●ブラックライトを用いた歯石歯垢検査
ブラックライト当てると歯垢歯石がオレンジ色に光る. 簡易に歯垢歯石を飼い主に見せることができる.

ンライトを同時に持つスタイルをお勧めする(**図2.3**).

長い柄の綿棒は, 歯垢のチェック, 歯の動揺の確認, 口唇や舌をよけるなどの際に有用である. さらに, 歯垢を拭うことができるため, 口臭評価の際に獣医師の鼻を動物の口の近くに寄せる必要がなく, 診察を安全かつ効率よく行うことができる.

ペンライトは, 特に見づらい後臼歯, 歯の内側, 咽頭近くを観察する際に非常に便利である. また, ブラックライトを用いて歯垢を飼い主に見せる方法は, 歯垢染色剤を使うよりも簡単で有用である(**図2.3, 2.4**).

顔面と頭蓋の具体的なチェックポイントは, 次のようなものとなる.

表2.3●顔面・頭蓋のチェックポイント例

- 口臭
- 流涎
- 咬み合わせ(特に犬)
- くしゃみ, 鼻水(特に犬)
- 眼下や下顎などの腫大, 疼痛, 排膿
- リンパ節, 唾液腺などの腫大
- 食欲不振
- 噛み方・食べ方の変化
- 開口・閉口障害
- 触診時の疼痛

■ 顔面と頭蓋のチェックポイント

①**口臭**——口臭は歯周炎の際に増加する. 歯周病の進行程度により, 口臭の程度が異なるため, 口臭のチェックは重要な検査である. 歯周病の程度を飼い主にも理解してもらうために, 飼い主にも口臭を確認させる必要がある. また, 猫では尿毒症の口臭と鑑別する必要がある.

②**流涎**——猫では悪心などの全身疾患に関連したものと, 口腔内の疼痛によるものとを鑑別する必要がある.

③**咬み合わせ(特に犬)**——咬合異常(**図2.5**)は小型犬種で多くみられる. 猫では少ない.

④**くしゃみ, 鼻水(特に犬)**——くしゃみや鼻水は, 犬の上顎犬歯から第4前臼歯までの重度歯周炎による口鼻瘻の際などにしばしばみられる.

⑤**眼下や下顎などの腫大, 疼痛, 排膿**——眼下の腫大や疼痛, 排膿(**図2.6**)は, 上顎臼歯の根尖性歯周炎が原因であることが多い. 腫瘍との鑑別も必要である.

⑥**リンパ節, 唾液腺などの腫大**——下顎リンパ節などの腫大(**図2.7**)は, 顎や口腔内の炎症・感染に関連して起こることが多く, 腫瘍などとの鑑別が必要である. 唾液腺などの腫大も様々な原因

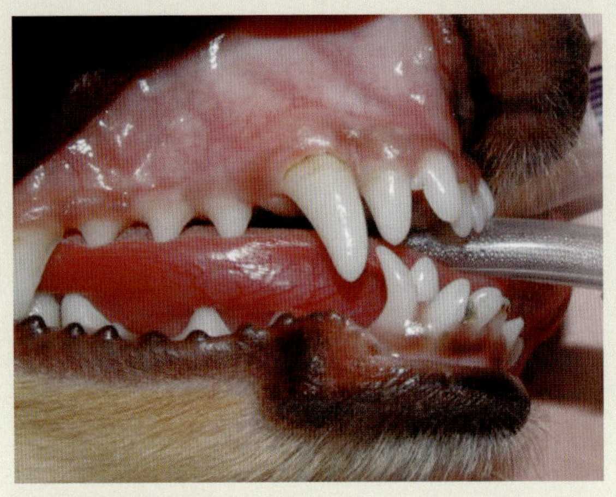

図 2.5●咬合異常
小型犬に多くみられる不正咬合

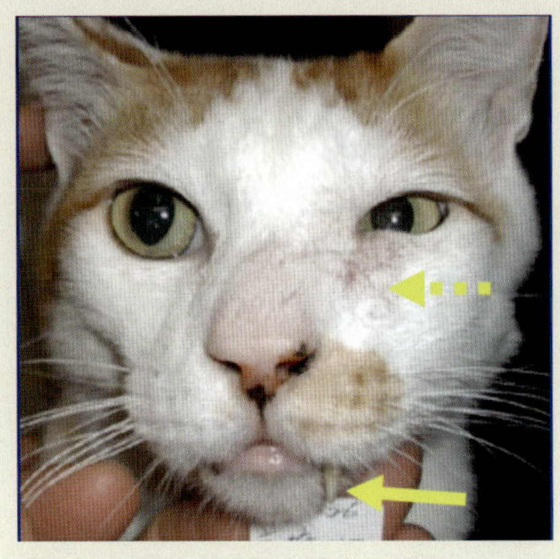

図 2.6●眼下と下顎の腫大，排膿
左犬歯の挺出（黄色矢印）と根尖性歯周炎による左眼下周囲の腫大（黄色点線）

図 2.7●唾液腺（下顎腺）粘液瘤による左頰の腫大

で起こる．唾液腺の腫大のほとんどの原因は，唾液腺の導管の障害により唾液が皮下や粘膜の下に貯留する唾液腺粘液瘤である．また，下顎腺や舌下腺を下顎リンパ節の腫大と間違えやすいため注意が必要である．

⑦**食欲不振**――食欲不振は口腔内の疼痛・疾患などによるものか，全身状態によるものかを鑑別する必要がある．食事に興味がない場合は，食欲がない場合が多い．一方で，食事に興味があるものの採食できない場合は，口腔内に問題がある場合が多い．

⑧**噛み方・食べ方の変化**――噛み方・食べ方の変化は，歯周炎による疼痛や腫瘍，骨折などにより起こることがある．例えば，重度の歯周炎などにより，歯で食べ物を噛み難くなる場合は，反対側を使おうとして，食べ方に変化が出ることがある．また，疼痛がみられる場合は，口をガチガチさせることもある．食べこぼしも舌の腫瘍の際によくみられる症状である．

⑨**開口・閉口障害**――開口・閉口障害は，顎関節の外傷や顎の骨折などの際に起こることがある．症例数は少ないうえに鑑別が難しい．X線やCTでの顎関節の評価が必要となる場合が多い．

⑩**触診時の疼痛**――触診時の疼痛は，外傷や重度歯周病，猫では口内炎などの際に一般的にみられる症状である．腫れと痛みとの関連性に注目すべきである．口腔内の視診で判断がつきにくい場合は，患部の精査が必要である．

2-4 意識下での口腔内評価

▶ Point

・意識下では口腔内の詳細を見ることは難しいが，チェックポイントを押さえた系統的な評価を行う．
・異常がある部位は写真を撮り，飼い主にも説明をしておく．

意識下では歯，歯周組織，舌，咽頭などについての詳細を見ることが難しい場合が多い．可能な範囲で，口腔内全体をチェックする（**表2.4**）．

異常がみられた部位は，飼い主へ説明すると同時に，今後の記録として写真を撮っておくと良い．歯だけでなく，口唇，舌，唾液腺，咽喉頭，口腔粘膜など周囲組織もできるだけチェックすることが必要となる．

具体的なチェックポイントについて，下記に列記しておく．

表2.4● 口腔内のチェックポイント

歯に関するもの
● 歯石・プラークの付着程度 ● 動揺 ● 配列，萌出の位置や方向 ● 叢生，欠歯，埋伏歯 ● 乳歯遺残 ● 破折，摩耗，咬耗，吸収病巣，齲蝕 ● エナメル質形成不全 ● 変色

歯周組織（歯肉・口腔粘膜など）に関するもの
● 出血，炎症，腫脹 ● 排膿 ● 歯肉過形成，歯周ポケット，歯肉の退行，アタッチメントロス ● 腫瘤

口唇・舌・口蓋・その他に関するもの
● 出血，炎症，腫脹 ● 口内炎（特に猫） ● 腫瘍

■ 歯に関するチェックポイント

①**歯石・プラークの付着程度**——歯石・プラークの付着程度は，歯ごとに評価する（ただし奥歯や内側は評価しにくい）．特に，歯と歯肉の境目の観察が重要である．歯周病が進行すると，歯周ポケットから歯垢が膿様にみられる．

②**動揺**——歯がグラグラすること（動揺）は，重度の歯周炎や歯根の破折などの場合にみられる．

③**配列，萌出の位置や方向**——歯の配列および萌出の位置や方向の異常（**図2.8**）は，咬合の異常に関連したり，歯周病になりやすい場合がある．また，歯の生え方が悪いと，歯肉，口蓋，唇などの軟組織やほかの歯の萌出に悪影響が出る場合がある．

④**叢生（そうせい），欠歯と埋伏歯**——叢生（**図2.9**）とは，狭いスペースに重なり合うように歯が生えている状態のことである．叢生部位は歯周病になりやすく，歯列改善のため，余分な歯を抜歯するなどの処置が必要な場合がある．

外見上歯がない場合（乳歯永久歯交換期以外）には，顎の中にも歯がない状態の「欠歯」（**図2.10**）と，顎の中で埋もれて萌出できない状態の「埋伏歯」（**図2.11**）とが考えられる．欠歯については治療の必要はないが，埋伏歯は顎の中で嚢胞を形成し顎を融解する場合があるため，通常は抜歯の処置を行う．両者とも歯が萌出しておらず，外見では判断ができないため，X線検査で確認する必要がある．

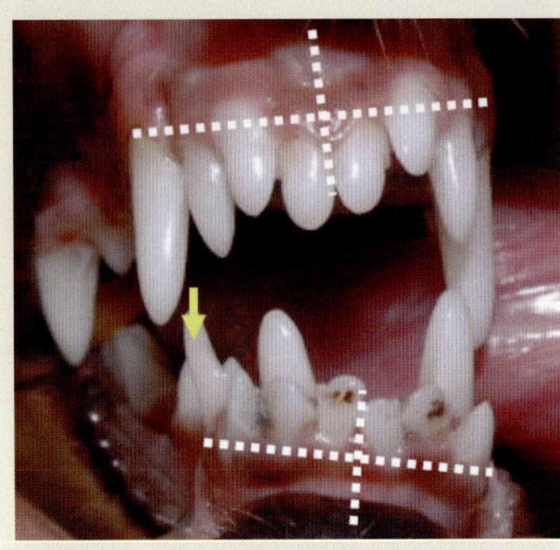

図2.8●配列，萌出の位置や方向
不正咬合（クラス4），叢生，犬歯の転位（矢印）が起きている．

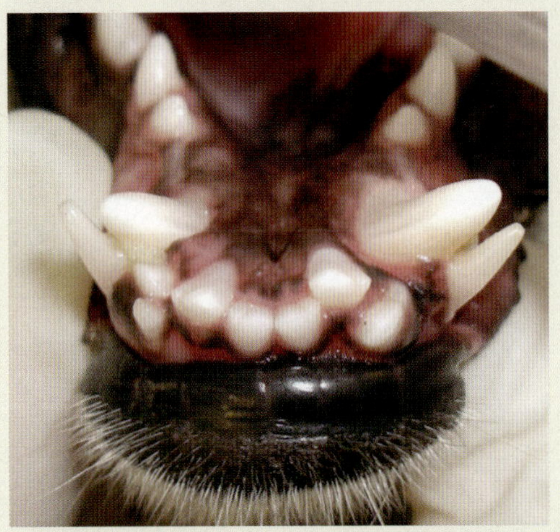

図2.9●叢生
トイプードルの前歯部の叢生．乳歯遺残もみられる．

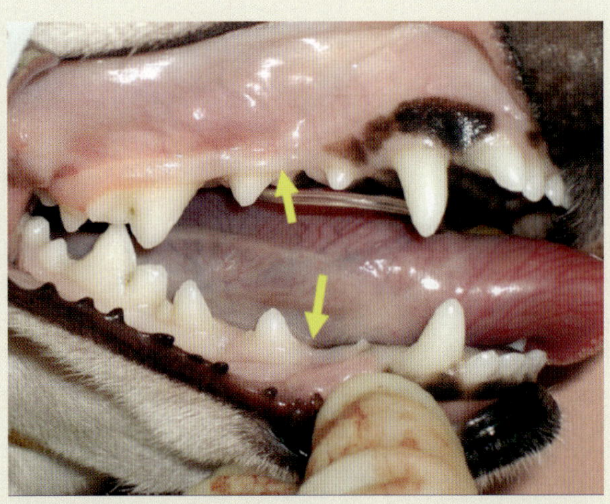

図2.10●欠歯
矢印部分に永久歯の発生がみられない．

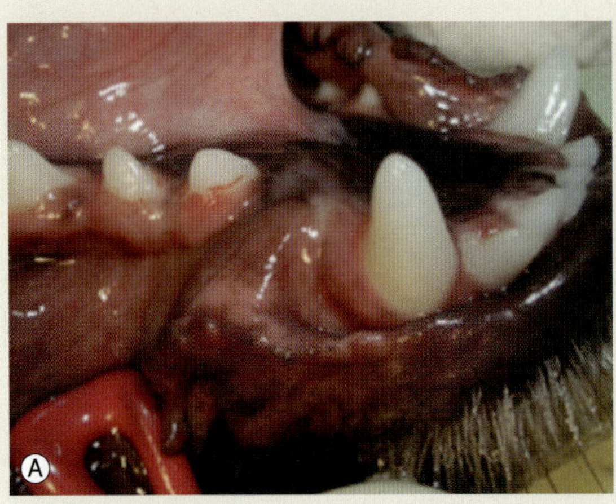

図2.11●埋伏歯
右下顎第1前臼歯の含歯性嚢胞を伴う埋伏歯（Ⓐ）．嚢胞により顎骨の一部が欠損しているのがX線検査で確認できる（Ⓑ）．

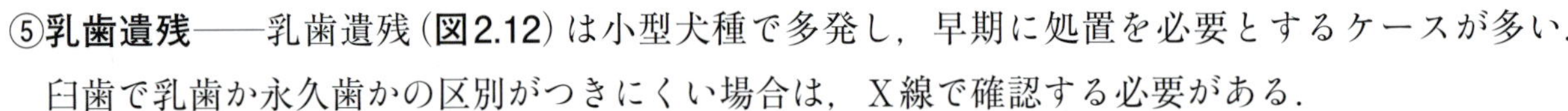

⑤**乳歯遺残**——乳歯遺残（**図2.12**）は小型犬種で多発し，早期に処置を必要とするケースが多い．臼歯で乳歯か永久歯かの区別がつきにくい場合は，X線で確認する必要がある．

⑥**破折，摩耗，咬耗，吸収病巣**[註1]，**齲蝕**——破折（**図2.13**）は露髄の有無で処置が異なる．犬や猫の場合，露髄していても明らかな疼痛を訴えることが少ないため，飼い主が見落としている場合が多い．

摩耗（歯ブラシなど歯以外のもので歯が擦り減る病変）は，ほとんど認められないが，咬耗（歯が歯により擦り減る病変，ボールなどを噛む行為により擦り減る場合も含む）は，犬ではしばしば認められる（**図2.14**）．咬耗の場合は問診で噛み癖などの原因を聞き出し，歯の処置と同時にその原因を排除する．

犬では吸収病巣（**図2.15**）や齲蝕（**図2.16**）は稀である．猫では吸収病巣（**第5章**参照）が頻繁にみられるが，齲蝕はみられない．

⑦**エナメル質形成不全**——エナメル質形成不全（**図2.16**）は，先天的なケースのほか，永久歯が形成される乳児期の熱性疾患や栄養障害などによって起こる．原因不明の場合も多い．

⑧**変色**——歯の変色は歯髄の出血や壊死，抗菌薬（テトラサイクリン）などにより起こる．

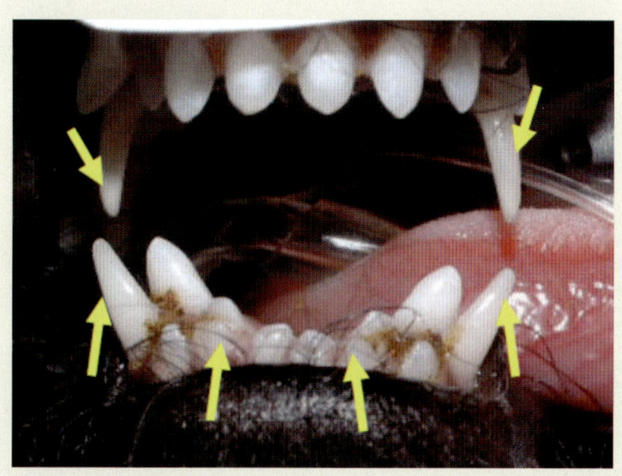

図2.12●乳歯遺残
矢印部分が乳歯

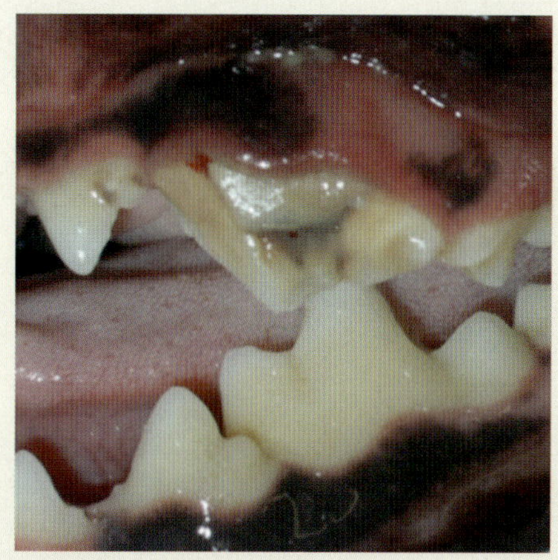

図2.13●破折した歯
上顎第4前臼歯の平板破折

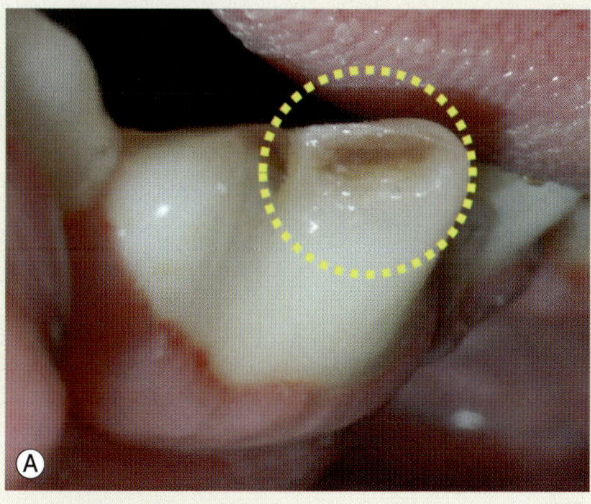

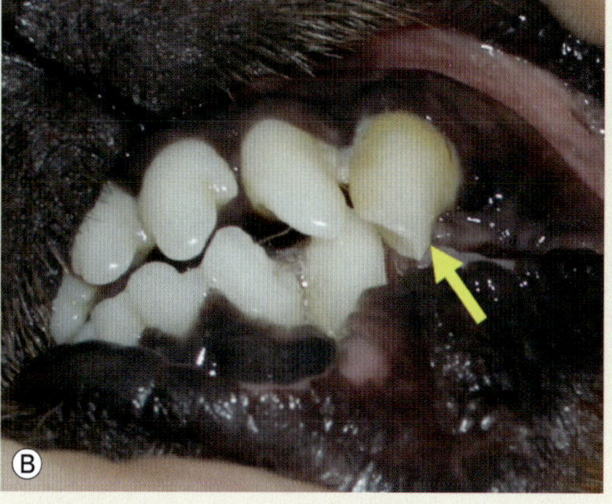

図2.14●咬耗した歯
Ⓐは物を噛むことによる咬耗（黄色円点線），Ⓑは不正咬合による咬耗（矢印）

▶註1　吸収病巣とは破歯細胞によって歯が吸収され，多くの場合，歯頸部より吸収が始まり徐々に歯が骨に置換されていく病気である．最終的には歯冠部も吸収されてなくなる．詳細については第5章で述べる．

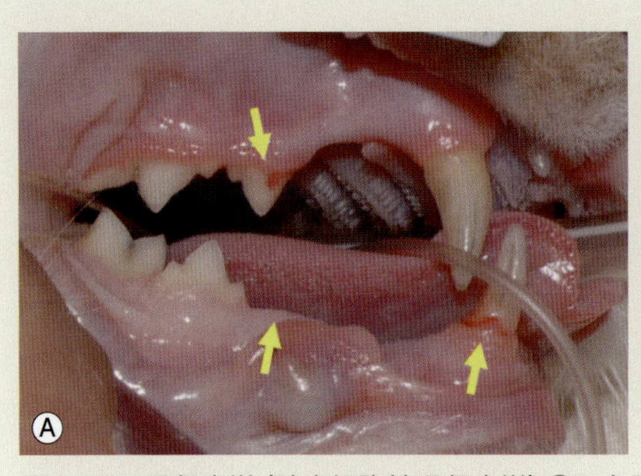

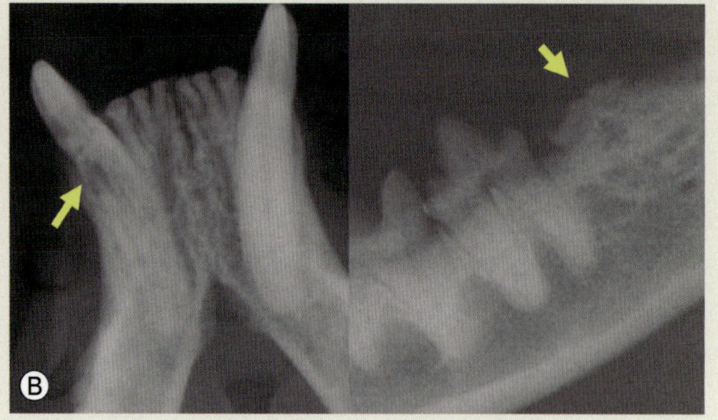

図2.15●吸収病巣（破歯細胞性吸収病巣）Ⓐと左下顎第３臼歯が完全に吸収されているＸ線像Ⓑ

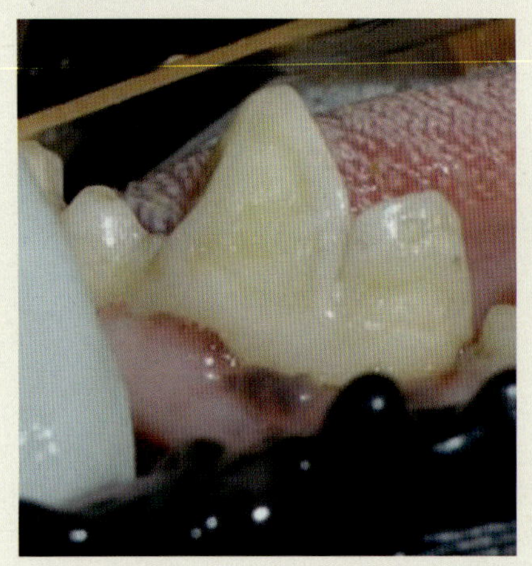

図2.16●エナメル質形成不全

■ 歯周組織（歯肉・口腔粘膜など）に関するチェックポイント

①**出血，炎症，腫脹**――歯肉と口腔粘膜からの出血・炎症・腫脹を評価する（**図2.17**）．

②**排膿**――歯周病の排膿（**図2.18**）の経路は3パターンある．歯周炎が進行した際にみられる歯周ポケットの辺縁性歯周炎（いわゆる「歯槽膿漏」）から口腔粘膜に排膿する内歯瘻，上顎第4前臼歯などの根尖性歯周炎（いわゆる根尖周囲膿瘍）から口腔粘膜に排膿する内歯瘻，根尖周囲から皮膚に排膿する外歯瘻がある．

③**歯肉過形成，歯周ポケット，歯肉の退行，アタッチメントロス**――歯肉過形成（**図2.19**）は，重度の歯肉炎や薬剤などの反応で歯肉が異常に腫れ上がる状態である．

また，歯周炎が進行すると歯の周囲の組織が破壊され，歯周ポケットができたり，歯肉の退行が起こる．この二つの状態を合わせて，アタッチメントロス（歯に対する歯周組織の付着の減少）と言う．詳細は歯周病の章（**第4章**参照）を参照．

④**腫瘤**――歯肉や口腔粘膜の腫瘍（**図2.20**）は比較的多く発生する．悪性のものではマス（塊）を形成しないものもあるため，初期にはわかりにくい場合もある．

また，単一の歯肉上に発生した膨隆のことを臨床的にはエプリスと呼ぶが，これは診断・疾患名ではない．腫瘍でも反応性の病変でも最初はエプリスとして発現するため，診断は病理組織検査によって行う．

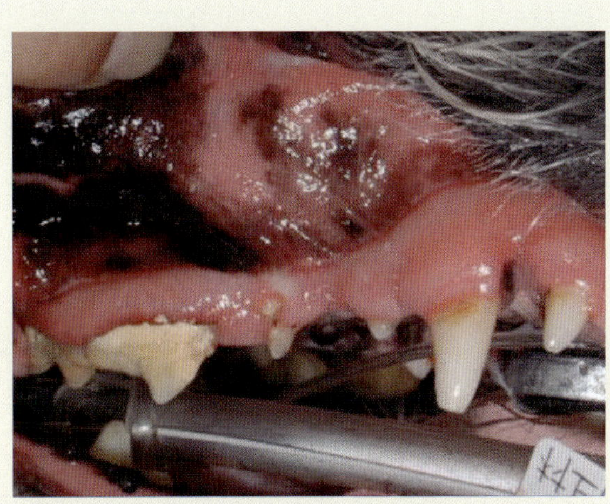

図2.17●歯肉および口腔粘膜の腫脹
歯肉および口腔粘膜が炎症を起こして膨張している．

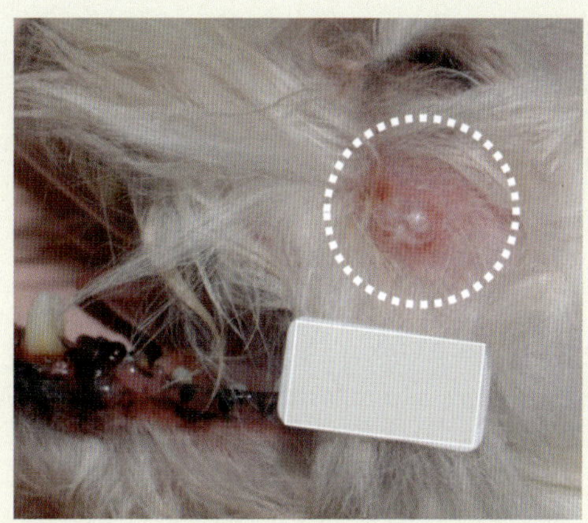

図2.18●上顎第4前臼歯の根尖性歯周炎による外歯瘻

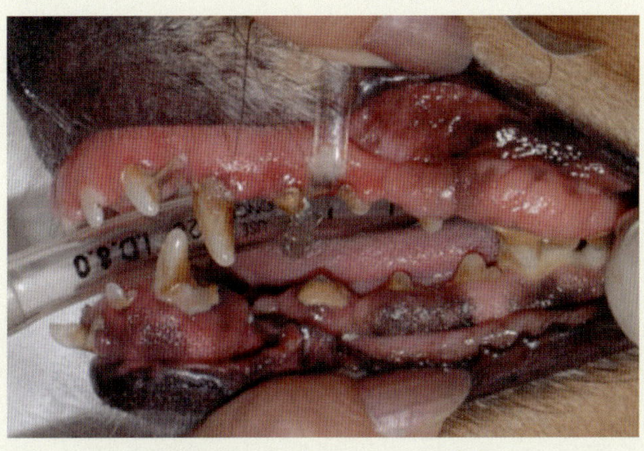

図2.19●歯肉過形成
ゴールデン・レトリーバー，9歳齢．歯肉が異常に腫れ上がっている．

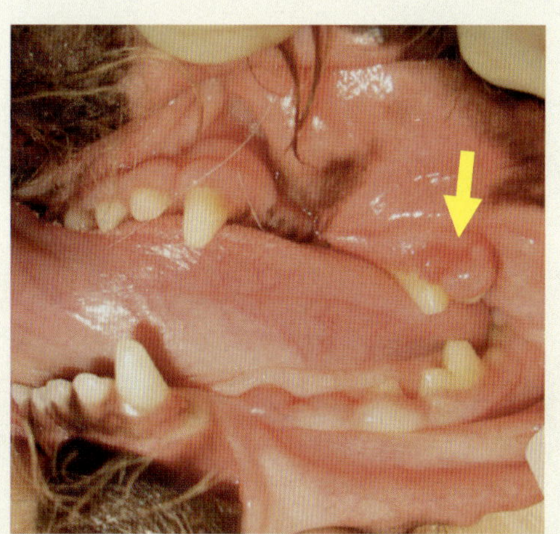

図2.20●左上顎第4前臼歯部のエプリス(矢印)

■ 口唇・舌・口蓋・その他に関するチェックポイント

①**出血，炎症，腫脹**——口唇，舌，口蓋などの出血，炎症，腫脹を評価する．

②**口内炎(特に猫)**——口内炎(**図2.21**)とは，口腔内粘膜の2カ所以上に炎症がある場合を言い，猫では多くみられる．口唇粘膜(口唇の内側)では重度の歯石歯垢に接する部位に炎症を起こすことがあり，接触性口唇炎と言われる．

また，猫ではFIV，FeLV関連のウイルス性口内炎，舌炎，口蓋炎，口峡部の口内炎などが若齢でもみられる．ウイルス陰性の難治性のいわゆる「猫の歯肉口内炎」もよくみられる疾患である．ウイルス陽性の口内炎も，ウイルス陰性の口内炎も，ともに治りにくく，進行性な場合がある．好酸球性口唇炎も上唇にみられる(**第5章**参照)．

③**腫瘍**——口腔内の腫瘍(**図2.22**)は，歯肉や口腔粘膜だけでなく，舌，咽頭部などからも多く発生する．さらに，鼻腔内などからの腫瘍の影響がみられる場合も多い．

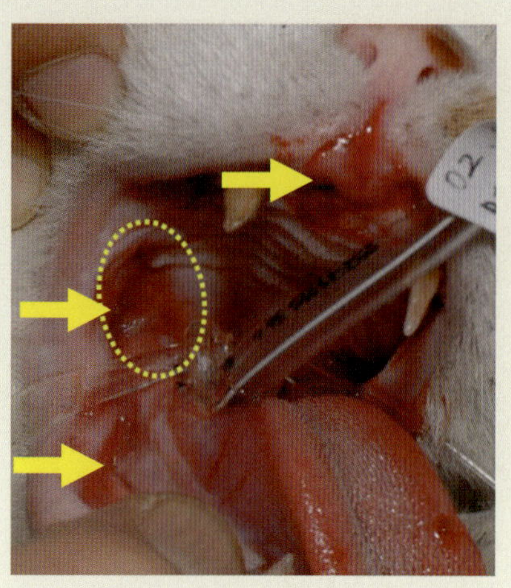

図2.21●猫の歯肉口内炎
歯肉，口腔粘膜および口蓋の炎症が著しい(矢印).

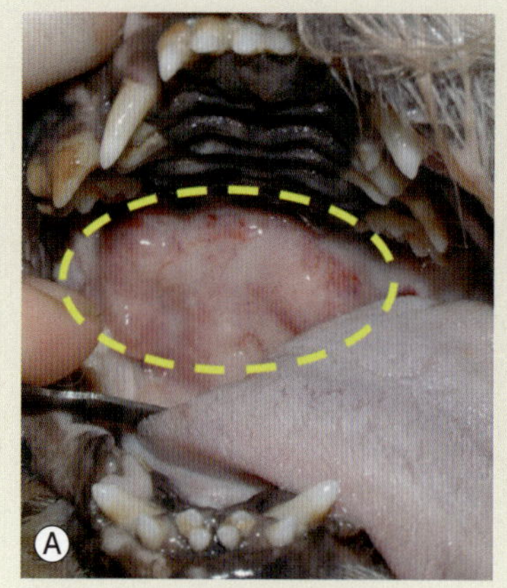

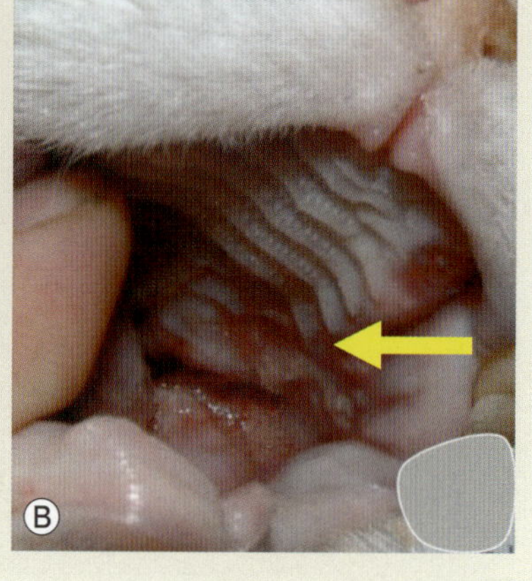

図2.22●口腔内の腫瘍
Ⓐは咽頭部に発生した扁平上皮癌(点線円). Ⓑは鼻腔内のリンパ腫が硬口蓋に波及(矢印)した猫

2-5 年代別のチェックポイント

▶ **Point**

- **犬，猫ともに，年代によって発生しやすい疾患がある．特に小型犬種の生後5～6カ月のチェックは重要である．**
- **年代別の疾患の発生頻度を把握しておくことで，検診時の効率が向上する．**

この項では，犬と猫の年代別のチェックポイントを解説する．年代別の発生頻度の多い疾患を把握しておくことで，検診の効率が向上する．

■ 犬

幼犬(6カ月齢未満)

乳歯永久歯の交換時期(4～7カ月齢)は，乳歯遺残により不正咬合が生じるケースが多い．特に小型犬種に発生が多い(**図2.23**)．小型犬に多くみられる乳歯遺残や乳歯に関わる不正咬合は，早期発見・対策で改善できることも多いため，乳歯永久歯の交換時期，**特に5～6カ月齢時には動物病院での歯科チェックが重要である．**

また，短顎症(オーバーショット)や長顎症(アンダーショット)などの個体は，不正咬合により，乳歯および永久歯の犬歯が軟部組織障害をもたらす場合があるため，幼犬の時期から対策が必要な場合がある．

さらに，萌出障害をチェックする必要もある．本来萌出すべき時期に歯が萌出していない場合，歯が解剖学的に欠損している状態(欠歯)なのか，埋伏している状態(埋伏歯)なのか，あるいは萌出できない状態なのかを見極めなければならない．いずれにしても，肉眼では判断できないため，X線検査を行うことになる．

時折，乳歯の破折がみられることもある．特に乳犬歯の破折は，放置すると感染が永久犬歯に及

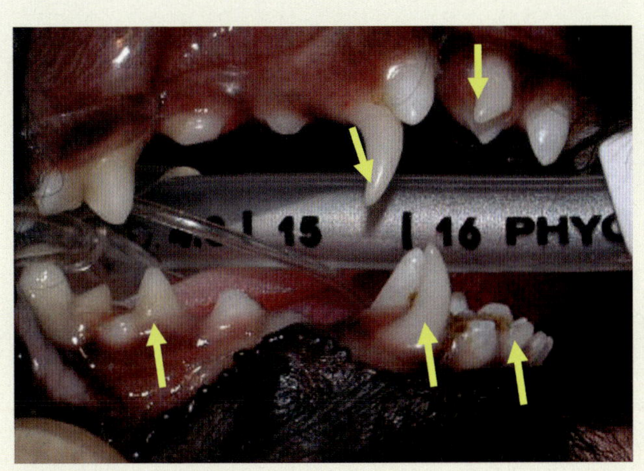

図 2.23●乳歯遺残
小型犬種に多くみられる.

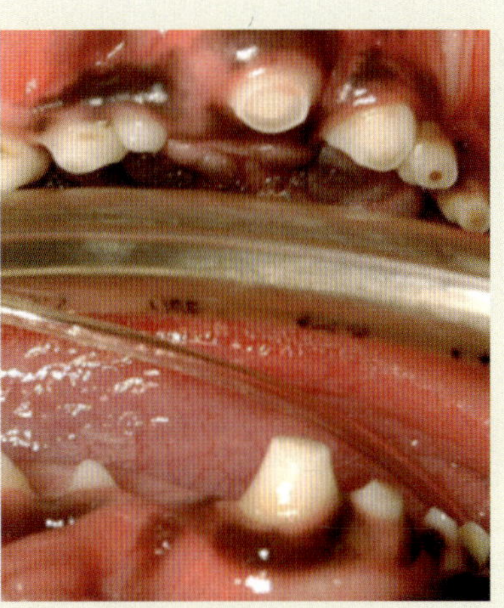

図 2.24●咬耗歯
ボール遊びによる咬耗歯

ぶ場合もあり，抜歯が必要なケースが多い.

若齢犬（6カ月齢から2歳齢まで）

この時期では，乳歯遺残や歯周疾患のチェックを行う．また活発な年代であるため，蹄や骨などの硬いものを噛むことや，ケージバイトなどにより，犬歯の破折や上顎第4前臼歯の破折が起こりやすい．また，フリスビーやボール遊びによる咬耗（**図2.24**）にも注意が必要となる．打撲などの鈍性外傷により，歯の色が変色する場合がある．歯髄内出血を起こすと歯の色がうすいピンク色から灰色になる場合がある．その場合は歯科X線での診断が必要になることがある.

中齢犬（2歳齢から9歳齢まで）

年齢とともに歯周病の発生が多くなる年代．犬の全身状態が良い時期であり，麻酔下での処置も比較的行いやすいため，現状では特に目立った異常がない場合でも，歯科予防処置（プロフェッショナルな歯のクリーニング）を勧めたり，ホームケアの指導を行うことも重要である．歯周病が進行する前に予防や処置を行うことができ，進行を遅らせることができる時期である.

老齢犬（10歳齢以上）

多くの老齢犬には，進行した歯周病がみられる．しかも見た目より重度の歯周病になっていることが多く，歯の動揺も要確認である．特に歯の内側や歯間は見にくいため丁寧に確認しなければならない（**図2.25**）.

上顎犬歯から第四前臼歯口蓋根の重度歯周病では，口腔鼻腔瘻（口鼻瘻）も起こり得る．くしゃみや鼻水を伴うことが多いので，問診時に聴取しておくこと.

また，歯周炎が重度に進行すると，広範囲の辺縁性歯周炎（いわゆる歯槽膿漏），根尖性歯周炎（根尖周囲膿瘍），眼窩下瘻孔，骨髄炎，病的骨折を起こすことがある．さらには，全身性の敗血症などをもたらすこともある.

口腔内腫瘍も老齢期に多くみられる．多くの口腔内腫瘍は，痛みを伴わずにゆっくりと腫れてくるため，飼い主が気づくのが遅くなる傾向がある．食べ方がおかしい，涎が出る，口が臭いなどの

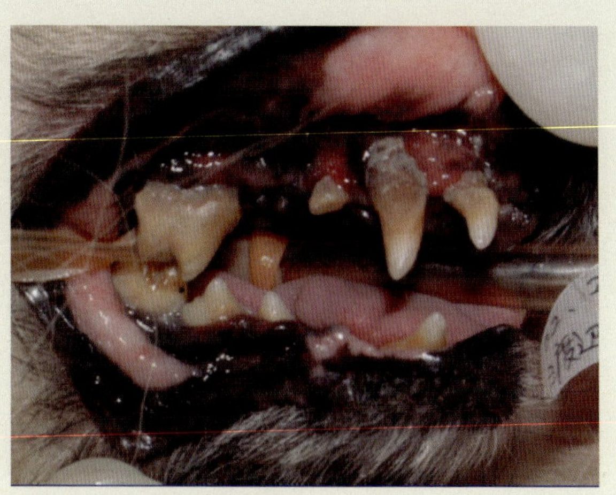

図2.25●進行した歯周病
老齢犬では見た目以上に歯周病が進行していることが多い.

非特異的な症状で来院する場合が多い．診察の際にも，腫大している部位の触診でも疼痛を示さないため，見逃しやすい．日ごろから顎や顔面の左右差に注意して触診すべきである．

また老齢犬においては，麻酔のリスクが高いため，十分な術前検査とともに，飼い主へのしっかりとしたインフォームド・コンセントも欠かせない．

■猫

幼猫（6カ月齢未満）

ウイルス性（FCVなど）の口内炎や舌炎をしばしば見ることがある．歯自体のトラブルは少ない．

若齢猫（6カ月齢から2歳齢まで）

犬に比べると，乳歯遺残の症例は少ない．不正咬合も，ペルシャなどの短頭種にはみられるが，他の品種では少ない．

6カ月齢から1歳齢くらいの若齢猫で，症状を伴わずに歯肉のみが赤く腫れている場合（**図2.26**）がある．これは無処置で自然に緩解することが多いが，進行した歯肉口内炎の症例など，早期に臼歯抜歯などの処置が必要なケースもある（**第5章**参照）．

外に出る猫では，外傷によって犬歯の破折がみられることがある（**図2.27**）．

中齢猫（2歳齢から10歳齢まで）

歯垢歯石の沈着は年齢に応じて増加するが，個体差が多い．近年では，若い個体でも上顎第4前臼歯などに歯垢歯石の沈着が起こり，歯周病になっている症例が増加している．これは，食事をほとんど噛まずに食べるというような食べ方に起因していると思われる．

吸収病巣（**図2.15**）は多くの飼い主がその存在に気づいていない．はじめは前臼歯部の歯頸部に歯肉炎のように赤い肉芽がみられる程度である．歯を気にする所見を呈し来院する場合もあるが，多くの猫では症状を示さない．また，いったん吸収病巣を患った猫は，通常複数の歯が罹患していることが多い．見た目ではわかりにくいため，全歯をX線で検査する方が良い．しかし現在のところ有効な予防も治療方法もない（**第5章**参照）．

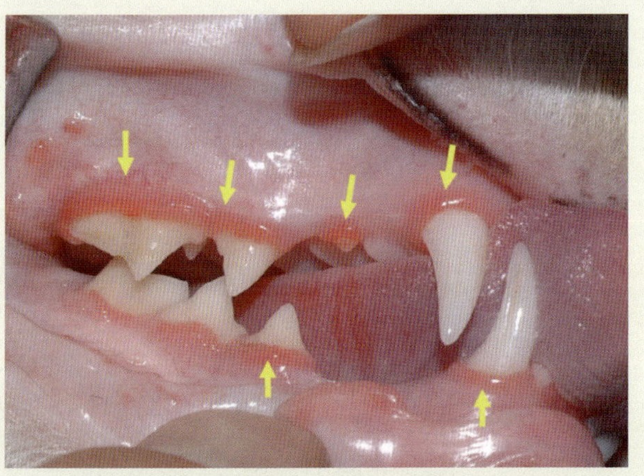

図 2.26●若年性の歯肉炎（矢印）
歯の交換期直後に起こる．自然に寛解する場合もある．

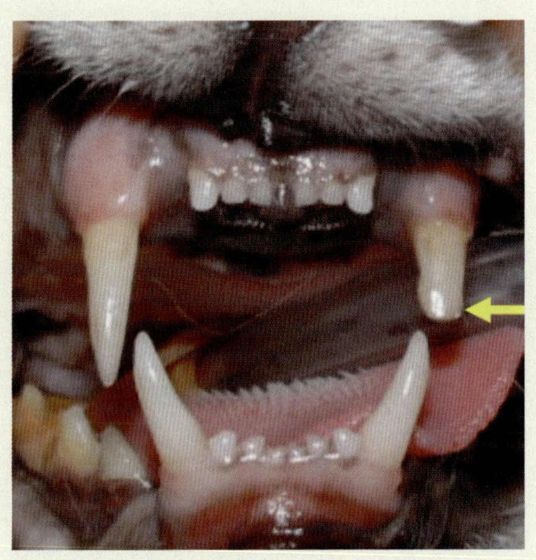

図 2.27●犬歯の破折（矢印）
落下事故などにより起こることが多いが，飼い主が気づかないこともある．

高齢猫（10歳齢以上）

全身状態の悪化により，歯周病も進行している症例が多いため，口腔内および全身状態を慎重に診るべきである．

「歯ぎしりをして，歯が悪い」と言って飼い主が老齢猫を連れてくるケースも多いが，その中でも，進行した腎不全の猫では舌がただれ，食欲不振や歯ぎしりといった症状を示すことが多いため，歯周病との鑑別が必要である．

根尖性歯周炎で顔や顎が腫瘍のように腫れる場合もある．また，犬歯が挺出（**図2.28**）するケースもしばしばみられる．挺出は歯が伸びるわけではなく，犬歯の歯周病が進行することによって，歯槽骨から歯が突出してくる状況である．

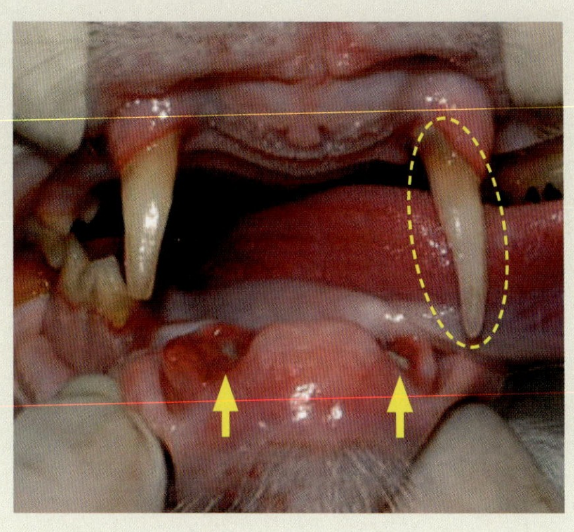

図2.28● 犬歯の挺出
左側の犬歯が挺出している（点線円）．左右上顎犬歯の内側は歯周炎を呈している．下顎犬歯は重度歯周炎により脱落（矢印）している．

2-6 犬種別のチェックポイント（代表的な例）

▶ **Point**

- トイ種など下顎の幅が狭い犬種では，叢生や乳歯遺残，それに伴う不正咬合が多くみられる．
- 中・大型犬では咬み癖による破折などの歯の損傷が多発する．

この項では，それぞれの犬種に頻繁にみられる歯科疾患の例を解説する．

■ 犬種ごとの頻繁にみられる歯科疾患

チワワ，ヨークシャー・テリア，ポメラニアン，その他のトイ種

切歯，犬歯，前臼歯，後臼歯で欠歯がしばしばみられる（**図2.29**）．しかし顎骨が小さいために結果的に歯並びとしては良い状態になっている場合もある．逆に通常の歯の数があることで，叢生となり歯並びが悪くなるケースもある．

さらに乳歯遺残がみられる個体が多く，それによる不正咬合もみられる（**図2.30**）．乳歯遺残が小型犬に多い理由は不明だが，他の骨格異常（体格の小型化，頭頂骨大泉門開口，膝蓋骨脱臼など）と併せてみられることも多い．

下顎の幅が狭い犬種（ミニチュア・ダックスフンド，トイ・プードル，イタリアン・グレーハウンド）

チワワ，ヨークシャー・テリア，ポメラニアン，その他のトイ種と同様に，しばしば叢生がみられる．また乳犬歯の遺残や不正咬合を起こすことが多い（**図2.30**）．永久犬歯が正常位置に萌出してきていない場合は，遺残乳犬歯の抜歯や永久犬歯の矯正などの処置が必要である．また，これらは歯周病になりやすい品種であり，特に上顎犬歯で重度な歯周炎が起こりやすいため，若齢から歯周病対策が必要である．

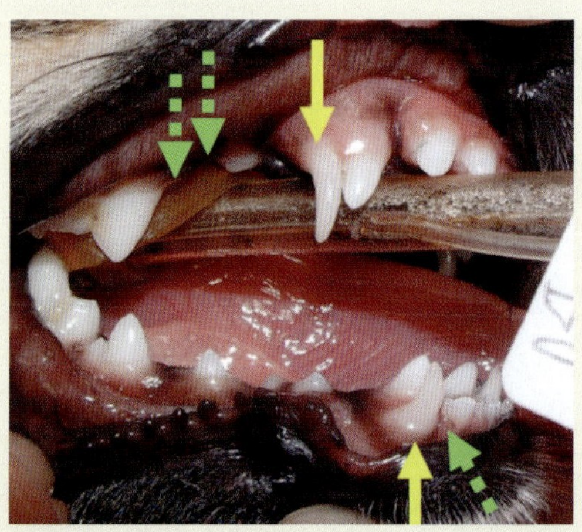

図2.29●欠歯
緑矢印は欠歯，黄矢印は乳歯．小型犬では前臼歯の欠歯はたびたび認められる．

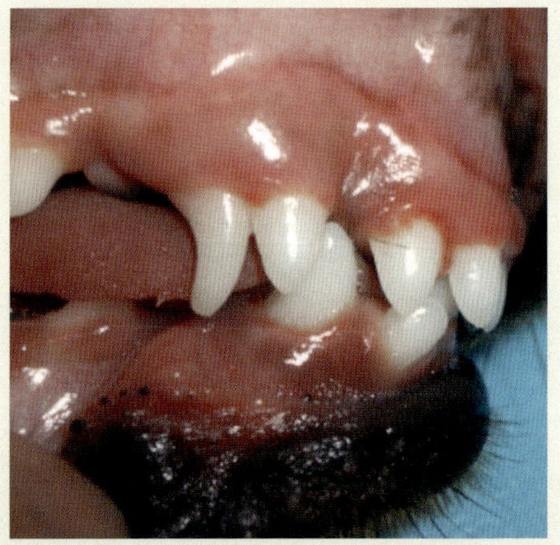

図2.30●小型犬種に多い乳歯遺残による上顎犬歯吻側転位
ミニチュア・ピンシャー，6カ月齢．上顎乳犬歯が遺残し，永久犬歯が吻側に転位．下顎犬歯が上顎犬歯内側に当たっていた．

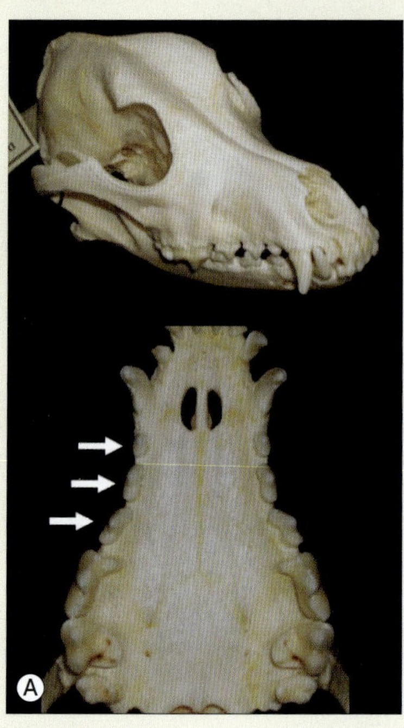

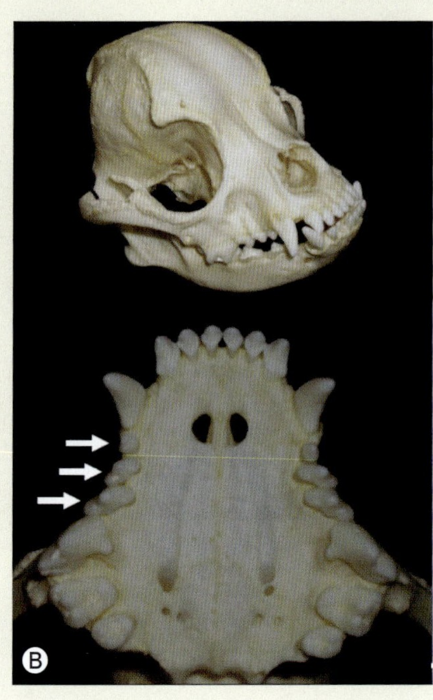

図2.31●短頭種Ⓑの頭蓋と特徴的な前臼歯
Ⓐの中頭種に比べ，前臼歯部が横並びになり，叢生となっている（白矢印）．

短頭種（シー・ズー，パグ，フレンチ・ブルドッグなど）

アンダーショットが正常咬合と考えられている種類である．上下顎で前臼歯は特に萌出スペースが狭く，矢状面に対し約90度回転して重なって並ぶ．そのため叢生した状態になりやすく，歯周病になりやすい（**図2.31**）．

短頭種の下顎第1前臼歯は，欠歯であることが多い．さらにそこが埋伏歯（**図2.32**）となっていることがある．欠歯の場合はX線で確認する必要がある．

中型犬，大型犬

外や室内でも活発な品種が多く，外傷による破折など口腔内の事故が多くみられる品種である．また，フリスビー，ボール，ケージを咬むことなどによる切歯，犬歯などの破折や咬耗がしばしば

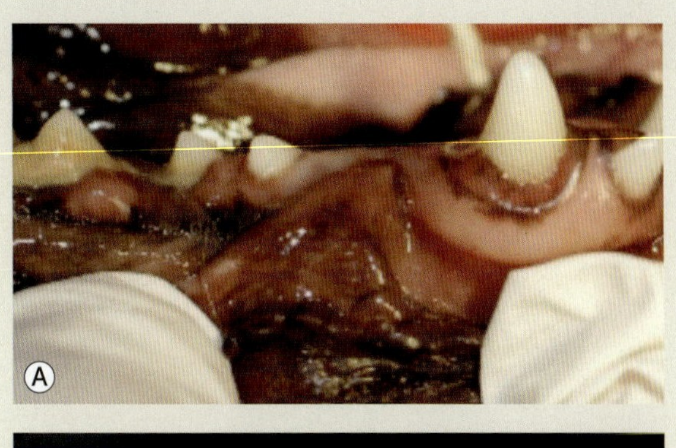

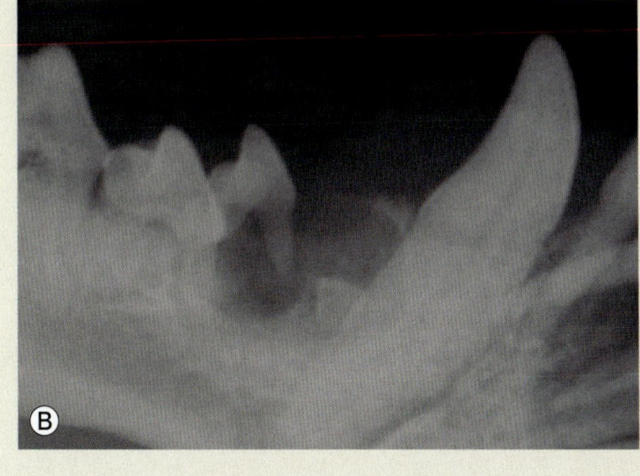

図 2.32●埋伏歯
短頭種の下顎第1前臼歯の欠歯は埋伏歯であることが多い．第1，第2前臼歯部の顎骨が嚢胞により吸収されている．

みられる．また，骨，蹄，硬い皮を噛むことによる上顎第4前臼歯，下顎第1後臼歯の破折もしばしばみられる．

歯垢歯石は年齢に比例し増加するが，小型犬に比べ歯周炎の発生率は低い．比較的高齢のシェットランド・シープドッグ，コリー，レトリーバー系などには，しばしば歯肉増生（過形成）がみられる．

2-7 術前検査

処置日以前に術前検査を済ませておくことが原則である．しかし状況により事前に術前検査が行えない場合は当日に行う場合もある．身体検査後，麻酔や処置をできるだけ安全に行うために全身検査を実施する．具体的には，年齢，身体検査の状況により，血液検査，全身のX線検査，超音波検査などを実施する．高齢な犬，猫や基礎疾患などがみられる場合には，必要に応じて，事前に追加検査や特殊な検査などを行っておく．

これらの検査で問題がある場合は，それに応じた準備や対策を取る必要がある．全身状態が悪いと判断された際には，麻酔下の処置を中止もしくは延期する選択も考慮しなければならない．

3 処置当日に行うこと

3-1 処置の流れ

▶ Point

・処置当日にも再度飼い主に対して説明を行う.
・歯科では麻酔の気管挿管をしつつ口腔内を処置するため，通常の手術よりも管理に注意を要する.

■ 処置の流れ

処置当日の流れは，「再来院→（術前検査）→麻酔→口腔内検査→診断→処置→覚醒→退院」というものになる.

処置当日も，意識下での検査と同様に，身体検査の後に口腔内を見る．また，再度，飼い主に必要と思われる処置および手術の説明を行う．すでに一度説明しているからといって，このプロセスを省くべきではない．再度の説明の後に，当日行う処置に対しての同意書にサインと捺印をしてもらう.

3-2 麻酔

■ 術前準備

重度歯周炎などにより抜歯を行う場合など，疼痛と感染を伴う処置の場合は，疼痛管理，抗菌薬，静脈内輸液などを行う必要がある．鎮痛薬，抗菌薬などは術後に行うのではなく，術前から投与することが重要である．感染や疼痛を管理した後に，麻酔を導入し，歯科処置を行うべきである.

具体的な手順としては，術前検査の後に，必要に応じて留置針を設置し，抗菌薬の術前投与と次の疼痛管理のための薬剤を投与する.

■ 疼痛管理

抜歯など痛みを伴う処置には，疼痛管理が欠かせない．歯科処置をした患者の多くは当日に退院するため，その日から食事を摂れるように積極的に疼痛管理を行う必要がある.

全身的には，予測される疼痛の強度に合わせ，麻酔導入前にNSAIDや他の鎮痛薬などの前投与を行う．特に疼痛の強い抜歯や顎切除などの口腔外科処置では，フェンタニルやブプレノルフィンなどのオピオイドを併用する方が良い.

また，局所麻酔薬を併用することで，より効果的に疼痛を緩和できる．ヒトでは浸潤麻酔を歯ごとに用いるが，犬や猫では，一度に多くの歯を処置することが多いため，より広範囲を一度に麻酔する目的で伝達麻酔を行うことが一般的である．疼痛を伴う処置前に上下左右の顎ごとに**図2.33〜2.35**のように伝達麻酔として局所麻酔薬を投与する．リドカインやブピバカインを用いるが，筆者は長時間作用型のブピバカイン（マーカイン®注0.25%）をブロックごと（例えば，左下顎）に，体格や処置範囲に応じて1部位あたり0.2〜0.5 mLの範囲で，疼痛が発生する15分以上前に27G

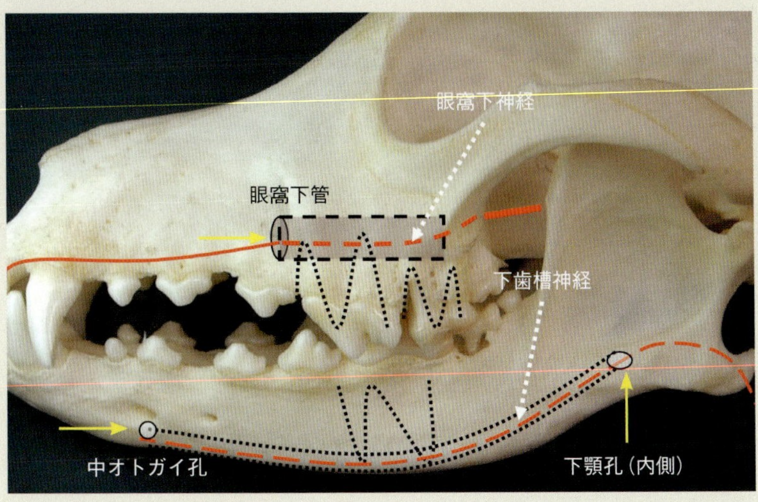

図 2.33 ● 犬の局所麻酔の挿入位置と角度（黄色矢印）
ブピバカインを１カ所 0.2 〜 0.5 mL．上顎は眼窩下管に挿入．下顎は，中オトガイ孔もしくは口腔側もしくは下顎下縁から下顎孔に入れる．

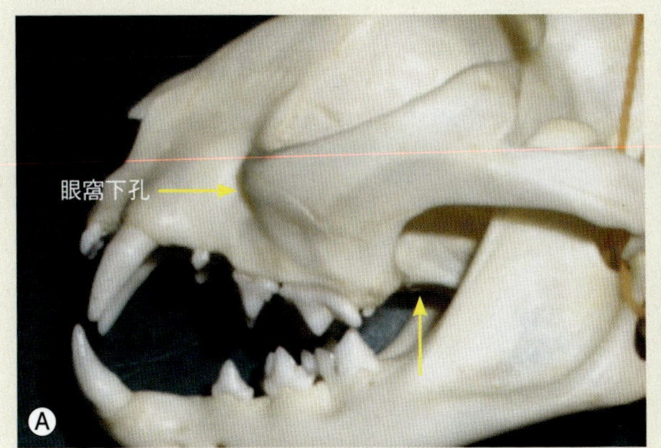

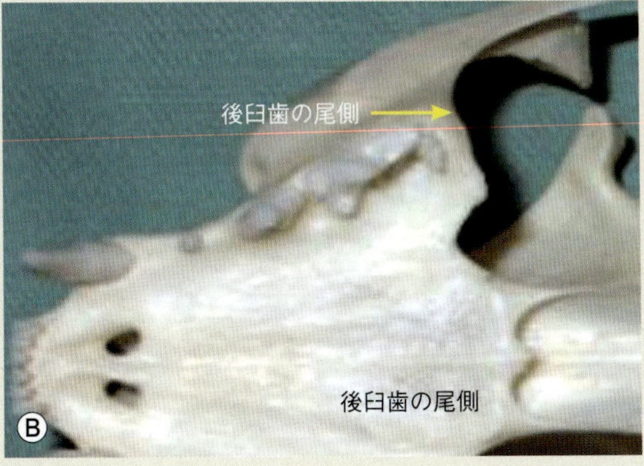

図 2.34 ● 猫の局所麻酔の挿入位置と角度（黄色矢印）
ブピバカインを１カ所 0.2 mL．上顎は眼窩下孔に１mm 程度だけ挿入．口腔側から後臼歯の尾側の位置の数 mm のところに入れる．

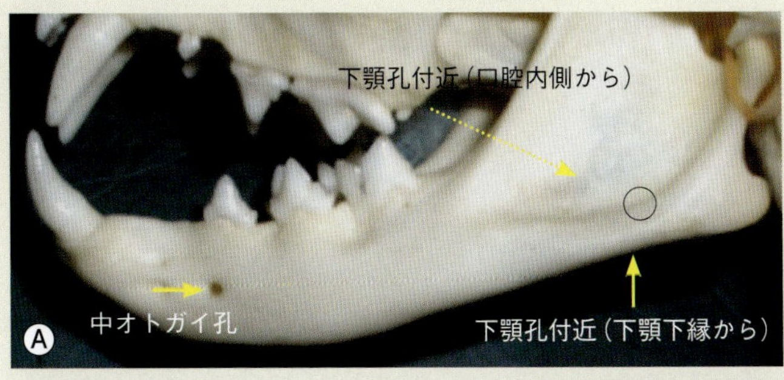

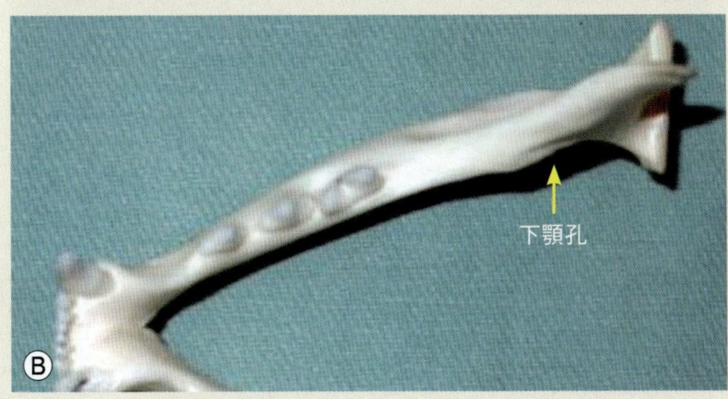

図 2.35 ● 猫の局所麻酔の挿入位置と角度（矢印）
ブピバカインを１カ所 0.2 mL．下顎は，中オトガイ孔から挿入Ⓐ．口腔側からか下顎体の下縁から，下顎体内側の下顎管入り口付近に入れる（Ⓐ, Ⓑ）．

針を用いて局所投与している．マーカイン®注0.25%は，1日最大，犬で2mg（0.4mL）/kg，猫で1mg（0.2mL）/kgとして使用できるが，局所麻酔薬はできるだけ薄い濃度で最小量の使用が望ましいとされているため，生理食塩水で2倍に希釈し，投与量は範囲に応じて少ない量にする．マーカイン®は投与後10～15分程度で作用し，4～6時間局所麻酔として効いている．1日最大量を超えない範囲で1日4回まで使用できる．

■ 抗菌薬，静脈の確保

静脈の確保と輸液は，他の全身麻酔での手術と同様に行う．

抗菌薬の使用は，乳歯抜歯の場合は不要であるが，歯周病などの感染症の場合には使用する．特に重度歯周病などの歯科処置は，全身疾患で言えば子宮蓄膿症と同程度の感染症であると考えられる．処置中に歯周病菌が全身に播種されることが予想されるため，術前から抗菌薬を投与すべきである．

また，唾液の分泌が多い場合には，歯内治療などの処置がしにくくなることがある．その場合は，アトロピンやグリコピロレートなどを使用する（アトロピンは心拍数の増加などの副作用があるため，グリコピロレートの方が使いやすい）．

■ 麻酔導入時と麻酔中の注意点

麻酔導入時，麻酔中には，呼吸管理と咽喉頭部の管理が極めて重要となる．

ほとんどの歯科処置は，気管挿管を実施した麻酔下で行われる．歯科処置中は頭位や体位の変換が頻繁にあり，歯を処置する際にも気管チューブを横に避けるなど，挿管の状態や呼吸状態が変わる機会が多い．そのため，気管チューブの位置がずれやすいので，常に気管チューブの位置や換気量に注意をする必要がある．

気管チューブは，事前に撮影した胸部X線写真から適切な太さのものをあらかじめ用意しておく．それでも，実際に挿管してみると大きさが合わない状況も考えられるため，前後の太さの気管チューブも準備しておく必要がある．

また，カフの膨らみ具合の調整も重要なポイントとなる．カフ圧が強すぎると気管の損傷をもたらすことになるため，耳たぶ程度の圧（カフ圧は，呼吸バックで加圧して，気道内圧を20～25mmHg〈27～34cmH_2O〉）に調整したときにリークがない最低量が推奨される．通常は10～15cmH_2Oにして，気管壁に密着させておく．

なお，気管チューブは当然ながら毎回滅菌したものを使用するが，テーブルなどに置くと滅菌状態が保てなくなるため，挿管直前まで滅菌パッケージの中に保つと良い．

気管チューブの挿管後は，挿入位置にも注意が必要となる．チューブの先が気管分岐部にまで入り込むと片肺呼吸になり，モニター上では異常がみられなくても，換気不全になる危険性がある．この点も，体位変換のたびにチェックすべきである．処置中には術者の注意はどうしても口腔内に集中しやすい．そこで，麻酔管理者がモニターだけでなく，体位，呼吸状態，その他の状態にも常に注意を払う必要がある．

麻酔中は，眼瞼が開いている場合が多く，角膜の乾燥や物理的な損傷をきたしやすい．術中術後の角膜保護剤などによる管理が重要である．

歯科処置の最中には，洗浄液などの液体が咽頭付近に入り込みやすい．気道内への流入を防ぐためには，気管チューブの挿管後にガーゼなどを咽喉頭部に詰めると良い．併せて，処置中には頭部を身体より低い位置で維持するように配慮をすべきである．

他の手術と異なる点としては，酸素飽和度（SpO_2）のセンサーを舌に付けにくいため，他の部位に付けなければならないことである．また，処置中に口の中を洗浄することが多いため，体温の低下が起こりやすい．保温は夏でも積極的に行うべきである．

処置後の注意点として，気管チューブを抜管する前に，咽喉頭付近に設置したガーゼを必ず取り除かなければならない．その際には，付近の血液や洗浄液も乾いたガーゼなどで十分に除去してから抜管する．

3-3 麻酔下での口腔内検査

▶ Point

- 麻酔下の検査では，通常，視診→口腔内の写真撮影→触診→プロービングなど→口腔内X線撮影の順に行う．
- 仮診断時とは異なる状況の際には，必要に応じて電話などで飼い主に説明を行う．

■ 麻酔下での口腔内検査の流れ

詳細な検査内容については，この後の章で扱うため，ここでは麻酔下で行う口腔内検査の流れと概要を示すことに留めておく．

①処置前に，まず歯やその他の口腔内の術前写真を撮る．その後に口腔内の諸検査を行う．

②歯と歯肉の異常や歯垢歯石指数をチェックし，デンタルチャートに記入する．歯以外の口腔内の異常もチェックし，記入しておく．

③歯周病がある場合は，歯科用プローブ（以下プローブと略）（**図2.36**）を用いて歯周ポケットの測定（＝プロービング）を行う．1歯ごとにプローブを1周させて，歯周ポケットの深さと歯肉退行の深さを測定し，チャートに記載する．根分岐部の評価もこの時点で行う．プロービングの詳細は，歯科予防処置の章で解説する（**第6章**参照）．

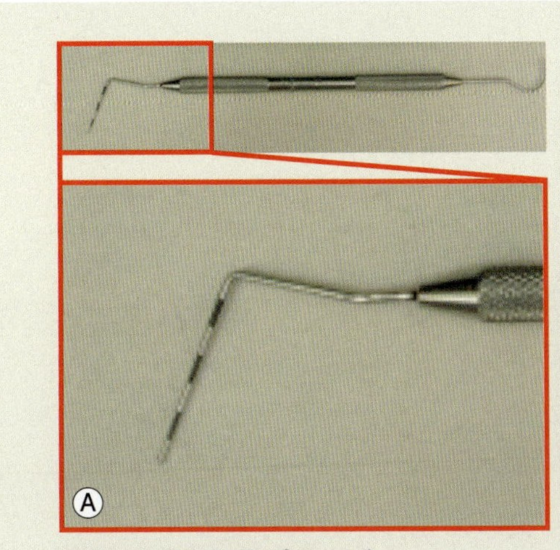

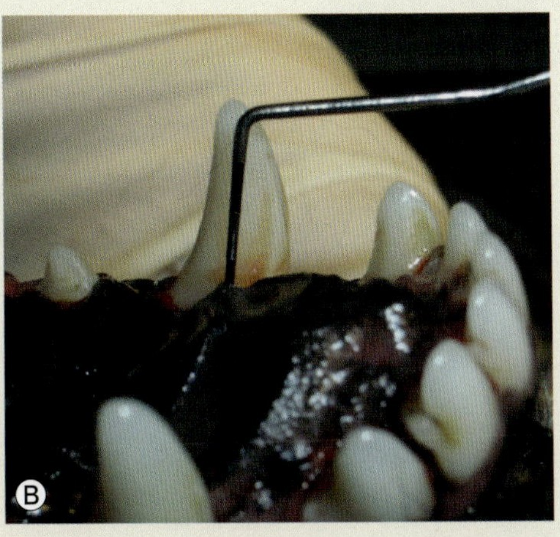

図2.36●歯科用プローブ
プローブ（Ⓐ）で歯の全周ポケットの深さを測定する（Ⓑ）．

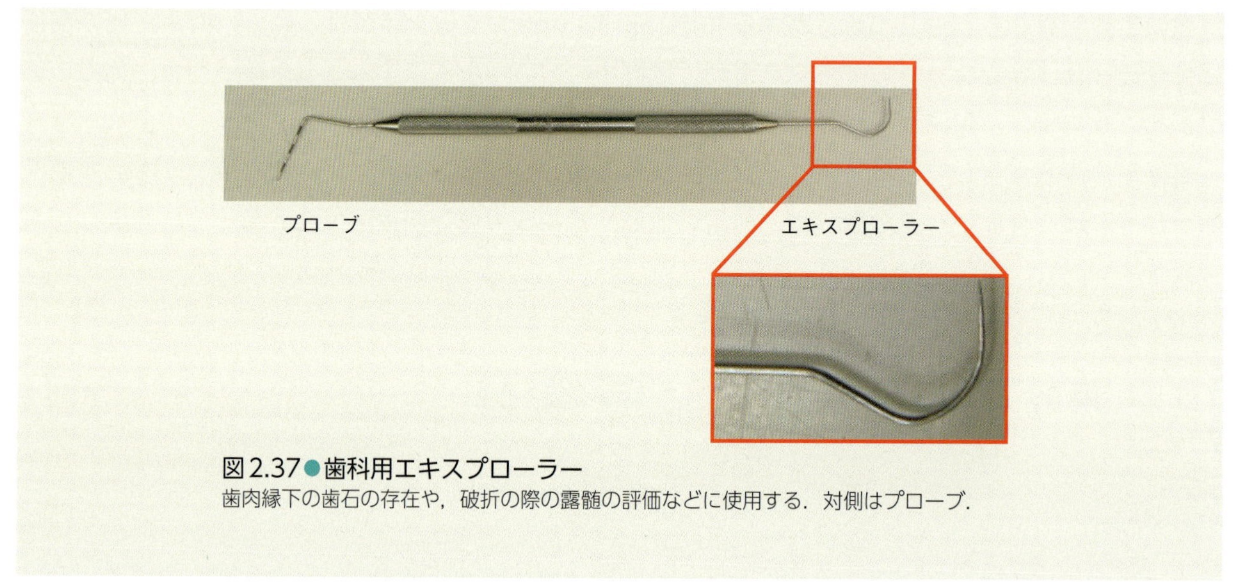

図2.37●歯科用エキスプローラー
歯肉縁下の歯石の存在や，破折の際の露髄の評価などに使用する．対側はプローブ．

④歯が欠けている場合は，歯科用エキスプローラー（**図2.37**）で歯冠のチェックを行い，破折の程度や露髄の有無などの異常をチェックする．破折などの検査の詳細は，続刊で解説する．

⑤大きな歯石を除去した後に，口腔内X線撮影を行う．プロービングで歯周ポケットが深かった部分や，破折などの異常がみられた歯は必ず撮影する．可能であれば，全歯を撮影する．特に猫では歯根に吸収病巣が起こっている場合もあるため，正常に見える部分も含めて全歯を撮影しておきたい．口腔内X線検査の詳細は，次章で解説する（**第3章**参照）．

3-4 診断

上記の検診により診断を行い，治療内容を決める．その際に，事前の想定とは異なる状況などが発覚した場合には，必要に応じて飼い主にその診断と処置内容について簡単に説明をする．

しかし，処置中に飼い主が患部を直接見ることができる状況は少ないため，ひとまず電話などで簡単に説明を行い，術後に詳しい内容を伝えるようにすると良い．

3-5 処置中・処置後の注意点

診断に基づき，必要な処置を行う．処置中および処置後に注意しておくべき点をいくつか列記しておく．

- 抜歯などの疼痛を伴う処置を行う際には，処置前に局所麻酔を行う．
- ポリッシング後には，再度拡大鏡などを利用して，歯周ポケット内や歯冠の歯石の除去をしっかりと確認する．特に歯の根分岐部，歯間部，尾側部などを入念にチェックする．
- 咽頭部に置いた保護用のガーゼなどは確実に除去する．除去し忘れると，気道を閉塞したり，誤嚥，誤飲する危険がある．
- 必要な処置を終えたら，術前との比較のために術後の口腔内の写真を撮る．
- 覚醒後に，術創からの出血状態，呼吸状態，体温の管理，覚醒時の頭部や体の不安定，疼痛などを管理する．必要に応じて口や顔の汚れなどを取り除く．

・処置した患者（犬，猫）を飼い主に戻す前に，念のため患部を含めた最終チェックを行う．乾燥性角膜炎などを併発しやすいため，術後も2日ほど角膜保護剤などの点眼処置を続けると良い．

3-6 術後ケア

▶ Point

- **適切なホームケアがなければ，歯周病はすぐに再発する．**
- **アフターケアとして飼い主へホームケアの指導を行うことも，歯科における重要な要素である．**

歯科においては，手術はあくまでも一時的な回復処置に過ぎない．術後に適切なホームケアを継続しなければ，特に歯周病などはすぐに再発してしまう．そこで，術後のアフターケアにおける飼い主への指導も，歯科における重要な要素となる．アフターケアで行うべきポイントを，下記に列記しておく．

・術前と術後の写真を飼い主に見せて，処置内容の説明を行う．その際には，デンタルチャートなども用いながら，簡単な図を書くなどして説明すると飼い主が理解しやすい．
・抗菌薬や鎮痛薬などの投薬方法，食事方法，散歩，処置した局所のケア，エリザベスカラー装着，歯みがきの方法と開始時期，次回来院日，定期的な歯科処置時期などについて，書面で説明する．
・術後は必要に応じて，1～2週間後に来院してもらい，処置をした部位の経過を診察するとともに，ホームケアについても指導を行う．例えば抜歯した場合は，創面を確認し，自宅でのデンタルケアを指導する．
・歯周病では，適切にホームケアが行われない場合は早期に再発しやすいため，1～6カ月後にデンタルケアのチェックに来院してもらうと良い．必要と思われる時期に病院からDMを出すことで，来院を促すことができる．詳細については，デンタルケアの章で解説する（**第6章**参照）．

CHAPTER 3

歯科X線検査

歯周病を含む多くの歯科疾患は肉眼では見えない部分で起こる．つまり，歯とその周囲の組織，顎関節などは見た目では診断できないことが多いため，それらの疾患の診断・処置には，X線検査が不可欠となる．この章では，歯科X線検査として，口腔内のX線検査と顎顔面のX線検査の概要を説明する．

1 歯科におけるX線検査の目的

▶ Point

- 歯周病をはじめ，様々な歯科疾患の診断に歯科X線検査は欠かせない．
- 治療の評価にもX線検査は欠かせない．

前項でも述べたように，口腔内の疾患は外見からは判断することができない．特に，犬や猫で最も多い口腔内疾患である歯周病は，歯そのものではなく歯周組織が破壊される疾患であるため，その状態を正確に把握するためにはX線検査が欠かせない．

歯周病以外でも，歯の破折，吸収病巣，欠歯，乳歯遺残，骨折，萌出異常，腫瘍などの診断にはX線検査が必要となる．

また，疾患を確認するためだけでなく，処置・治療の自己評価のためにも，X線検査は欠かせない．例えば，抜歯を行った際の残根の有無の確認や，矯正・修復処置，歯内治療の評価などがこれに当たる．

これら歯科X線検査の適応について，代表的なものを**表3.1**にまとめておく．

表3.1 ● 歯科領域のX線検査の適応

歯科用X線撮影装置と歯科用フィルムの適応
● 歯の評価 　破折，吸収病巣，変形，埋伏歯，乳歯ほか ● 歯周組織の評価 　歯周病ほか ● 頭蓋の部分評価 　上下顎の骨折・腫瘍ほか ● 治療の評価 　抜歯，歯内治療，保存修復，矯正の評価ほか
全身用X線撮影装置と全身用フィルムの適応
● 頭蓋全体の評価 　頭蓋の腫瘍，骨折を含む外傷，鼻腔内病変，顎関節症ほか

2 歯科X線検査の撮影装置および材料

▶ **Point**

- 口腔内の歯科X線撮影は，歯科用X線撮影装置と歯科用フィルム（センサー）で行うことが基本である．
- 歯科X線撮影は撮影方法が特殊である．

歯科X線検査で重要なポイントは，① 歯科専用のX線撮影装置とフィルム（センサー）で撮影することと，② 適切なポジションで撮影することである．全身用のX線撮影と異なり，被写体を動かすのではなく，X線の管球とフィルム（センサー）の位置を変えて撮影することが特徴である．撮影のコツをつかむには慣れが必要である．

■ 撮影機材

全身用の標準X線撮影装置では，顎関節・鼻腔・頭蓋全体など広い範囲を評価することに向いているが，口腔内の歯などを詳細に評価することには向いていない（**図3.1**）．

歯科X線の撮影は，歯科用X線撮影装置で行うことが基本である．その理由は，歯と他の組織の重なりの問題と，画像の解像度の問題である．また，歯科のX線撮影は特殊な撮影方法である．動物の身体を保定して一方向から撮影すれば良い全身用のX線とは異なり，口腔内の場合は撮影する部位によって細かく角度を変更しながら撮影する．

そのため，歯科用X線撮影装置は，管球ヘッドを自在に動かせる仕組みになっている（**図3.2**）．撮影時に動物の頭よりも管球を動かすことでポジションを調整しやすく，歯やその周囲など部分的な撮影に使いやすい．また，撮影部位に管球を近づけるため，撮影線量を抑えられる．さらに，ツーブスという鉛を含む照射カバーがあることで，歯科用フィルムの大きさに合わせてX線照射範囲

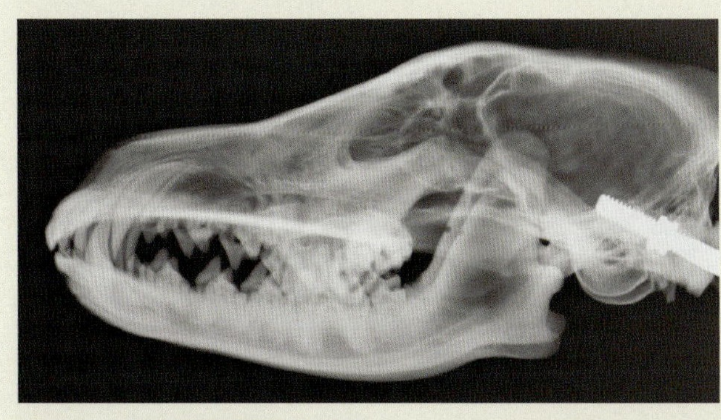

図3.1 ● 全身用の標準X線像
標準X線撮影装置と全身用フィルムの検査では，歯科用フィルム・センサーに比べ鮮鋭度（解像度）が低く，歯の詳細な画像が得られない．また，他の歯や顎と重なり判読がしにくい部位がある．つまり，標準X線撮影では歯などの口腔内の状態を細かく確認しづらい．

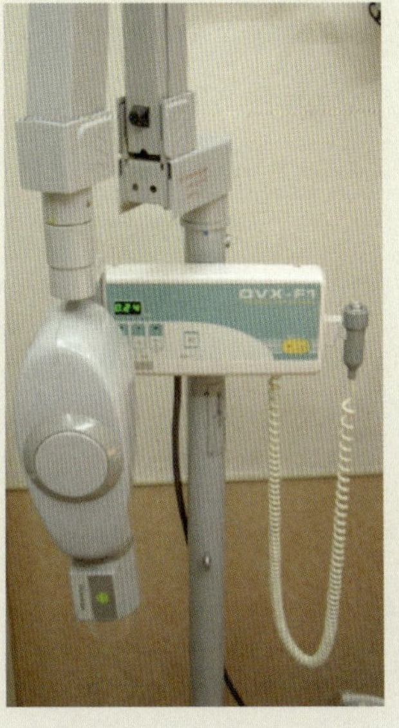

図3.2 ● 歯科X線撮影装置
写真のものはスタンド式

図3.3●歯科用フィルム
左から小児用サイズ，標準サイズ，咬合用サイズ

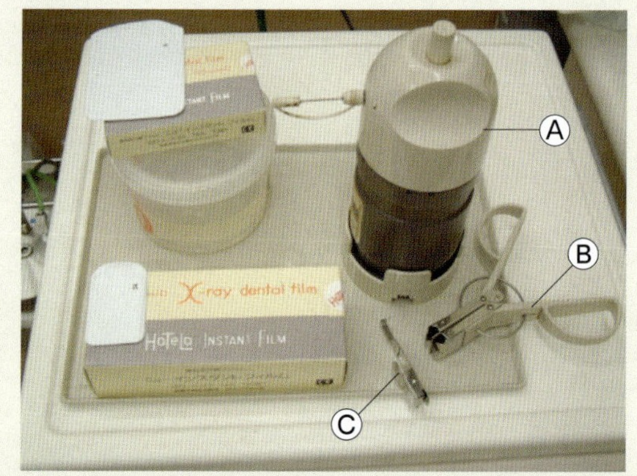

図3.4●（株）阪神技術研究所製のフィルムと専用のフィルム現像セット
Ⓐプッシャー，Ⓑペアラー，Ⓒフィルムクリップ

を狭めることができ，無駄な照射線と散乱線を減らすことができる．

歯科用X線装置には，スタンド型，壁や天井に取り付けるアーム型，持ち運びができるポータブル型がある．検査者の被曝を考えると，ポータブル型以外は，撮影時にはフィルムホルダーなどを用いてフィルムを固定し，撮影者は管球から2m以上離れて照射すべきである．

なお，撮影枚数が多い施設であれば，投資費用が高くなるが歯科用デジタルX線画像診断装置が適している．フィルム式に比べて現像上のテクニカルエラーが少なく，鮮明なX線像が得られるだけでなく，データの記録も行いやすい．X線照射量も通常の1/4～1/10程度に抑えることができ，術者や動物の被曝量を抑えられる．撮影から数十秒程度でX線像を得ることができ，素早い診断が可能であることも大きな利点となる．さらに拡大することも容易なため気になる部位を拡大したり強調画像にすることも可能である．歯科X線撮影は，全身のX線撮影検査と異なり，撮影枚数が多くなるため，歯科処置の多い施設では被曝量や撮影にかかる手間や時間の違いは大きくなる．

■ X線フィルム

歯科X線検査に用いられる歯科用フィルムは，全身用のフィルムより繊細な画像を得ることができるため，歯や歯の周囲組織の評価に適している．

歯科用フィルムには5種のサイズがあり，小動物で使用するのは3種類である（図3.3）．犬や猫の多くの歯の撮影に広く用いられる標準サイズ（30×40mm），中型犬以上の犬歯の撮影に用いられる咬合用サイズ（54×70mm），口の小さい猫や小型犬の切歯や臼歯の撮影に向いている小児用サイズ（24×30mm）の3種であり，それぞれの用途によって使い分ける．

臨床現場では，（株）阪神技術研究所（以下，阪神と略）製のD感度インスタントフィルムが使いやすい．専用のフィルム現像セットによって数分で簡単に現像できるため，現像機や暗室が不要である．撮影頻度が低い場合は，手軽でコストも抑えられる（図3.4）．

■ 撮影・現像用備品

ここでは，阪神の歯科用フィルムを使用する場合の撮影・現像用備品について，簡単に説明しておく．現像手順については表3.2を参照のこと．

プッシャー（定量処理液注入器），専用現像定着液，硬膜剤セット（**図3.4Ⓐ**）

阪神の歯科用フィルム専用の現像セット．付属の針をフィルムパッケージのスリットから挿入し，現像定着液をパッケージ内部に直接注入できるタイプ．暗室や現像機が不要なことが大きな特長で，数分で簡単に現像できる．フィルム表面を保護する硬膜剤が付属されている．硬膜剤は，水溶液としてあらかじめ用意する．300 mL以上の蓋付きの容器を用意し，硬膜剤1袋を300 mLの水に溶かして，現像処理後にフィルムを漬けて使用する．

ペアラー（**図3.4Ⓑ**）

阪神の歯科用フィルムパッケージのオープナー．パッケージを開ける際に，液が飛散して手や衣服を汚すことなく，簡単に開けることができる．

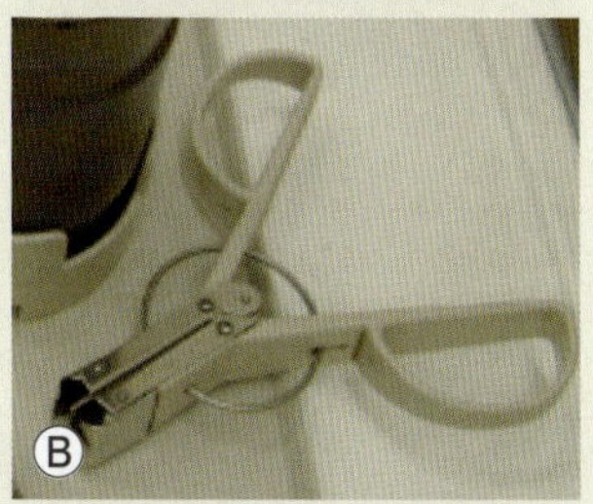

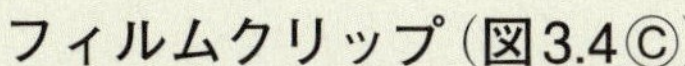

フィルムクリップ（**図3.4Ⓒ**）

現像したフィルムは滑りやすいため，クリップでフィルムの端をつまんで保持してから取り出す．保持したまま水洗，硬膜処置，読影，乾燥ができる．

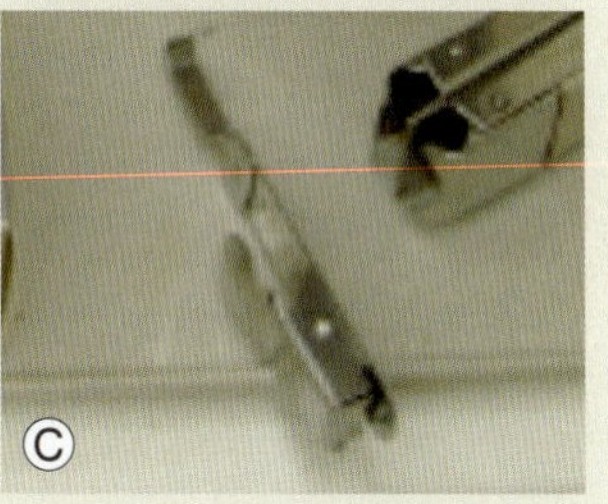

フィルムホルダー

撮影時に口腔内にフィルムを保持するもの．手で持つタイプ以外にも，口腔内にフィルムを保持するフレキシブルな製品（**図3.5**）もある．

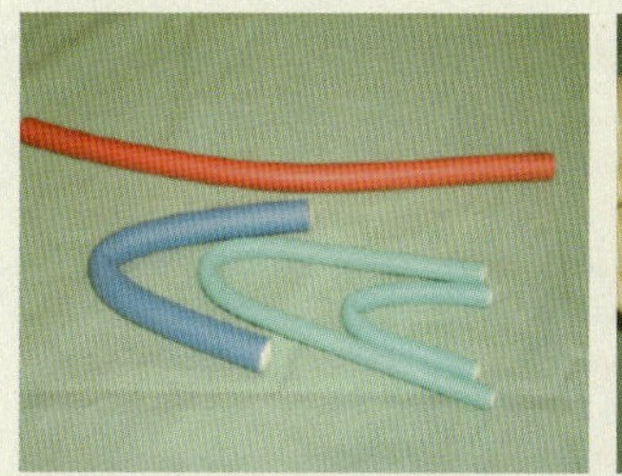

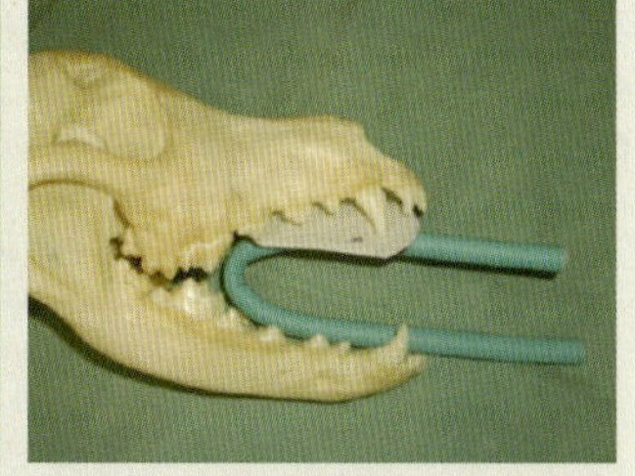

図3.5●フレキシブルタイプのフィルムホルダー

二等分面投影インジケーター（パッ撮る® 富士平工業（株））（**図3.6**）

二等分面法（詳細は後述）で撮影する際のガイドとして使用する．歯科用フィルムを台に取り付け，歯軸アームの角度を歯軸に合わせる．次にX線撮影装置の照射コーンを撮影部位に持っていき，コーンガイドに照射コーンが平行になるようにセットして撮影する．

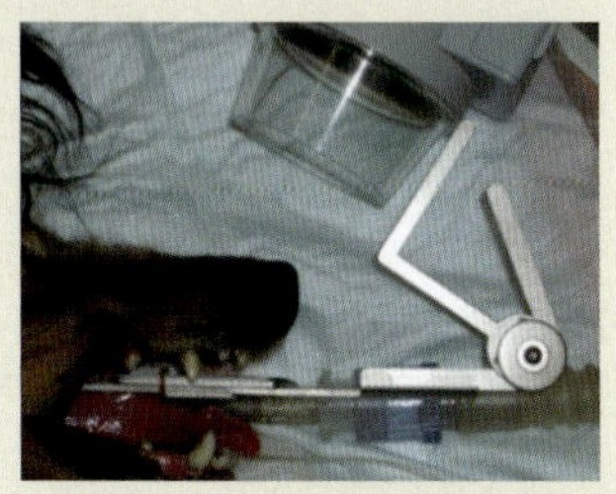

図3.6●二等分面投影インジケーター（パッ撮る®）

歯科用フィルム保存用シート（**図3.7**）

乾燥させたフィルムを保護，保存管理するためのシート．裏にシールが付いておりカルテなどに貼ってフィルムを保管できる．

図3.7●歯科用フィルム保存用シート

表3.2●阪神歯科用フィルムの現像手順と保管方法

現像手順

1	あらかじめ洗面器などの容れ物に25℃の温水を用意する．
2	プッシャーを現像定着液のボトルに取り付け，プッシャーの注入ノズルをフィルムパッケージの二重シール線の隙間に挿入し，ゆっくりと現像定着液を規定量注入する．あらかじめ針の中の液を少し出してから挿入するとパッケージの中に気泡が入りにくくなる．
3	直ちに30秒間，温水のなかでゆっくり休みなく丁寧に揉む．
4	ペアラーでフィルムパッケージを開き，クリップを付けてフィルムを取り出し，よく水洗する．
5	水洗後，膜硬化剤に5秒間浸し，再度軽く水洗を行う．
6	ここでいったんフィルムを読影し，その後流水で1.5～5分程水洗する．
7	十分に乾燥させ，保管する．

保管方法

- 上記の現像の際に，硬膜処理と水洗を十分に行わないと，時間の経過とともにフィルムが茶色く変色してくるので注意する．
- 撮影枚数が複数に及ぶと，どの患者のどこの部位のものかがわかりにくくなる．そこで撮影時に番号を控えておき，乾燥後は速やかに歯科フィルム専用の保存用シートやホルダーに収納して，患者ごとに保管しておく．フィルムの裏表に注意して保存する．保存シートに歯の番号（トライアダンの変法による歯の番号）を記入することで，整理しやすくなる．また，見返す際にもわかりやすくなる．
- 現像したフィルムをデジカメで記録しておくと，画質の劣化を防ぐことができ，また検索もしやすいなど管理上の利点が多い．

3 歯科X線検査の撮影方法

3-1 歯科用X線撮影装置と歯科用フィルムを用いた歯の撮影方法

▶ Point

- **歯科X線検査には，口内法と口外法の二つの方法がある．**
- **歯科独特の二等分面法と平行法を用いて歯を撮影する．**

歯科用X線装置と歯科用フィルム（センサー）を用いた撮影方法には，フィルムを口腔内に置く口内法と，口腔外に置く口外法とがある．いずれの方法で撮影する場合でも，①フィルムを曲げないこと（フィルムが曲がると像が歪む），②患歯をできるだけフィルムの中心に置くこと，③フィルムとX線ビームの角度を適切に調整することが重要である．

■ 口内法

歯科用フィルムの主たる撮影方法では，歯科用フィルムを口腔内に入れて撮影するため，被写体の歯や顎が対側と重ならずに目的の像を得ることができる．1本から数本の歯や周囲組織などの診断に適した方法である．撮影する部位によって，以下の2通りの方法がある．

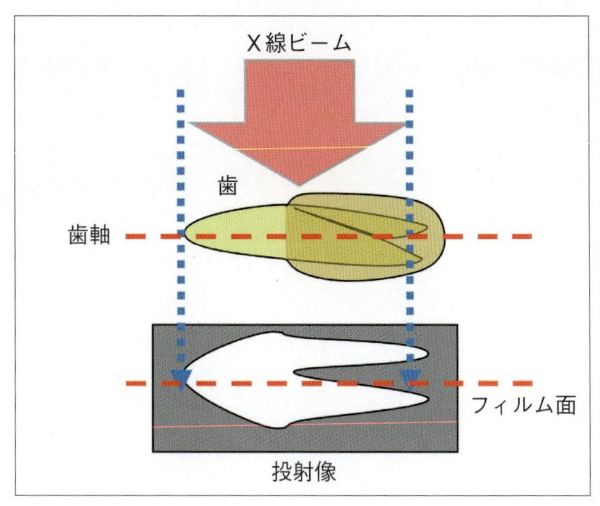

図3.8●口腔内平行法
口腔内平行法．フィルムと歯軸が平行になる．

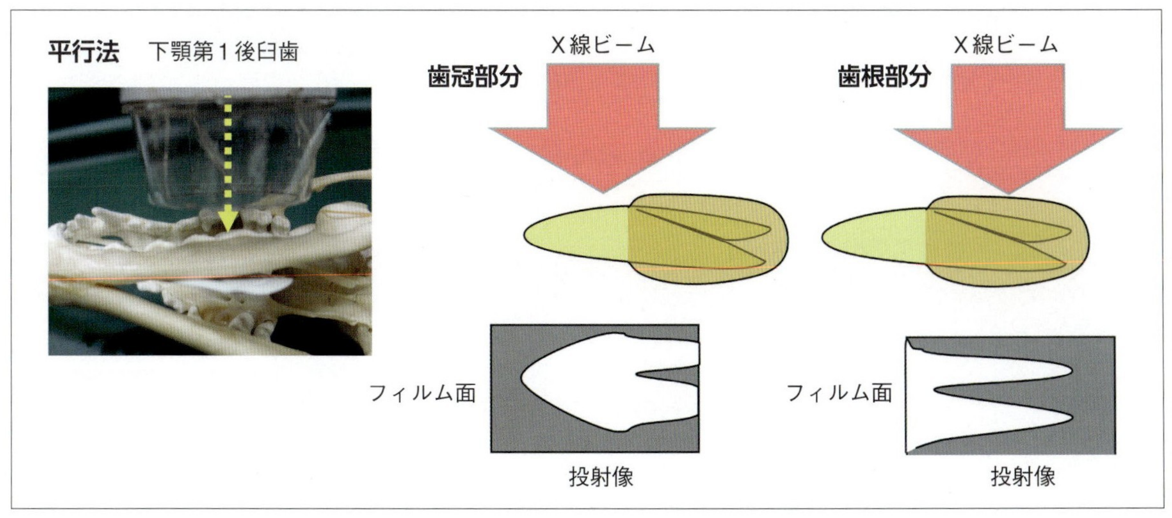

図3.9●平行法の撮影位置の違い

①**口腔内平行法**——主に下顎の第4前臼歯から第3後臼歯までの撮影に用いる方法．フィルムを口の中に入れ，撮影対象の歯や顎がフィルムと平行になるようにして撮影する（**図3.8**）．腹部や胸部のX線撮影と同じ原理である．

具体的には，下顎骨と舌の間にフィルムを入れて，犬の下顎第4前臼歯付近から第3後臼歯までの歯や歯周組織の詳細な評価に用いる．撮影の際には，フィルム面が歯軸と平行になるように，フィルムホルダーやコットンロールなどで口腔内に保持する．X線ビームがフィルムと歯軸に直行するように設置し，下顎の真横から照射する（**図3.9**）．撮影部位により，フィルムとX線ビームの位置を合わせる．特に歯周炎の場合は歯根部分の撮影が必要である（**図3.9**）．

犬の下顎臼歯

犬の第3～第4前臼歯および下顎第1～第3後臼歯は，通常は口腔内平行法で撮影する．フィルムを下顎と平行に舌の間に入れ，真横からX線を照射する平行法で撮影する（**図3.10**）．

猫の下顎臼歯

フィルムを口腔内に斜めに入れる．第3前臼歯の歯根部は一部欠けてしまう（**図3.11**）．

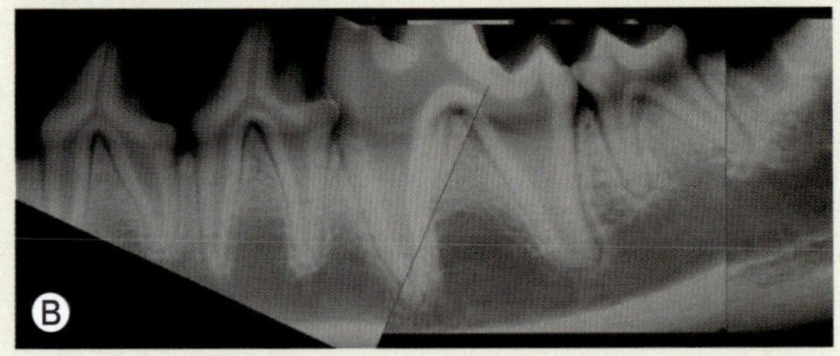

図3.10●犬の下顎臼歯
真横からX線を照射する平行法．Ⓐはデンタルモデル，Ⓑは同部位のX線写真である．

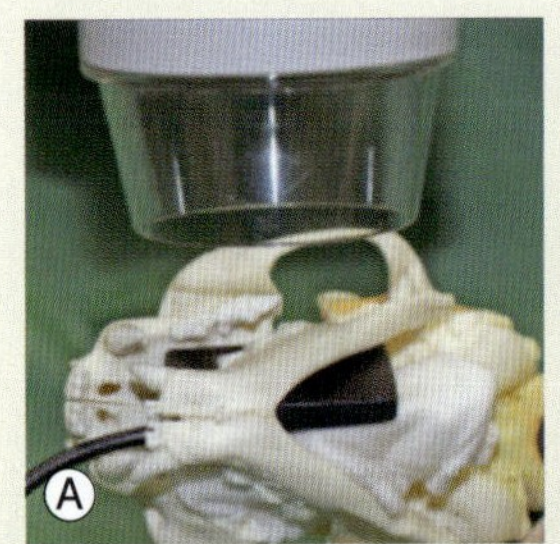

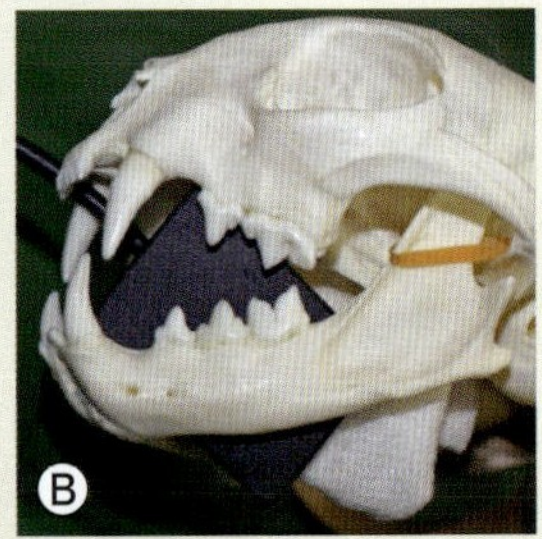

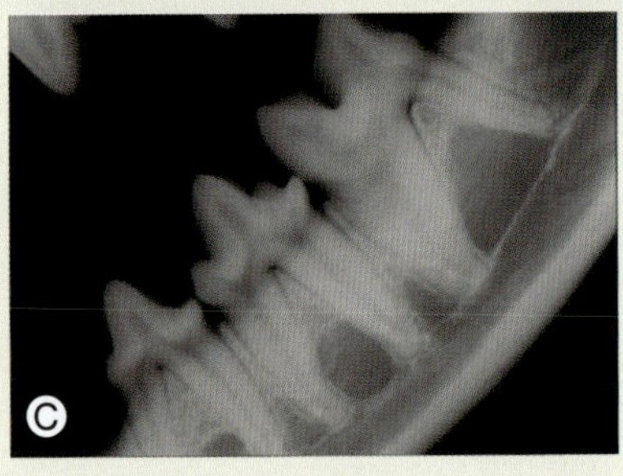

図3.11●猫の下顎臼歯
口腔内平行法により撮影する（Ⓐ，Ⓑ）．第3前臼歯の歯根部は一部欠けてしまうⒸ．

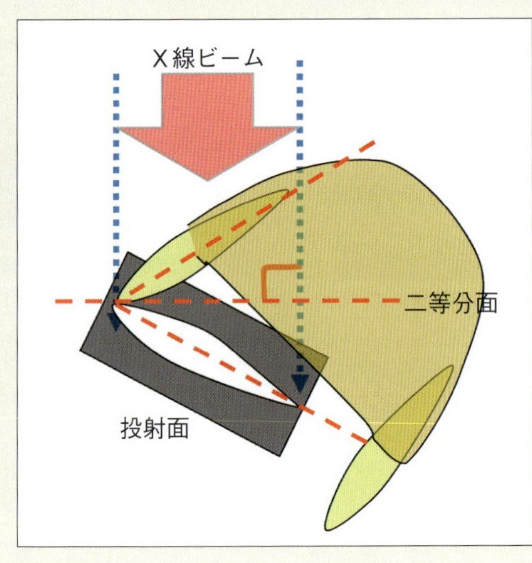

図3.12●二等分面法の模式図
フィルム面と歯軸との角度を二等分する面に，X線ビームを垂直に照射する．角度が正確でないと，画像が伸びたり縮んだりする．

②**二等分面法**――この方法は，すべての歯の撮影が可能であり，顎の部分的評価にも用いることができる．ただし，下顎臼歯は前述の平行法で撮影する方が撮りやすい．つまり，二等分面法は上顎の全部の歯と下顎の切歯，犬歯，第1～第3前臼歯の撮影時に主に用いるものと考えて良い．

二等分面法は歯科独特の口腔内の撮影方法であり，もっとも撮影頻度の高い口腔内X線撮影法である．しかし，フィルムの置く位置，投射角度と位置などがわかりにくいため，思った通りに撮影できるようになるには慣れが必要である．ここではその概要を解説するが，とにかく回数を経験して，その原理を感覚的に会得することが最も近道となる．

二等分面法では，フィルム面と歯軸との角度ができるだけ小さくなるようにフィルムを置いたうえで，フィルム面と歯軸との角度を二等分する面を仮想し，この面にX線ビームを直交させるようにして撮影する（**図3.12**）．撮影に慣れないうちは適正な角度を作ることが難しいため（**図3.13**），前述の市販の撮影補助器具（パッ撮る）（**図3.6**）があると便利である．二等分面法による撮影位置の違い（**図3.14**）は歯冠部分を撮るのか歯根部分を撮るのかによりフィルムとX線ビー

二等分面法　投影角度による投影像の違い.

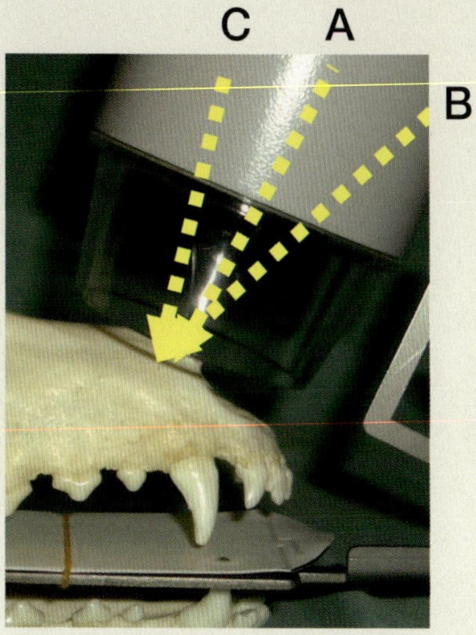

C　A
B

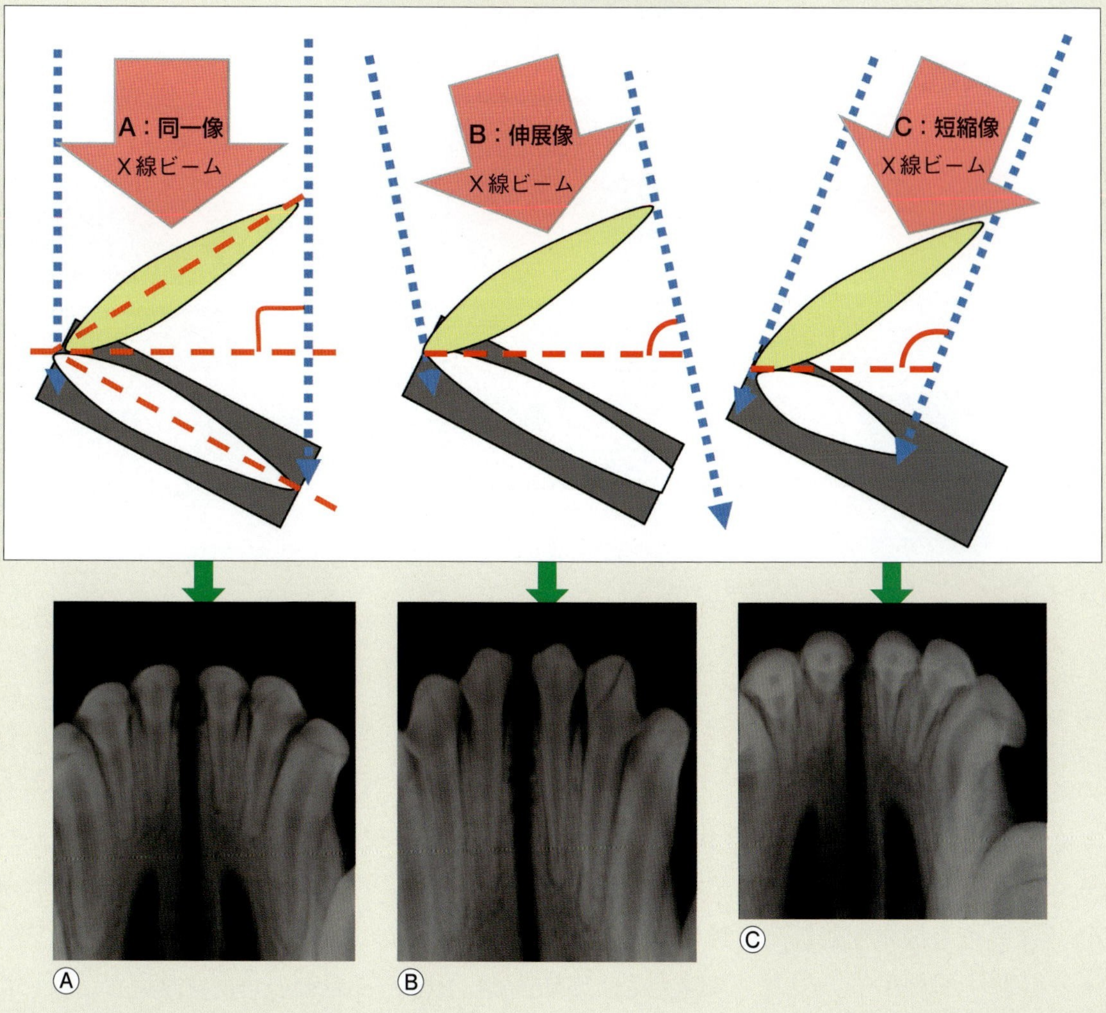

A：同一像
X線ビーム
B：伸展像
X線ビーム
C：短縮像
X線ビーム

Ⓐ
Ⓑ
Ⓒ

図3.13●二等分面法の投射角度と陰影の関係
Ⓐは二等分面法にのっとり，歯と陰影が同一になる.
Ⓑは歯よりも長く伸びた陰影になる.
Ⓒは歯よりも短く縮まった陰影になる.

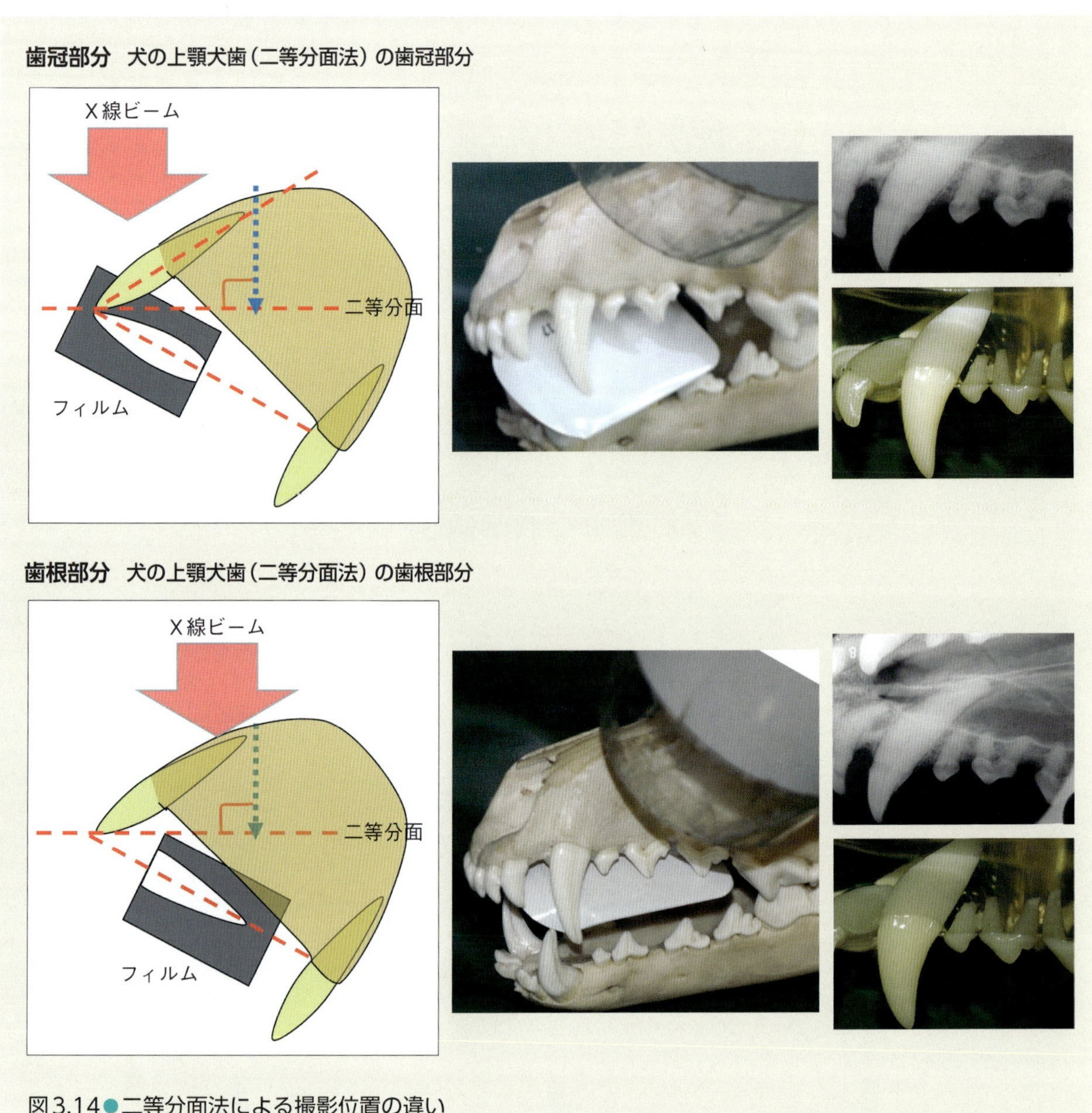

図3.14●二等分面法による撮影位置の違い
中型犬以上の犬歯の撮影は，標準サイズのフィルム・センサーでは犬歯が全部入らない場合がある．

ムの位置をあわせる．

もしくは，頭蓋を仰臥位もしくは伏臥位にして，フィルムを地面に水平に上下顎間に咬ませ，X線ビームを約45度の角度から当てて撮影する（**図3.15**）．スタンド型の管球には角度計が付いており，45度に角度を設定すれば，歯軸は地面にほぼ垂直となるので，上下の臼歯は簡単に二等分面法による撮影ができる．しかし，下顎犬歯と上下切歯は，そもそも歯軸の角度が垂直ではないため，この方法ですべてに対応することはできない．

実際の撮影時に，どのような角度でフィルムとX線ビームをセッティングすれば良いかを考えるには，透明なデンタルモデルを参考にすると歯根の位置と角度が理解しやすい（**図3.16**）．

図3.17，**図3.18**に，平行法と二等分面法による撮影方法の適応をまとめておく．特に，犬の上顎第4前臼歯ならびに第1・第2後臼歯，猫の上顎第4前臼歯は3根歯であり，歯根が重なるため撮影が難しい．そのため，見やすい像が撮れるまで角度を変えて撮り直すと良い．

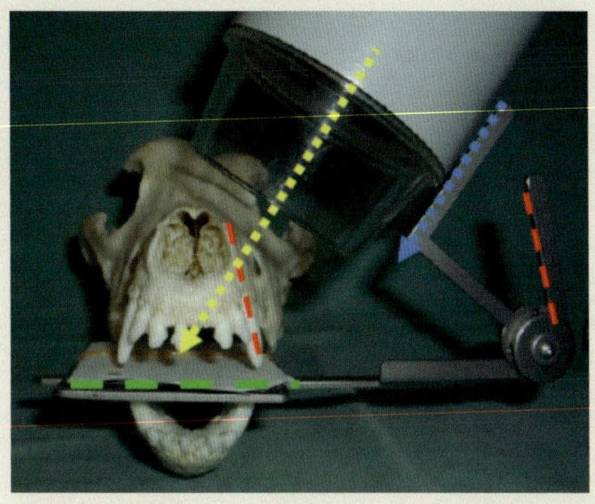

図3.15●上顎犬歯の撮影
フィルムを地面に水平に上下顎間に咬ませ，X線ビームを約45度の角度から当てる.

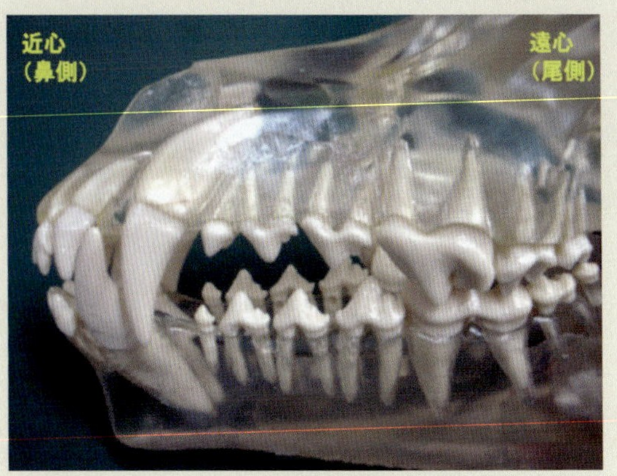

図3.16●透明なデンタルモデル
歯根を参考にして歯軸と撮影位置を考える.

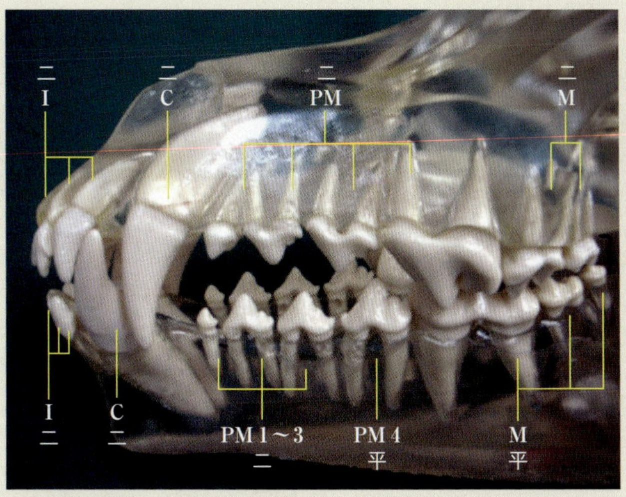

図3.17●歯と撮影方法（犬）
二等分面法（二），平行法（平），口外法（外），I：切歯，C：犬歯，PM：前臼歯，M：後臼歯

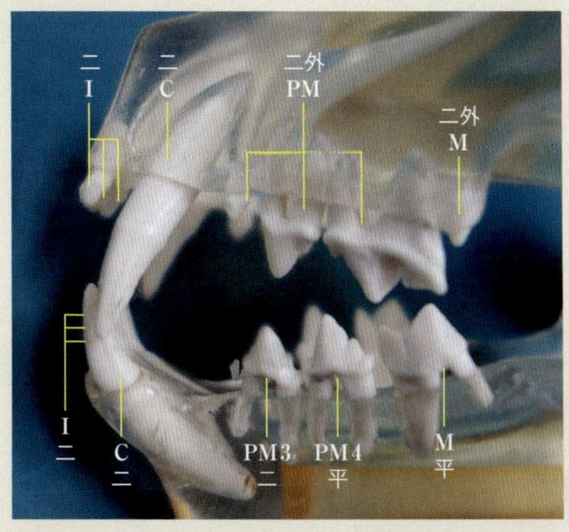

図3.18●歯と撮影方法（猫）
二等分面法（二），平行法（平），口外法（外），I：切歯，C：犬歯，PM：前臼歯，M：後臼歯

猫の上顎第4前臼歯

前述のように通常の二等分面法では評価しにくい．口外法で撮影するか（**図3.19**），撮影角度を通常より少なくし，フィルム面に対して浅い角度で撮影し，臼歯が伸びた像（**図3.20**）にすると，臼歯の歯根と頬骨の重なりを避けた画像が得られる．

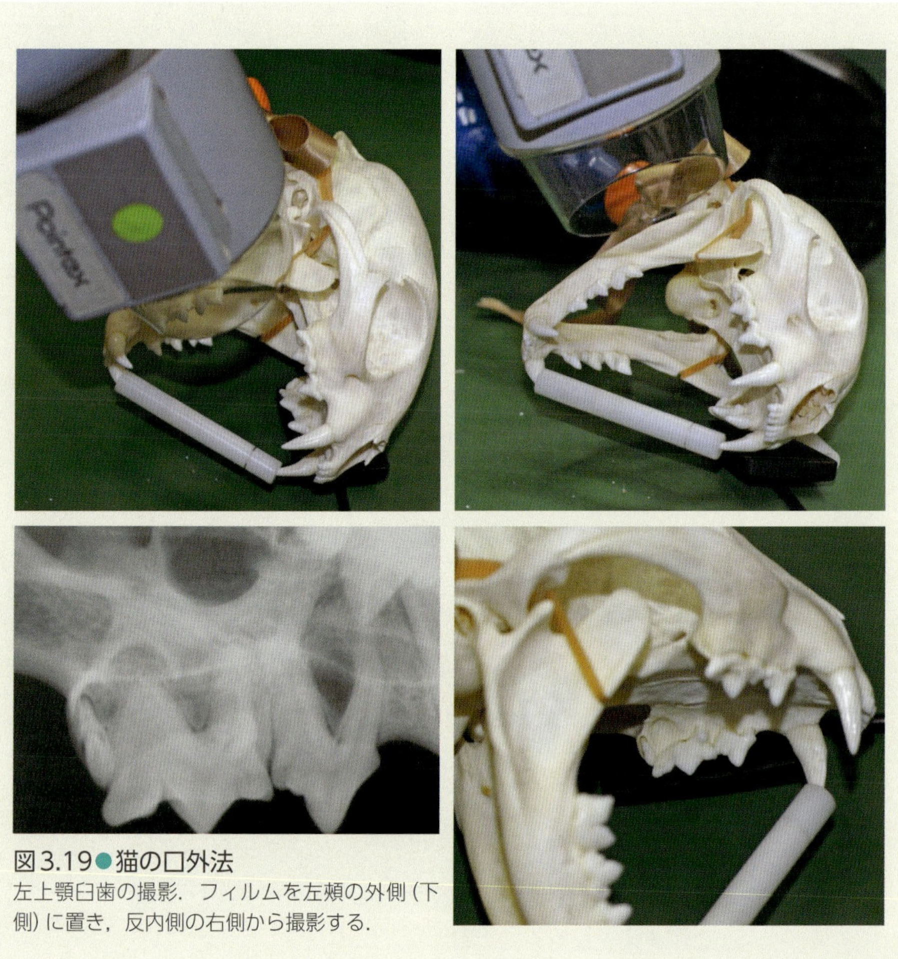

図3.19●猫の口外法
左上顎臼歯の撮影．フィルムを左頬の外側（下側）に置き，反内側の右側から撮影する．

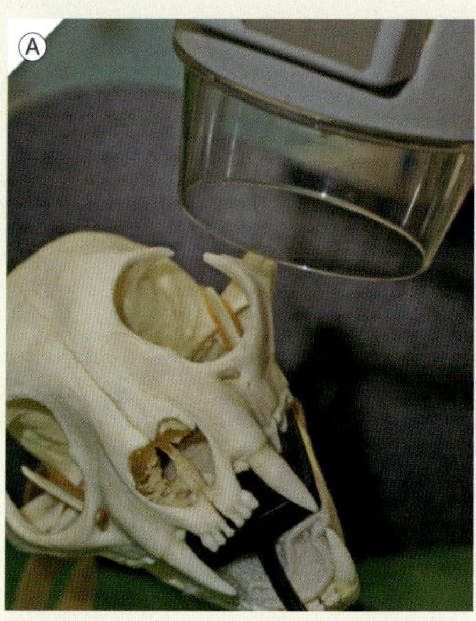

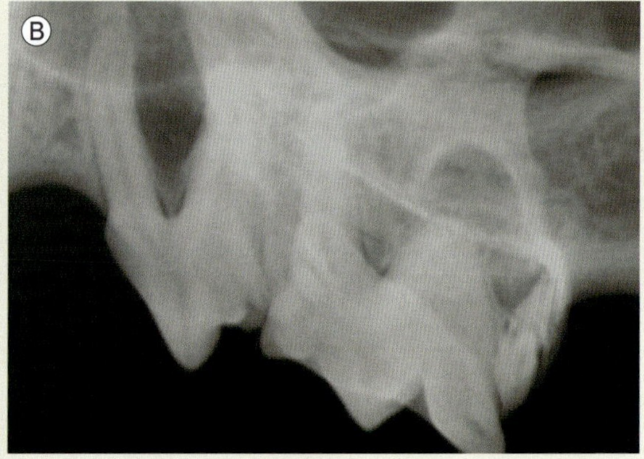

図3.20●臼歯が伸びた像（猫）
撮影角度を通常より少なくし（Ⓐ）撮影すると（Ⓑ）のような臼歯が伸びた像になり，臼歯の歯根が観察しやすい．

簡易的な撮影方法

撮影に際し，平行方法は理解しやすいが，二等分面法は位置と角度がわかりにくい．そのため，撮影に慣れるまでは，トイレットペーパーの芯と透明なデンタルモデルを用いると，照射角度とフィルムの置く位置がわかりやすい．つまり，撮影目的の歯根部にトイレットペーパーの芯を置き，覗きながら歯根とフィルム（もしくはセンサー）が一致して見えるようにフィルムを置く．トイレットペーパーの芯の円がX線照射範囲に相当するため，X線装置の撮影角度，照射位置，フィルムの位置が理解しやすい．芯の角度と位置が実際のX線撮影装置のツーブスと一致するため，その芯の位置が撮影すべきポジションとなる．患者とデンタルモデルを平行に並べることで，位置関係を理解しやすい．

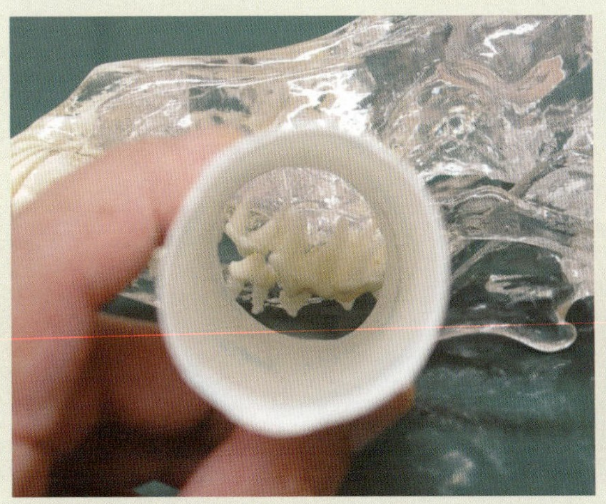
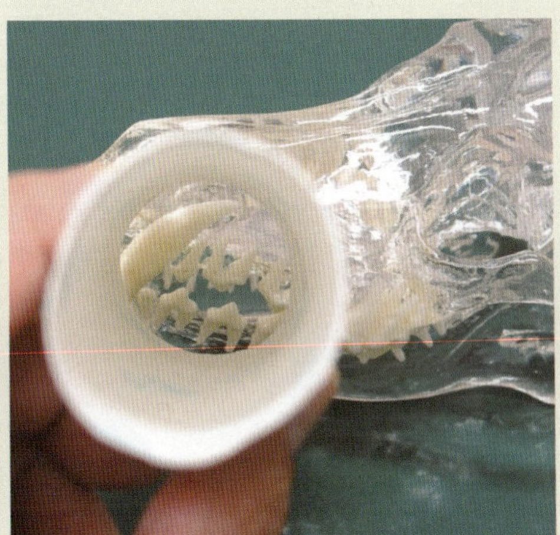

図3.21●簡易的な撮影方法

犬の部位別撮影

犬の上顎切歯（二等分面法）

二等分面法・歯軸の角度に平行になるように歯軸アームを合わせる．次にX線のコーンを撮影部位に持っていき，コーンガイドに照射コーンが平行になるようセットして撮影する（図3.22Ⓐ～Ⓒ）．

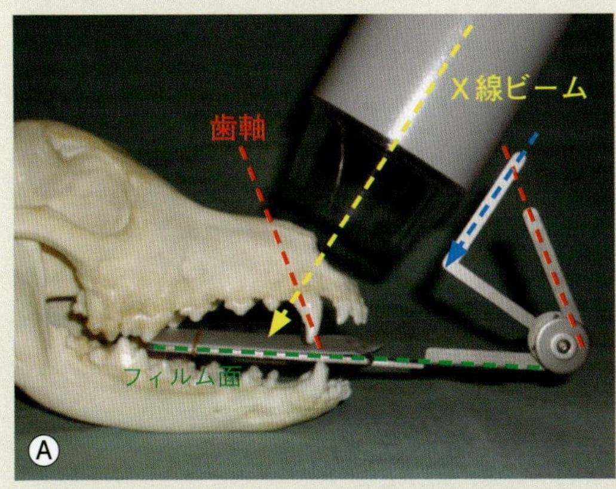

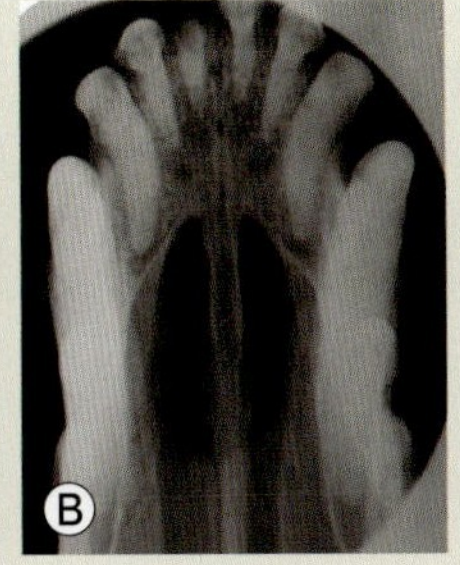

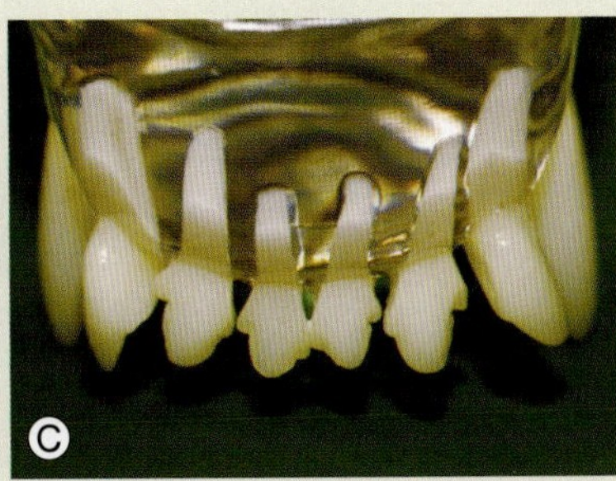

図3.22●犬の上顎前歯のX線撮影

3 歯科X線検査

犬の上顎犬歯（二等分面法）

歯根は側方からの二等分面法によって判読する（**図3.23**）.

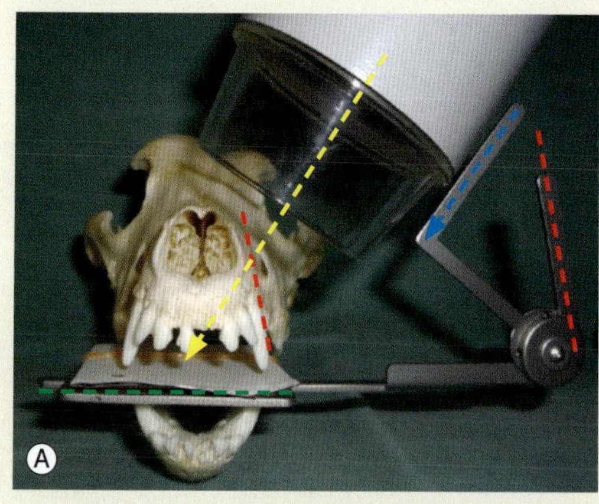
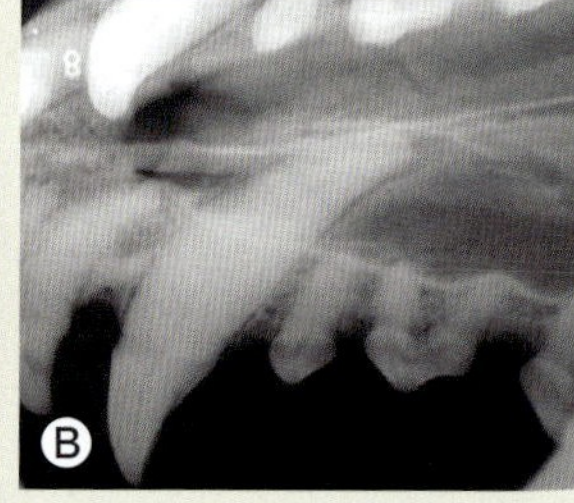
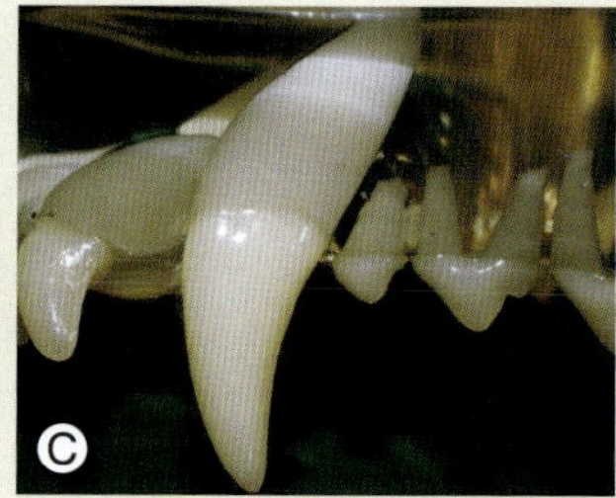

図3.23●犬の上顎犬歯のX線撮影

犬の上顎臼歯部（二等分面法）

上顎はどの歯も二等分面法で撮影する（**図3.24**）.

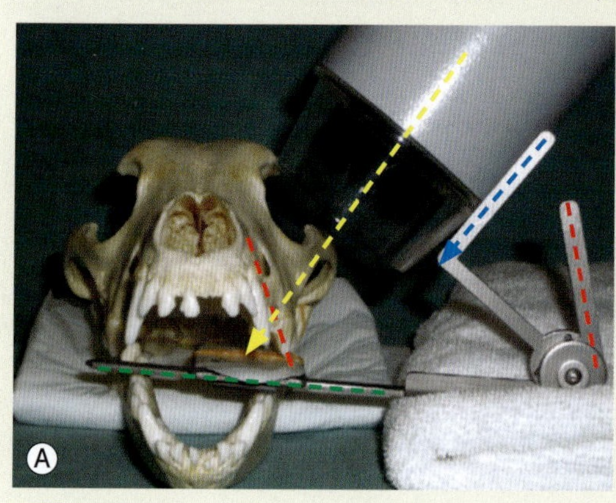
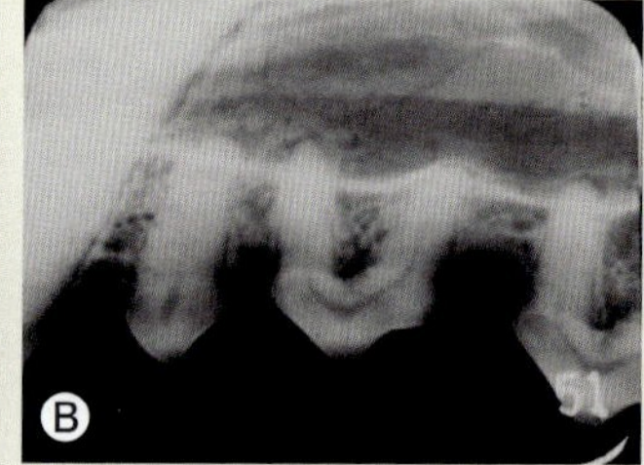
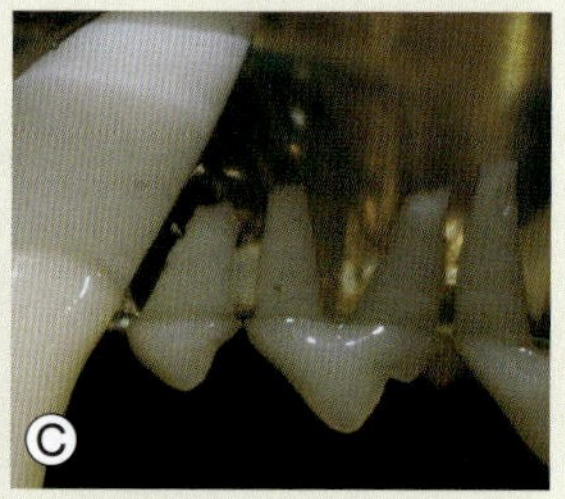

図3.24●犬の上顎臼歯部のX線撮影

犬の上顎第4前臼歯〜第1後臼歯（二等分面法）

頭蓋の真横から照射すると，第4前臼歯の吻側の2根は重なって見えるためそれぞれの歯根の評価はしにくい．尾側の歯根は評価できる（**図3.25**）.

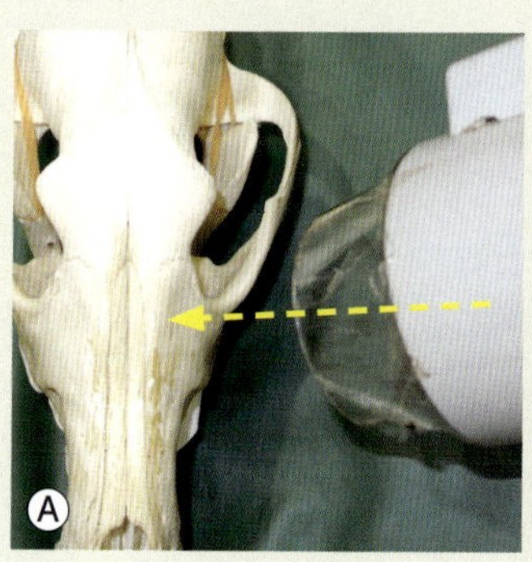
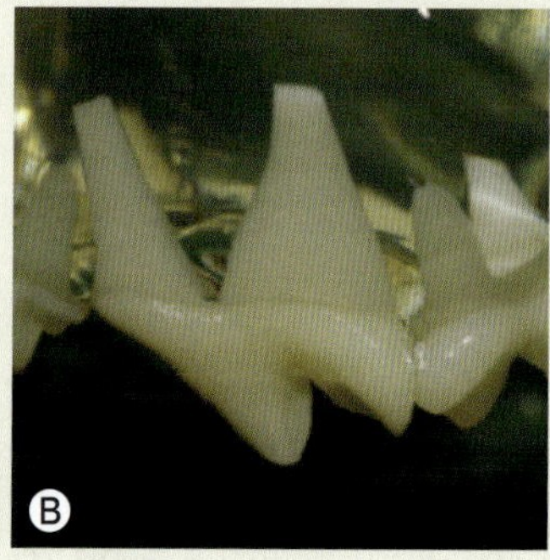
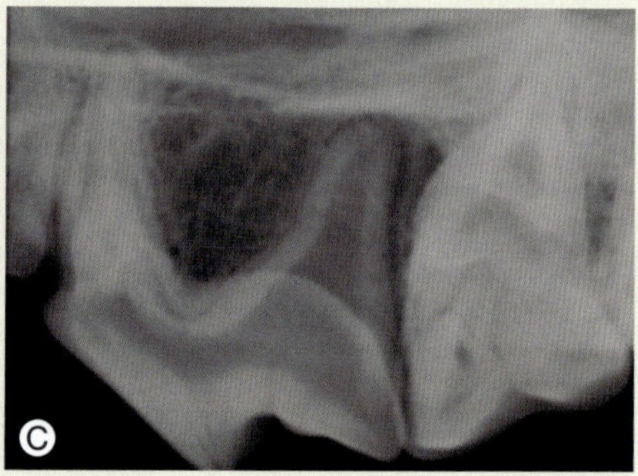

図3.25●犬の上顎第4前臼歯のX線撮影

犬の上顎第4前臼歯（前方）（二等分面法）

頭蓋のやや前方から照射すると，吻側の2根は離れて見える．尾側根は第1後臼歯に重なって評価できない（**図3.26**）．

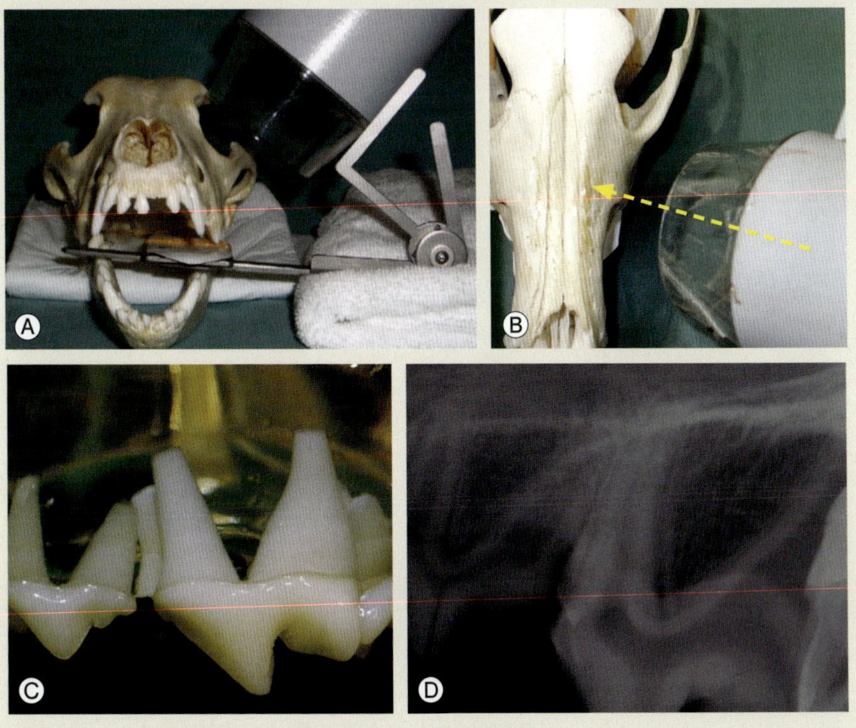

図3.26●犬の上顎第4前臼歯（前方）（二等分面法）

犬の上顎第4前臼歯（後方）（二等分面法）

頭蓋のやや後方から照射すると，第4前臼歯の吻側の2根は離れて見える．尾側の歯根は評価できる．歯の形はゆがむ（**図3.27**）．

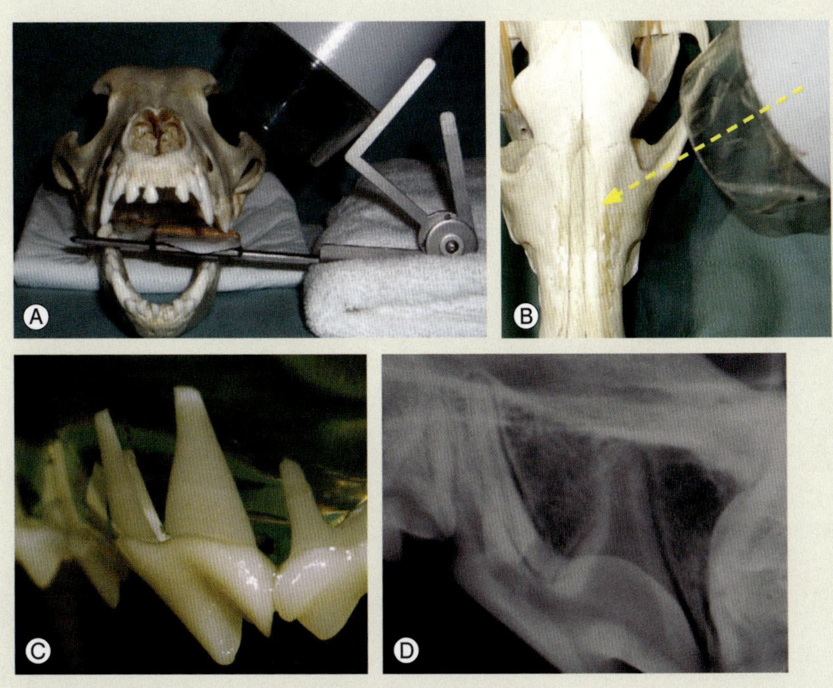

図3.27●犬の上顎第4前臼歯（後方）（二等分面法）

左第4前臼歯の吻側，真横，尾側からの撮影イメージ

吻側の2根は重なるため，2根が分かれて見える角度で撮影を追加する．**図3.28**のようにやや吻側から，もしくはやや尾側から撮影すると吻側の2根が分かれて写る．ただし歯は本来の形とは異なり画像はゆがんで写る．

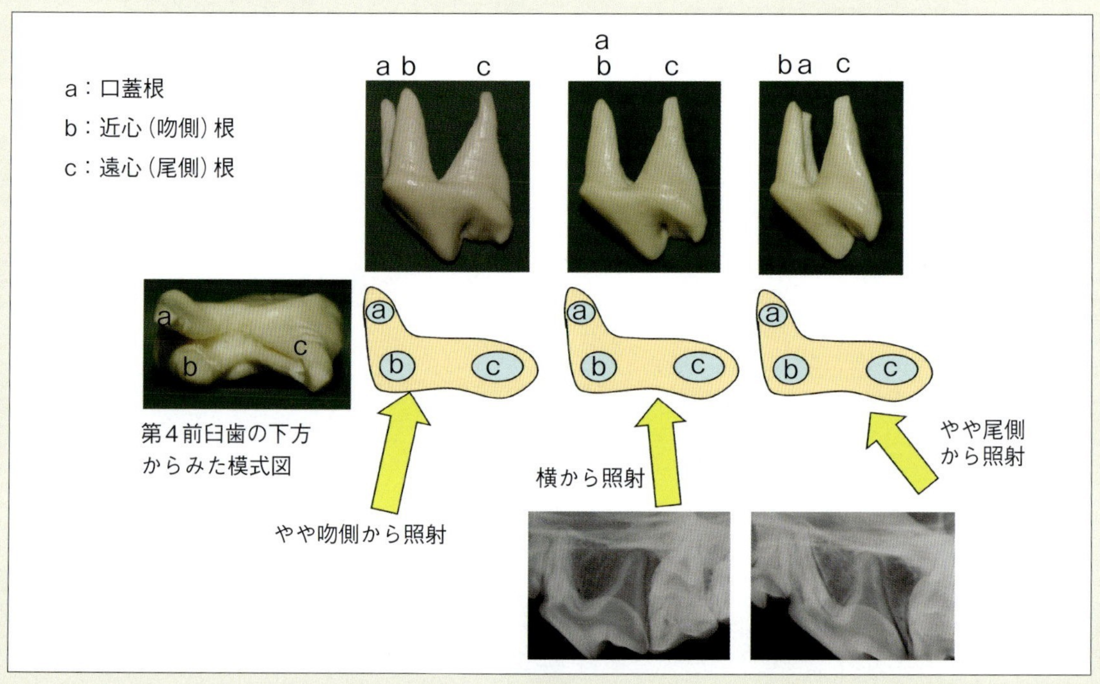

図3.28●左第4前臼歯の吻側，真横，尾側からの撮影イメージ

犬の上顎第1，第2後臼歯（二等分面法）

2歯とも3根歯である．口蓋側の歯根（内側，黄色矢印）はX線で確認しやすいが，頬側の2根はX線ではわかりづらい．プローブでの確認を必ず行う（**図3.29**）．

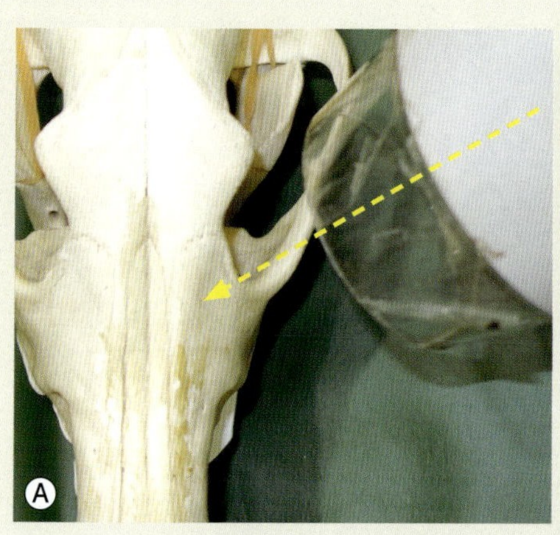

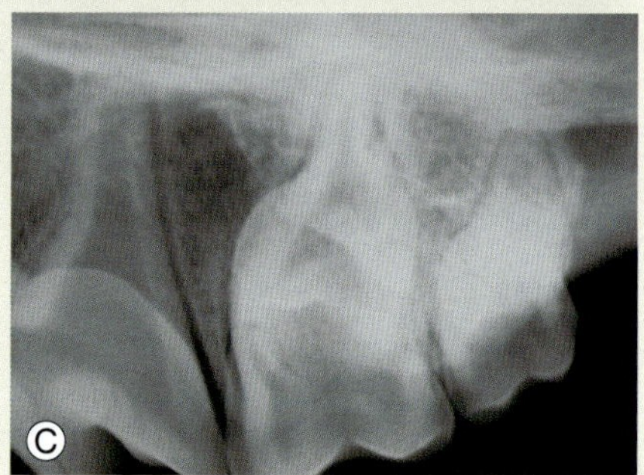

図3.29●犬の上顎第1，第2後臼歯のX線撮影

犬の下顎切歯（二等分面法）

切歯は下側から撮影する．下顎犬歯も同様に下側から撮影する．中〜大型犬では下顎犬歯が長いため，咬合用サイズのフィルムを用いて撮影する（**図3.30**）．下顎犬歯は横からの撮影でも評価できる．

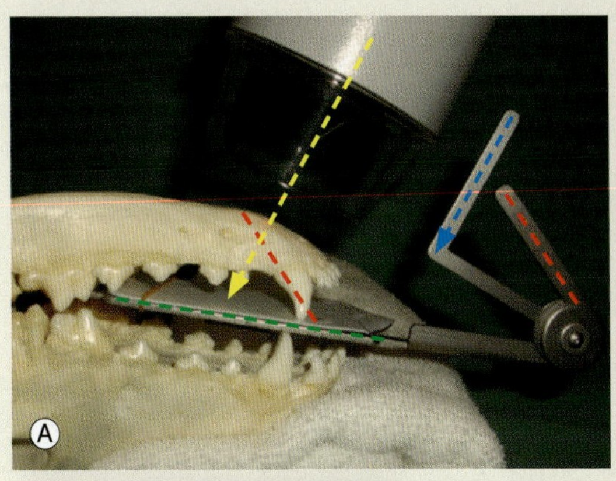

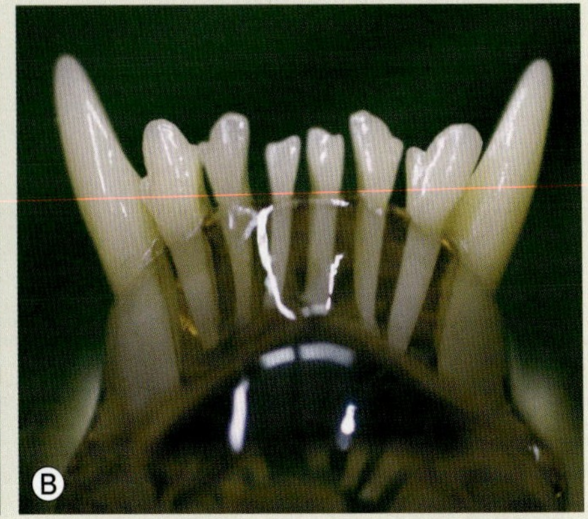

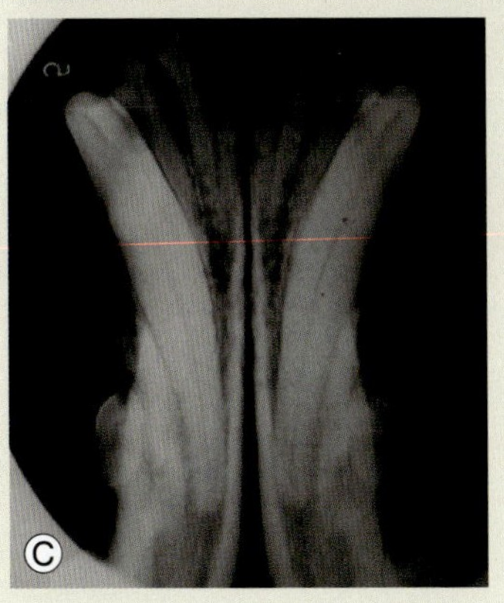

図3.30●犬の下顎切歯のX線撮影

犬の下顎犬歯と第1〜3前臼歯（二等分面法）

二等分面法で撮影する（**図3.31**）．

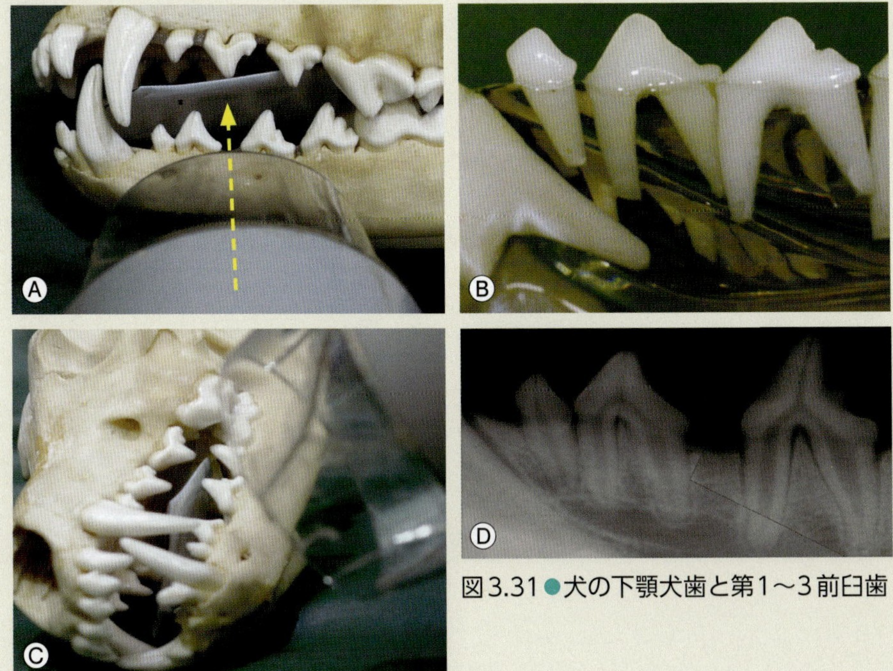

図3.31●犬の下顎犬歯と第1〜3前臼歯

犬の下顎第3～4前臼歯（口腔内平行法）

この部位だけは，フィルムを下顎と舌の間に入れ，真横からX線を照射する口腔内平行法で撮影する（**図3.32**）．

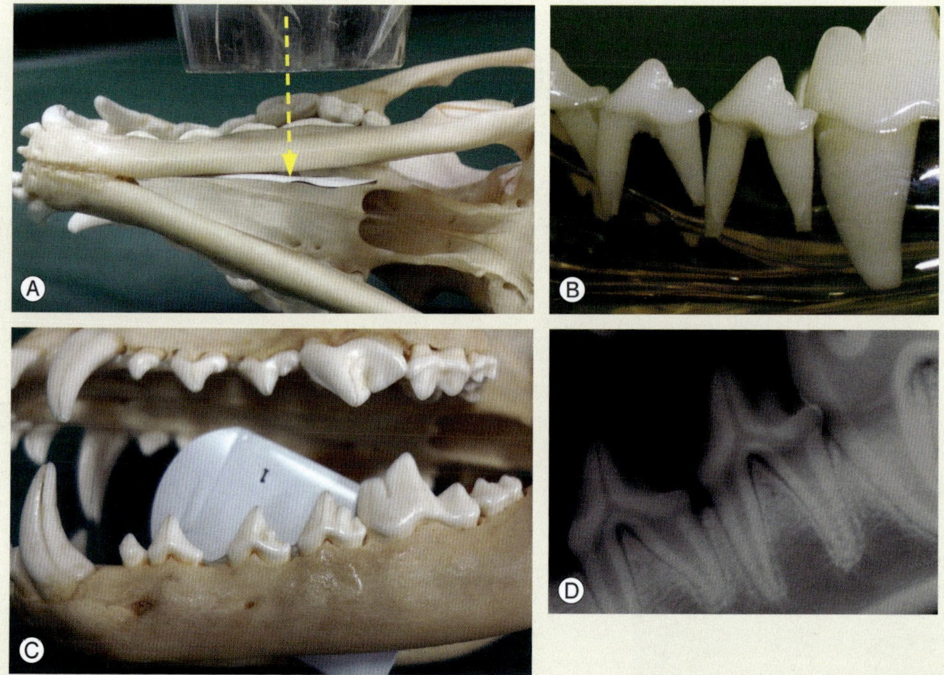

図3.32●犬の下顎第3～4前臼歯

犬の下顎第1～3後臼歯（口腔内平行法）

フィルムを下顎と舌の間に入れ，真横からX線を照射（**図3.33**）．

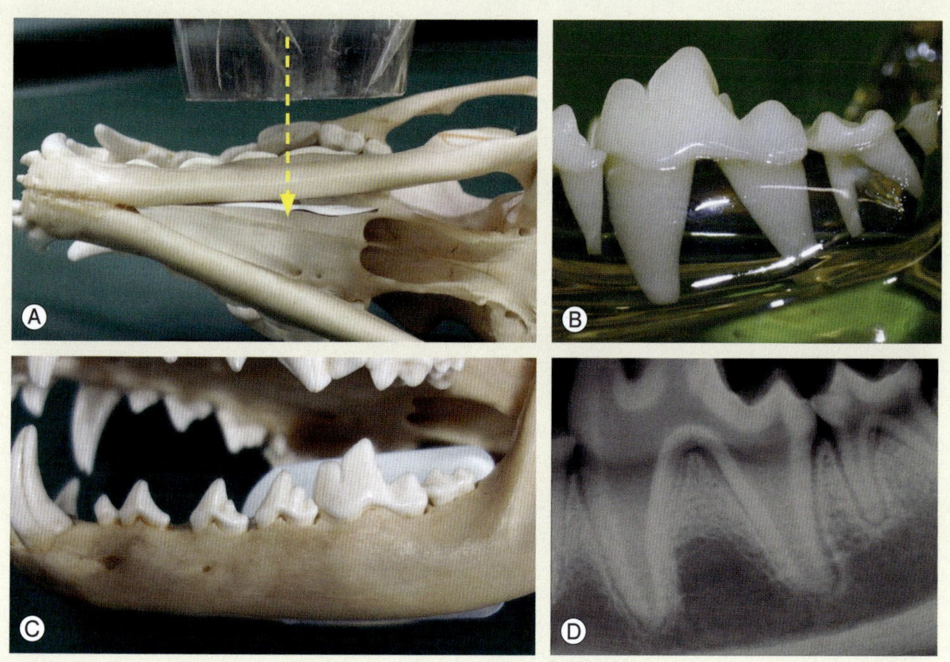

図3.33●犬の下顎第3～4前臼歯，下顎第1～3後臼歯

■ 猫の部位別X線撮影

猫の上顎切歯（二等分面法）

犬と同様に二等分面法で撮影（**図3.34**）．

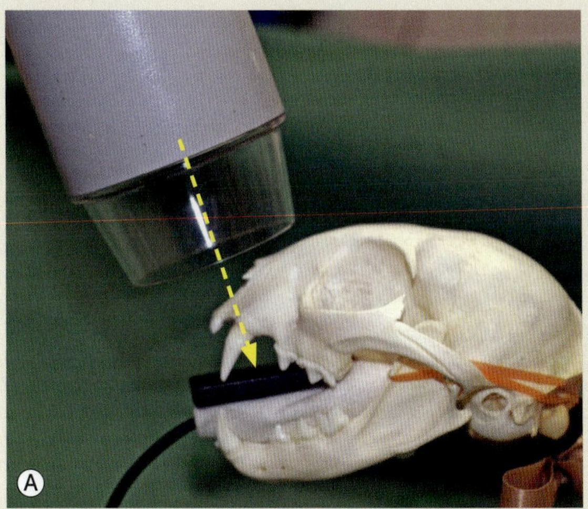

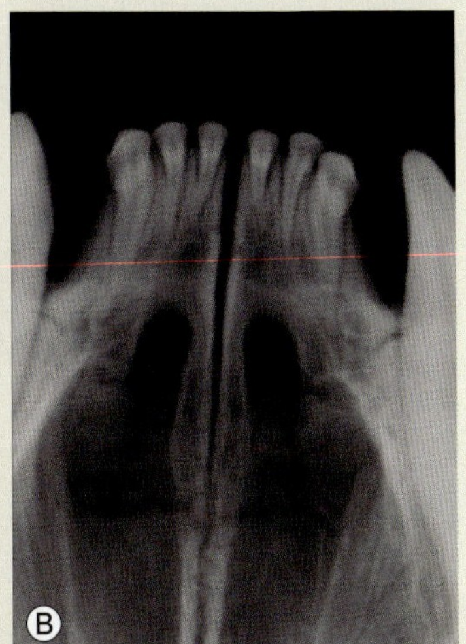

図3.34●猫の上顎切歯のX線撮影

猫の上顎犬歯（二等分面法）

犬と同様に二等分面法で撮影（**図3.35**）．

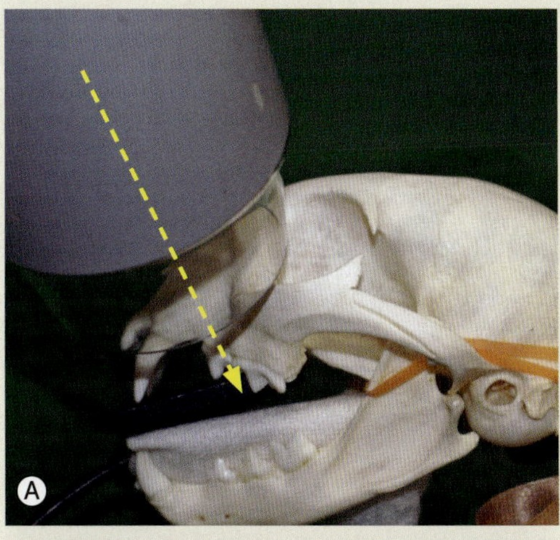

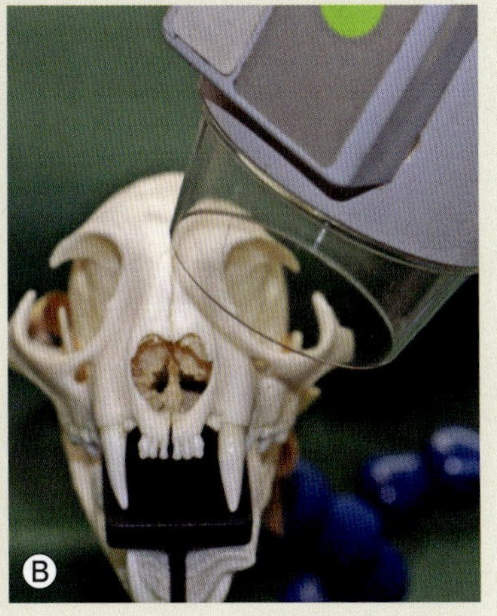

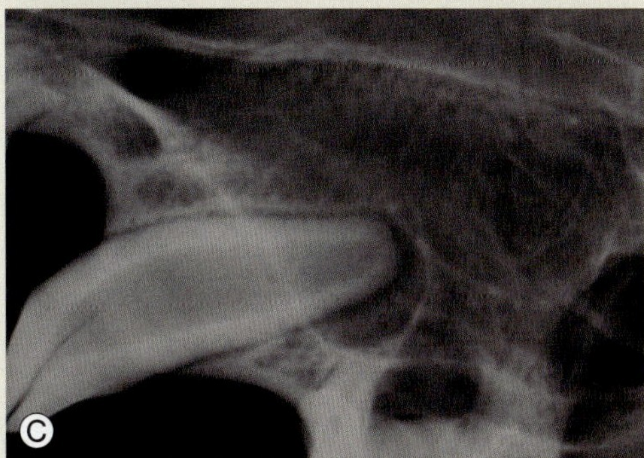

図3.35●猫の上顎犬歯のX線撮影

猫の上顎臼歯（二等分面法）

犬と同様に二等分面法で撮影すると，頬骨が臼歯歯根の陰影と重なり，評価しにくい場合がある．そのため，口外法での撮影を奨励する（**図3.19，3.39，3.40**）．なお，二等分面法の場合，あえて画像が伸びるような角度での撮影も追加すると，歯の形は縦長になるが，歯根部は見やすくなる．上顎第4前臼歯の頬側根と口蓋根の重なりは，歯根が小さいため犬より評価しづらい（**図3.36**）．

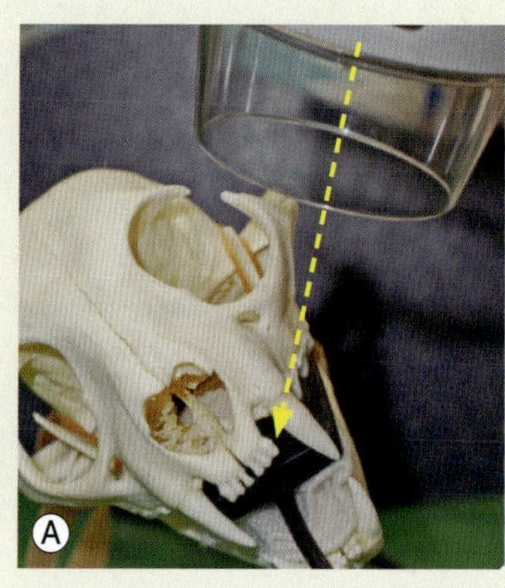
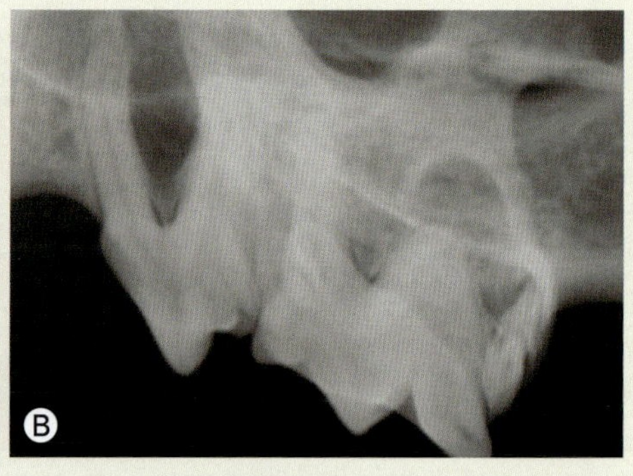

図3.36●猫の上顎臼歯のX線撮影

猫の下顎切歯，犬歯（二等分面法）

犬と同様に二等分面法で撮影（**図3.37**）．

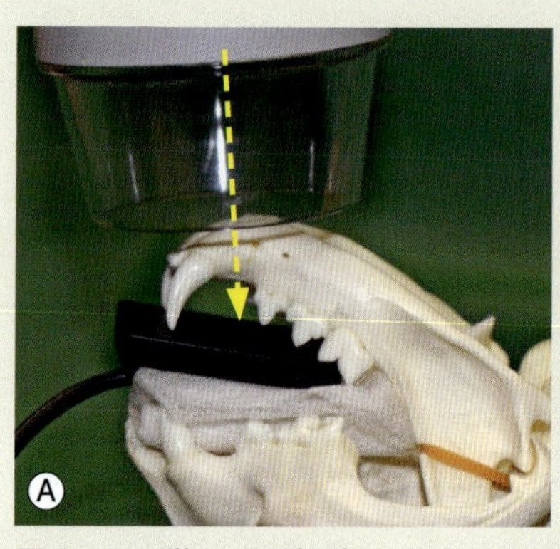
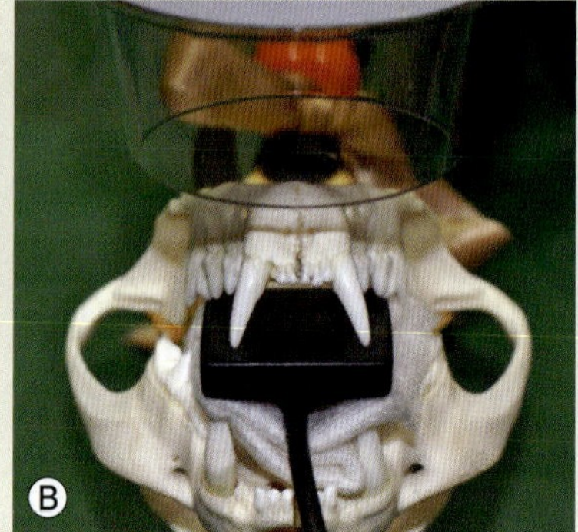
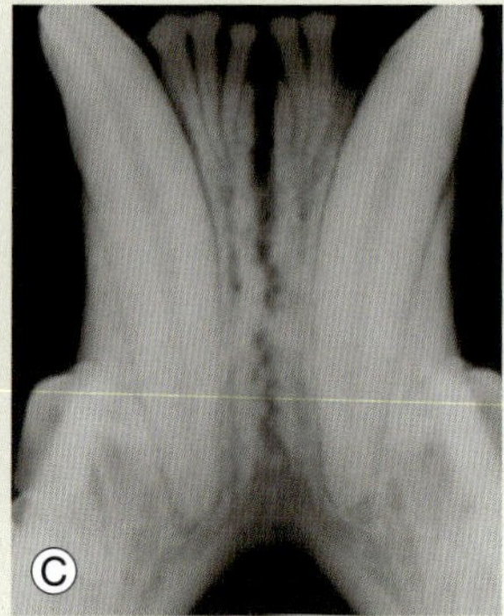

図3.37●猫の下顎切歯，犬歯のX線撮影

猫の下顎第3前臼歯～第1後臼歯

口腔内の平行法だと第3前臼歯の根尖部が映らないため（**図3.11**），二等分面法で撮影する（**図3.38**）．

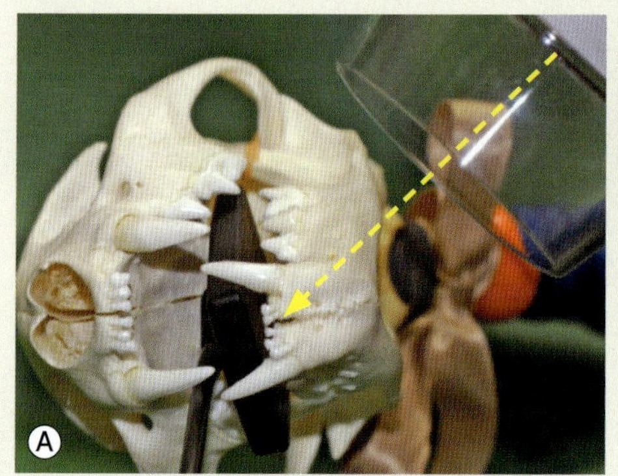
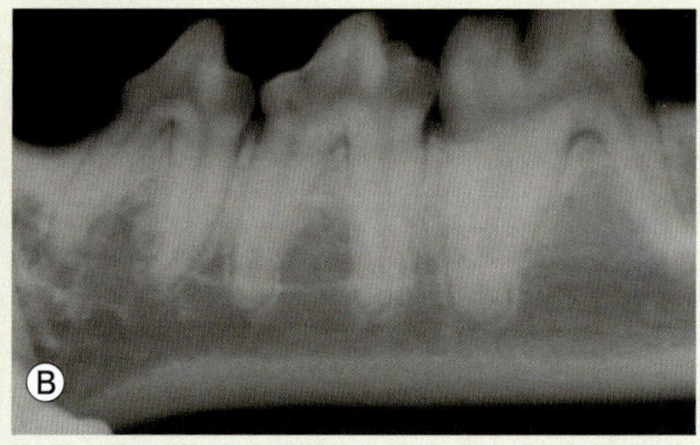

図3.38●猫の下顎第3前臼歯～第1後臼歯のX線撮影

■ 猫の口外法

猫の上顎第4前臼歯は，通常の二等分面法で撮影すると，その歯根部が頬骨弓と重なってしまい評価しにくい．そこで，口外法で撮影することで頬骨弓と歯根の重なりを避けることができ，臼歯のゆがみも少なく写せる（**図3.39，3.40**）．撮影したい部位の外側にフィルムを置き，反対側からX線を照射する方法である．撮影方法が特殊で慣れが必要である．

⚠ 注意

バネ式のマウスギャグ（開口器）を猫に用いると，麻酔後に目が見えなくなるという報告があるため，猫には極力開口器は使うべきではない．開口時に，顔突起が額周辺の動脈を圧迫し，重篤な血行障害をもたらすためである．

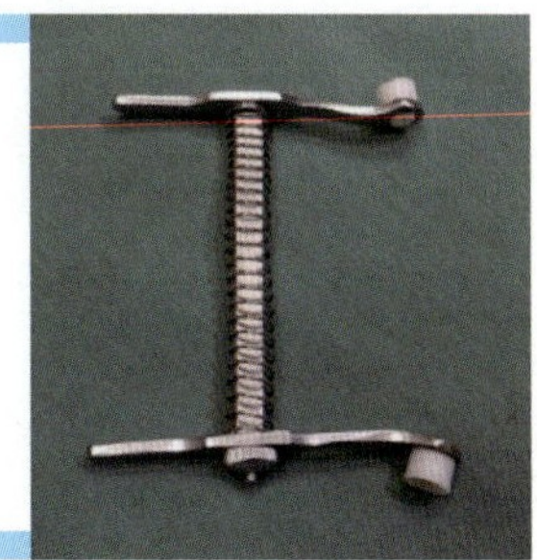

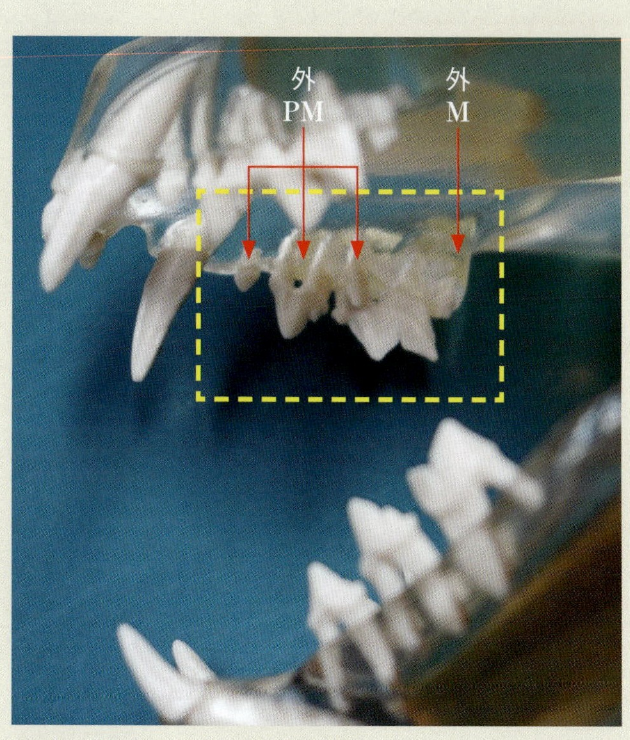

図3.39●猫の上顎臼歯の口外法

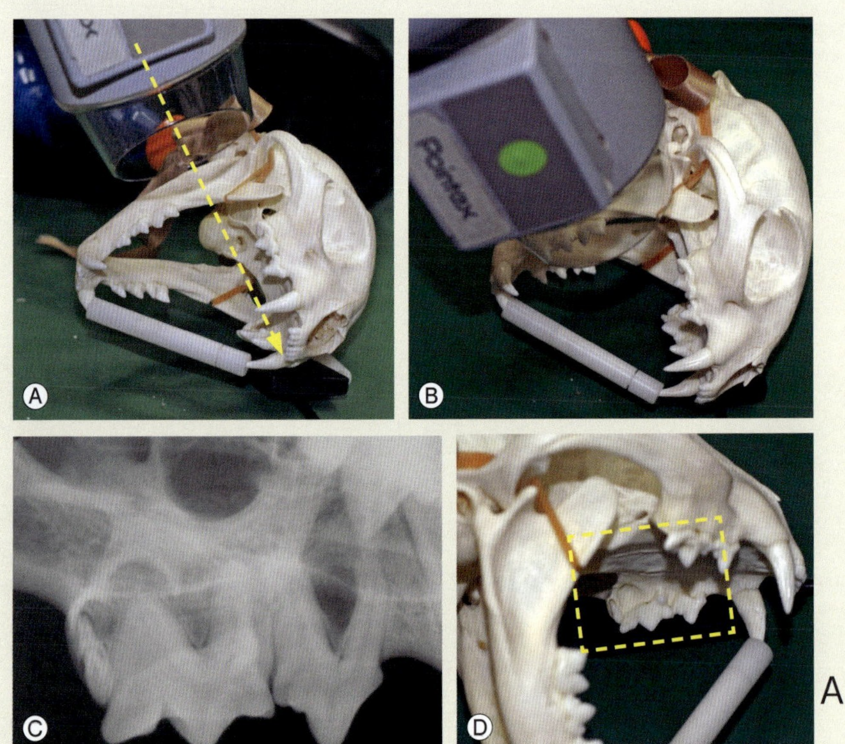

図3.40● X線照射角度の合わせ方（猫の上顎臼歯の口外法／撮影目的部位は左上顎臼歯

フィルムを左頬の外側（下側）に置き（Ⓐ），反対側の右側から照射する（Ⓑ）．この撮影方法は，口を広げてフィルムを臼歯の外側に置き，ツーブスを反対側の口蓋より少し下側から照射する．照射位置と角度を設定しにくいため，Aの位置から自分の目で臼歯を見られる位置にツーブスの方向を合わせると撮影しやすい（Ⓒ，Ⓓ）．わかりにくいときはトイレットペーパーの芯を使って覗くとX線の照射角度と位置がわかりやすい（**図3.21**）．

3-2 全身用X線撮影装置と全身用フィルムを用いた頭蓋の撮影方法

▶ Point

- **頭部の腫瘍，鼻腔内病変，顎関節の疾患などを疑うときに，頭蓋全体を撮影する．**
- **顎関節の撮影では，顎関節の角度に注目して撮影する．**

全身用X線撮影装置と全身用フィルムを用いた撮影は，鼻腔内・顎関節などを評価するために必要である．これらの部位の評価は歯科用フィルムでは難しい（**図3.41**）．

全身用X線撮影装置を用いた撮影は，頭部の腫瘍，鼻腔内病変，顎顔面の骨折などの診断に適している．一方，個々の歯や歯槽骨の状態の評価には向いていないが，反対側の顎などが重ならないように撮影すればある程度の評価は可能である（**図3.42，3.43**）．

頭蓋の撮影を行う場合は撮影条件を頭部に設定し，通常のDV（背腹）もしくはVD（腹背）像，斜めの像を撮影する．可能であれば，フィルムを口の中に入れて撮影すれば，上下顎が重ならないで撮影できる（**図3.44，3.45**）．

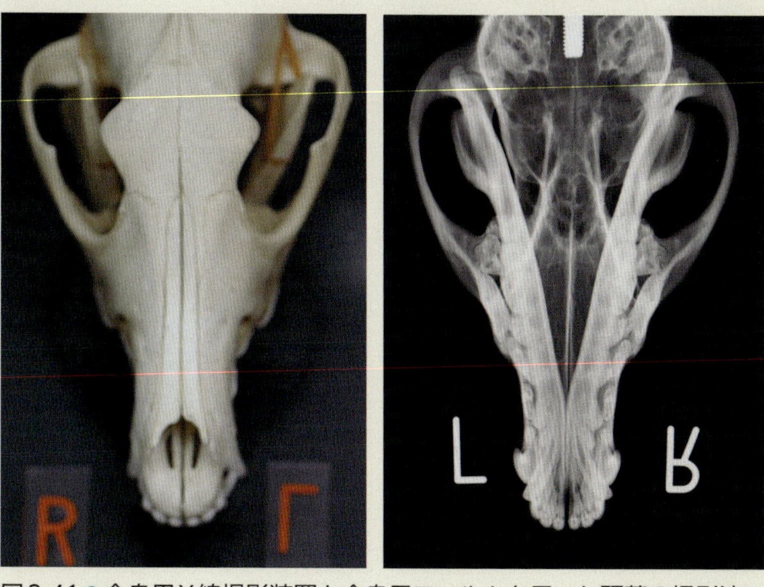

図3.41●全身用X線撮影装置と全身用フィルムを用いた頭蓋の撮影法

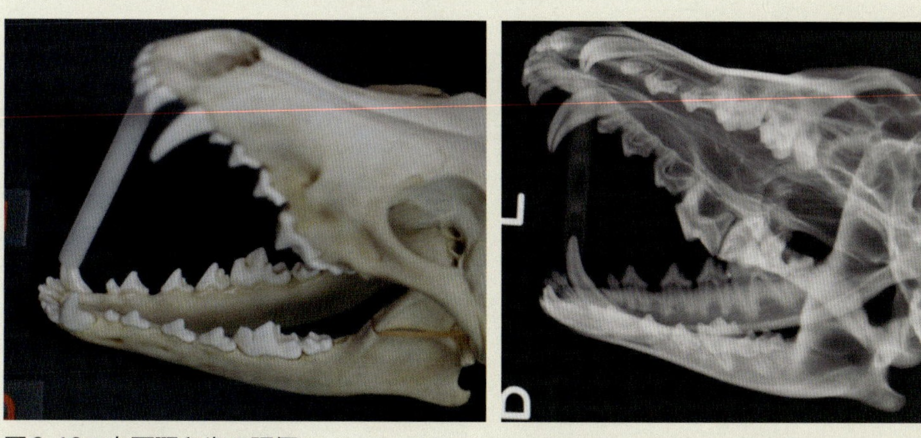

図3.42●右下顎臼歯の評価
左下斜めで撮影

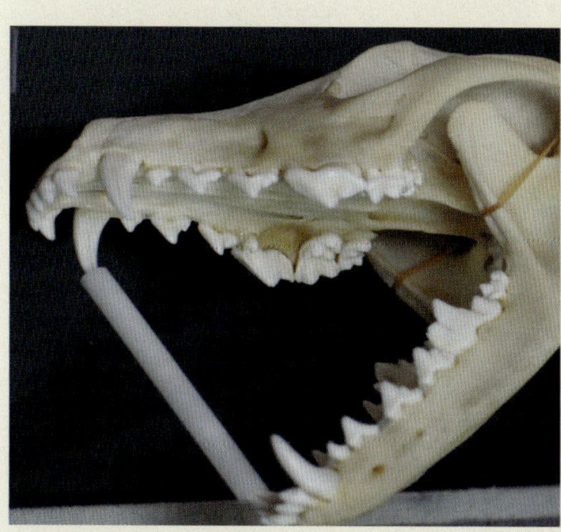

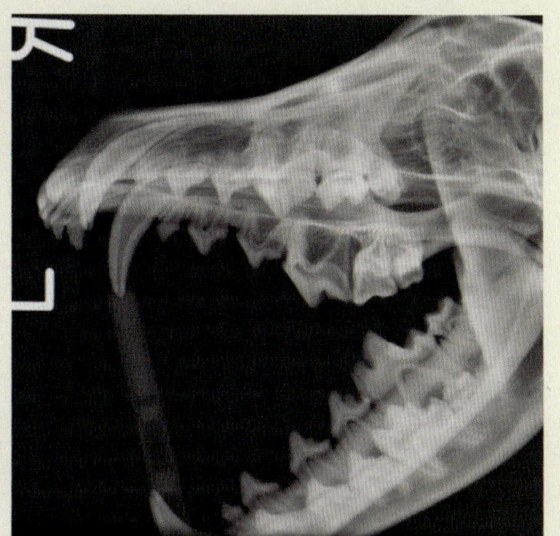

図3.43●右上顎臼歯の評価
右下斜めで撮影

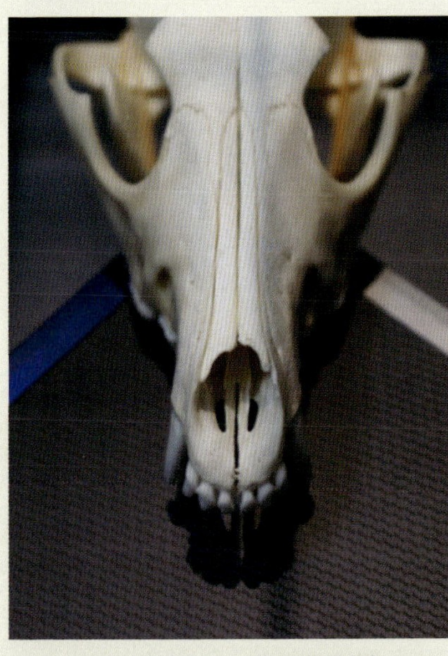

図3.44●上顎のDV像の撮影法
通常X線フィルムを噛ませ，上顎のみを撮影

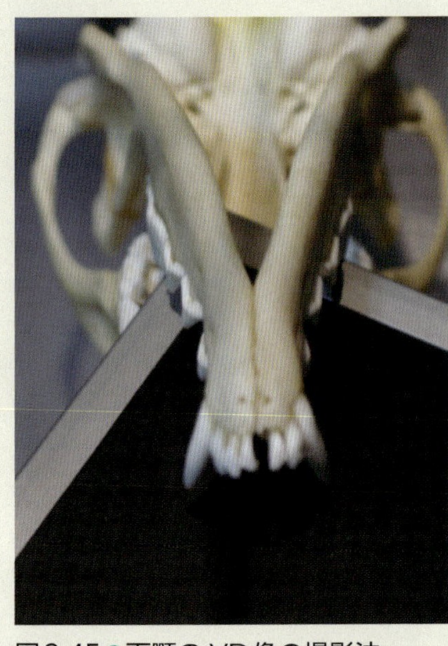

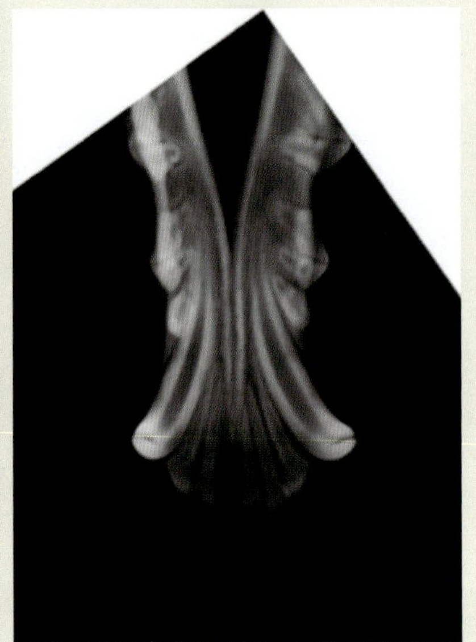

図3.45●下顎のVD像の撮影法
通常X線フィルムを噛ませ，下顎のみを撮影

鼻腔内のX線撮影

DV（VD）の撮影では，鼻腔内の病変は，下顎骨が鼻側の上顎骨と重なるため，鼻腔の尾側から篩板付近までの評価しかできない．そのため，通常のDVでの撮影とは別に，頭部を吻側に約30度上方に持ち上げて撮影すると，鼻腔の描写される範囲が広がる（**図3.46, 3.47**）．

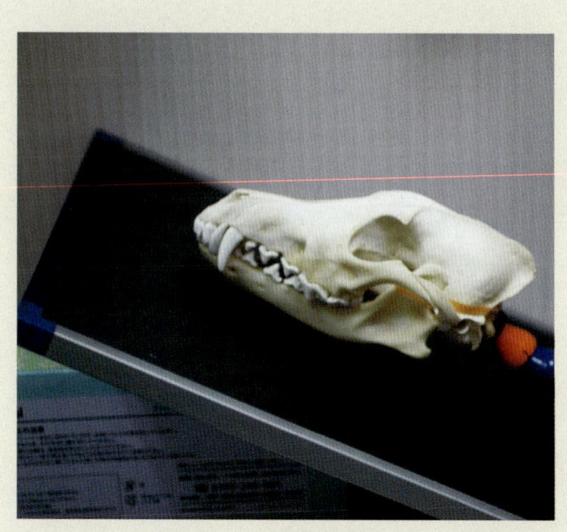

図3.46●上顎骨のDV撮影法
上顎骨は，吻側を上方に約30度傾けて撮影する．

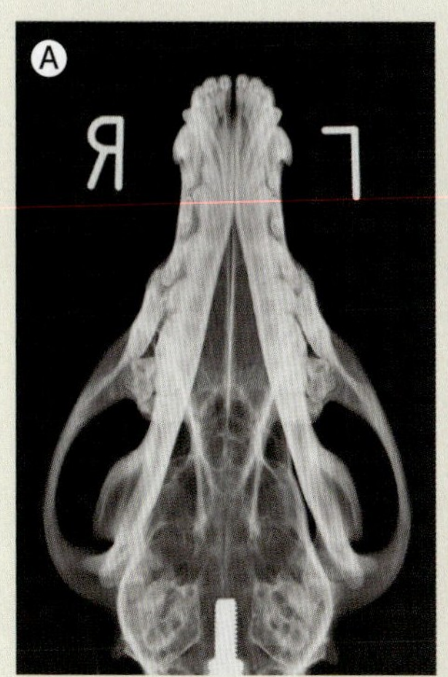

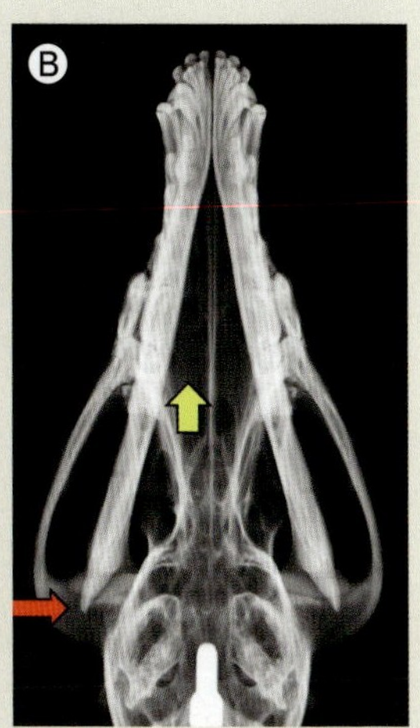

図3.47●通常のDV撮影と傾斜撮影
通常のDV撮影（Ⓐ）に比べ，傾斜撮影（Ⓑ）では鼻腔の評価をしやすく（黄矢印），顎関節も見やすい（赤矢印）．

顎関節のX線撮影

顎関節の外傷（脱臼，関節突起の骨折），顎関節症，顎関節の形成不全などの場合に適応になる．顎関節については，顎関節の関節軸を全身用のフィルム面に垂直にする撮影が評価しやすい（**図3.48**）．頭部の形状によって角度は異なるが，顎関節の関節軸は内側に約15度，吻側に約15度傾斜している（**図3.49**）．顎関節の軸をX線フィルムに垂直にするためには，頭の位置を吻側に15度傾斜させ（**図3.50**），同時に頭蓋を約15度回転させて撮影すると良い（**図3.51**）．

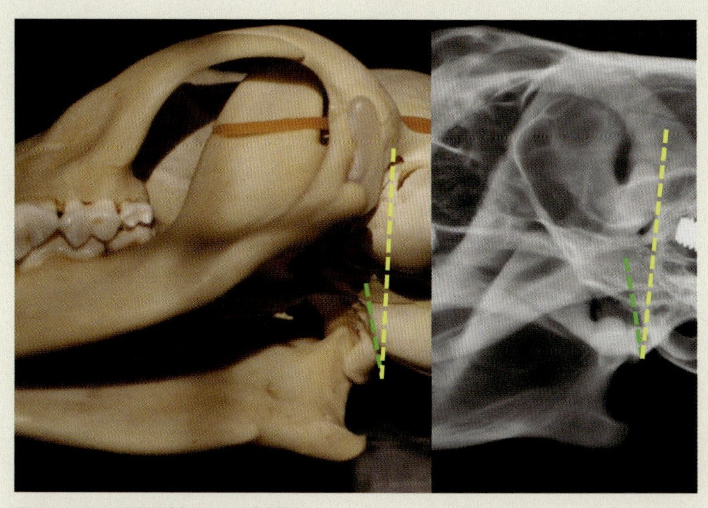

図3.48●顎関節のX線撮影
緑色の点線が顎関節面を示す．

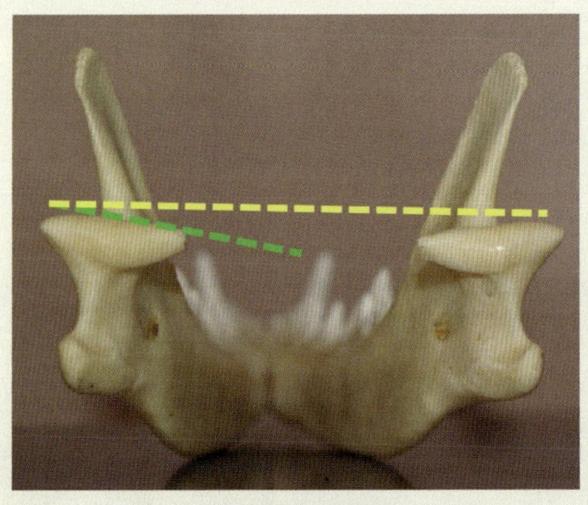
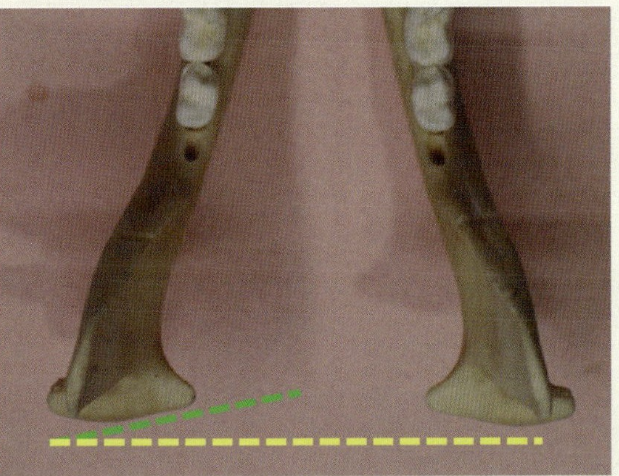

図3.49●顎関節の関節軸の傾斜
黄色の点線が水平面，緑色の点線が顎関節面を示す．

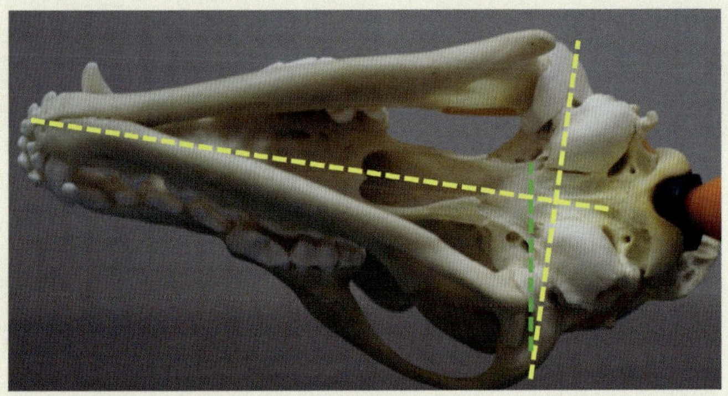

図3.50●側方撮影
顎関節面（緑ライン）がフィルムに垂直になるように，吻側を上方に約15度傾斜させて撮影

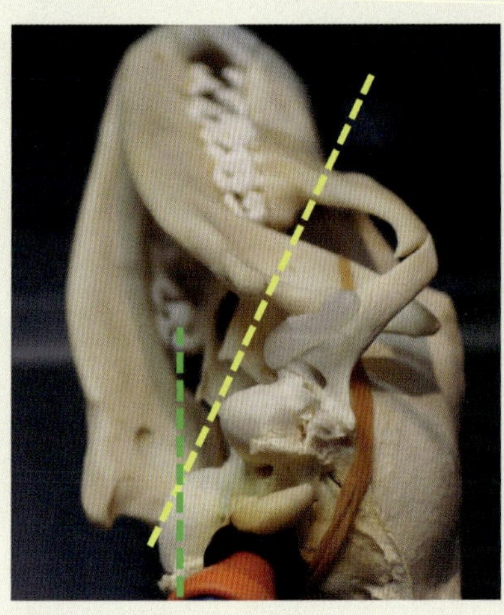
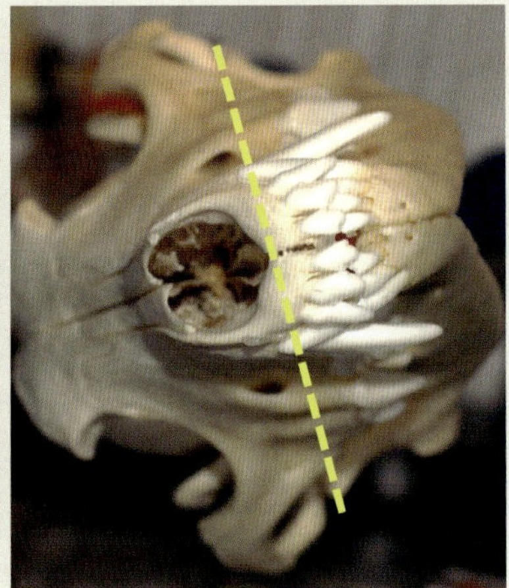

図3.51●顎関節の撮影角度②
顎関節面の傾斜に合わせて約15度傾けて撮影する．

4 歯科X線検査の読影のポイント

▶ Point

- 読影のポイントは「歯根膜ライン」と「白」と「黒」.
- 「黒色」範囲の拡大は要注意．硬組織の破壊が亢進していることを示している.

歯科Ｘ線検査の読影のポイントは，「歯根膜ラインを読む」，歯周病の診断は「白」と「黒」を見るということである．

歯は，歯槽骨と歯根膜を介して接している（**図3.52**）．つまり，歯という硬組織が，歯根膜という薄い膜の軟組織を挟んで，歯槽骨という硬組織に接している．

画像上の陰影としては,「白色」（Ｘ線透過度が低い陰影）の歯の陰影と「白色」の歯槽骨の間に,「黒色」（Ｘ線透過度が高い陰影）の歯根膜ラインだけが見える状態となる．すなわち，正常な歯と歯槽骨の状態では，その間には歯根膜ラインが一筋黒い線として見えるだけである（**図3.53**）．

しかし，いわゆる「歯槽膿漏」のような歯周炎になると，硬組織である歯槽骨が破壊される．すると画像上では，歯の「白色」の陰影はそのままで，本来は「白色」の陰影に見えるはずの「歯槽膿漏」部分が「黒色」の陰影（Ｘ線透過度の亢進）として見えるようになる．つまり，歯周炎によって歯根膜腔の拡大した部分は，異常陰影（Ｘ線透過度の亢進）となり，画像上では「黒い線」が「黒いエリア」としてみられるようになる（**図3.53**）．

また，画像上で「黒色」範囲の拡大（Ｘ線透過度の亢進）がみられる場合は，硬組織の破壊が亢進

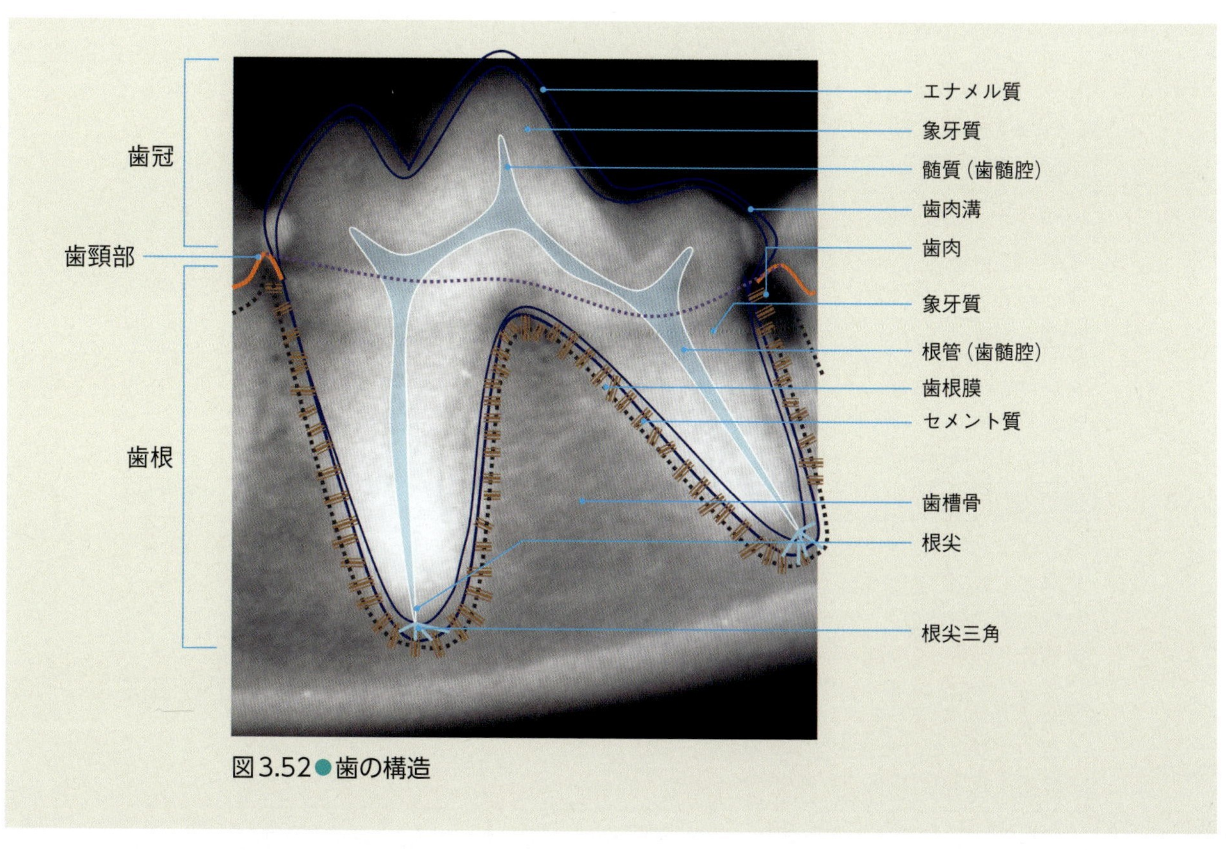

図3.52●歯の構造

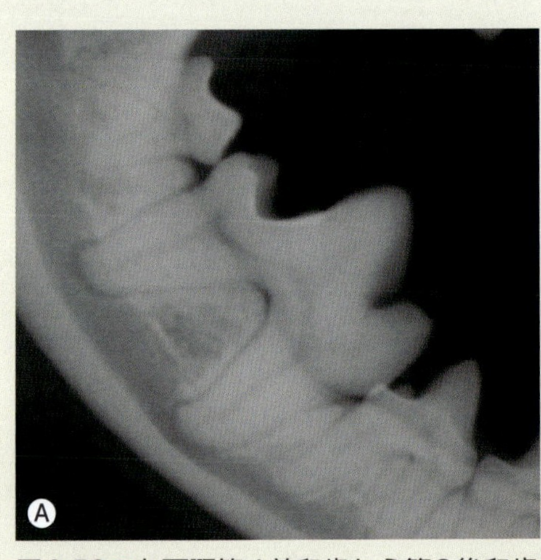

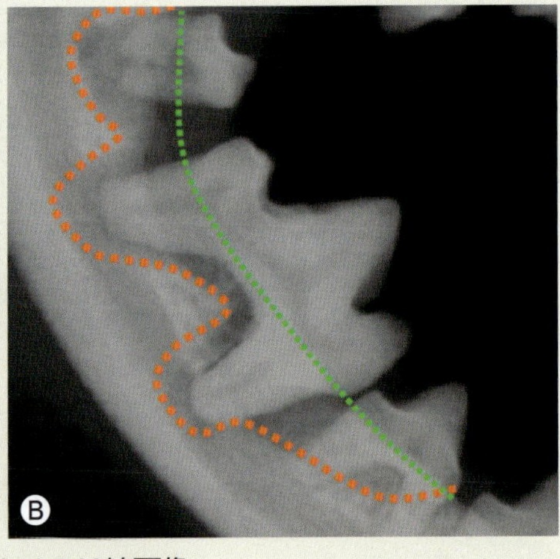

図3.53●左下顎第4前臼歯から第2後臼歯までのX線画像
正常な状態Ⓐと，歯周病の状態Ⓑ．緑のラインは元々の歯槽骨の高さを示している．赤いラインは歯根周囲全体に「黒いエリア」の拡大つまり歯根膜腔の拡大を示しており，歯槽骨の広範囲の吸収を示している．この部位は重度歯周炎である．

していることを示しているため，歯周病だけでなく，腫瘍，囊胞，骨の破壊や欠損を伴うすべての病変が考えられ，鑑別が必要となる．

逆に，通常は画像上で「黒色」（X線透過度が高い）である部分が「白色」化（X線透過度の低下）してくる場合は，空洞部分に何らかの物質が充満していることを意味する．例えば，鼻腔内に腫瘍や膿汁が充満した場合には，本来「黒色」の鼻腔陰影が「白色」化して見えるようになる．

歯科X線の読影に関して，ここですべてを説明することはできないが，ひとまずX線読影における歯と歯周組織の評価のポイントを**表3.4**にまとめておくとともに，代表的な症例については**表3.5**に画像を列記しておく．参考にされたい．

表3.4● X線像における歯と歯周組織の評価ポイント

①歯
●歯の数，位置，萌出状態などの評価（欠歯，過剰歯，埋伏歯，乳歯など） ●歯冠，歯根などの形態や位置の評価（吸収病巣，破折歯，残根など） ●エナメル質，象牙質，歯髄腔などの歯の内部状態の評価（失活歯，形成不全，内部吸収など）
②歯周組織
●歯槽骨の透過度亢進の評価（歯周病の際に歯根膜腔が拡大する） ●歯根膜ラインの評価（吸収病巣の際に歯が骨に置換されるとラインが消失する） ●歯槽骨骨梁の評価（腫瘍の際に骨梁が消失する）
③その他の組織
●唾液腺（唾石などの確認） ●処置に伴う下顎管や血管孔の位置チェック（抜歯時の軟組織保護のため） ●顎関節，鼻腔などの評価（顎関節脱臼，鼻腔内腫瘍） ●顎骨，頭蓋骨の評価（腫瘍，骨折など）
④処置中，処置後の評価
●歯内治療などの修復物や器材の確認・評価（ファイル，レジンなどの評価） ●抜歯後の評価（残根の有無など）

表3.5●代表的な症例のX線像

切歯の歯周炎 赤矢印が，進行した歯周炎により歯槽骨が吸収された部分（アタッチメントロス）．黄矢印で囲んだ部位まで歯槽骨は吸収を受けている．Ⓐは肉眼写真．Ⓑ はX線画像	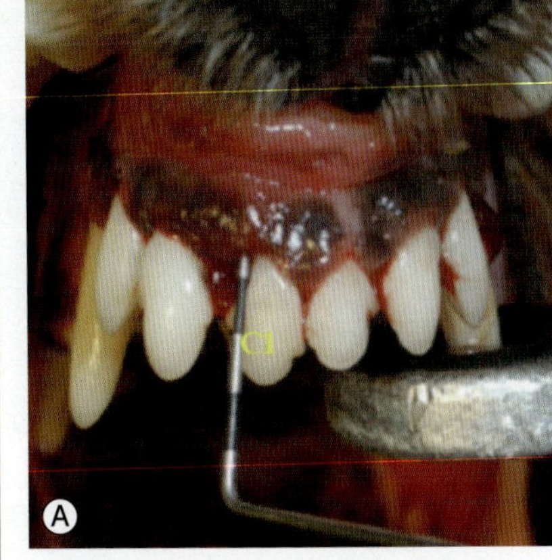 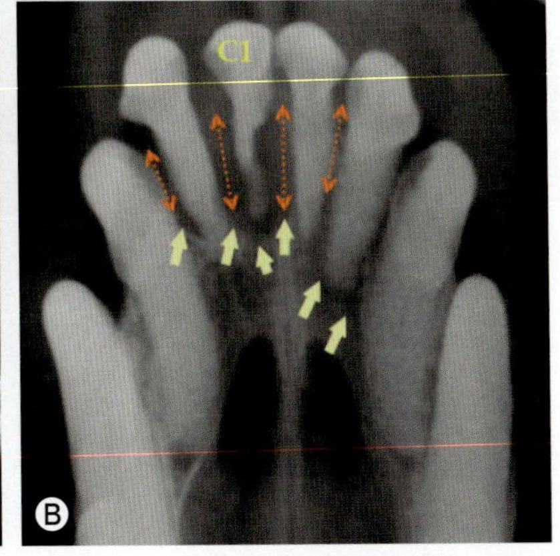
左上顎第1後臼歯口蓋面の歯周炎 重度歯周炎Ⓐによる歯槽骨吸収像（歯根周囲の歯根膜腔が拡大）が認められる（黄色矢印）．	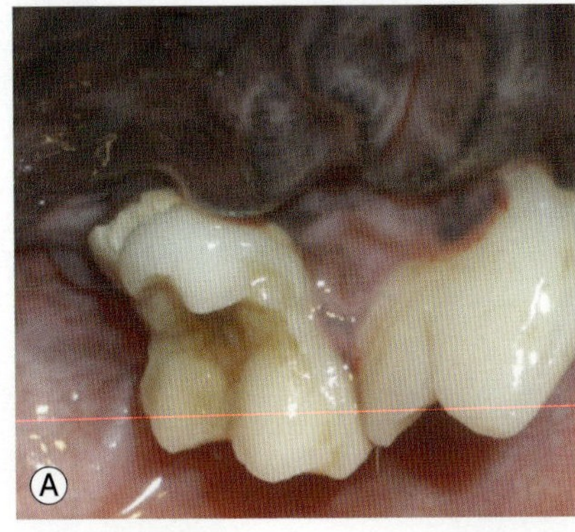 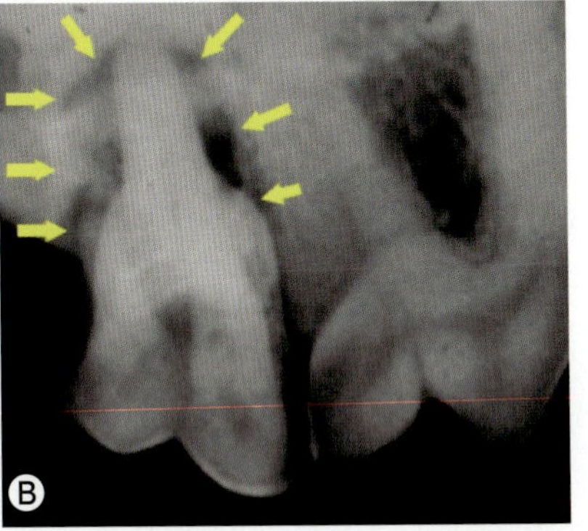
重度歯周炎による左右下顎骨折 食べ方がおかしいと来院したシー・ズー．13歳齢．重度歯周炎により下顎が重度に吸収され，両側の病的骨折を起こしていた（黄矢印）．ⒶⒷは肉眼写真．ⒸⒹはX線画像	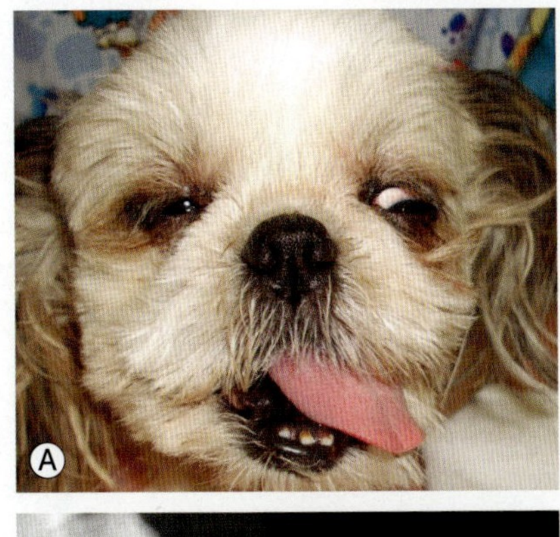 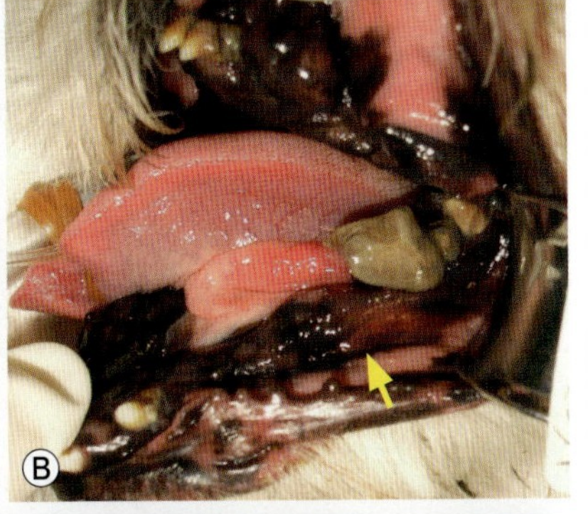 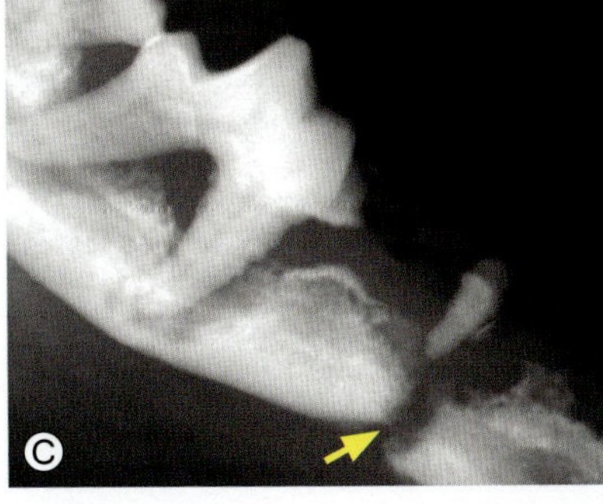 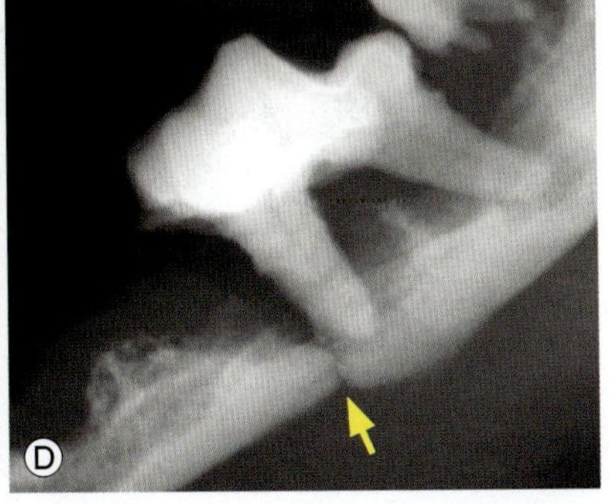

歯根破折 ケージを噛み，左上顎犬歯が歯冠約1/3から歯根の歯冠側1/4付近まで斜めに破折．保存できずに抜歯を行った．Ⓐは肉眼写真．ⒷはX線画像	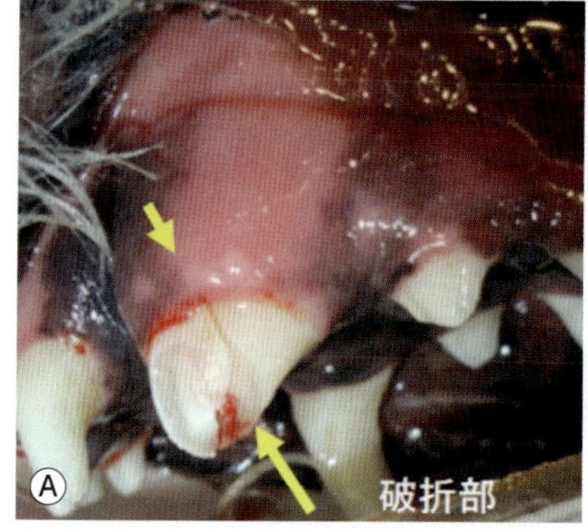	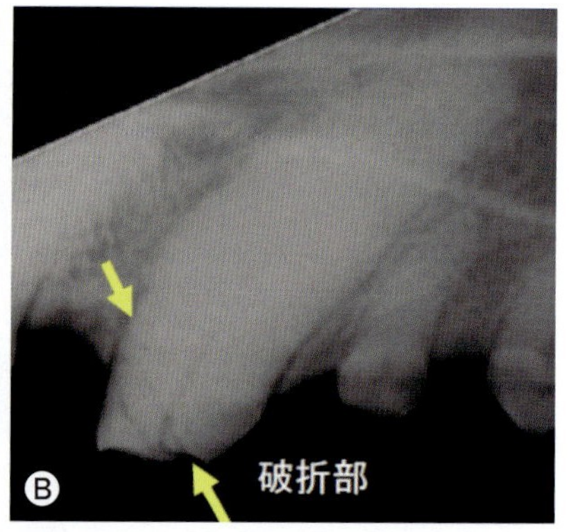
吸収病巣 矢印の部位が吸収病巣．X線の下顎第3前臼歯では，歯頸部を中心に歯冠が吸収され，歯根膜もほとんど確認できない．Ⓐは肉眼写真．ⒷはX線画像	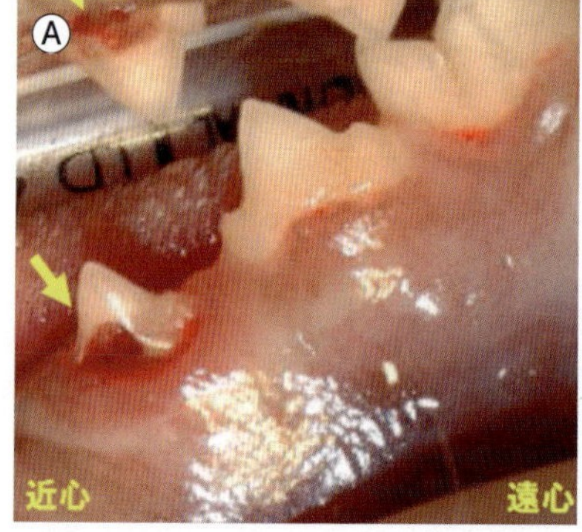	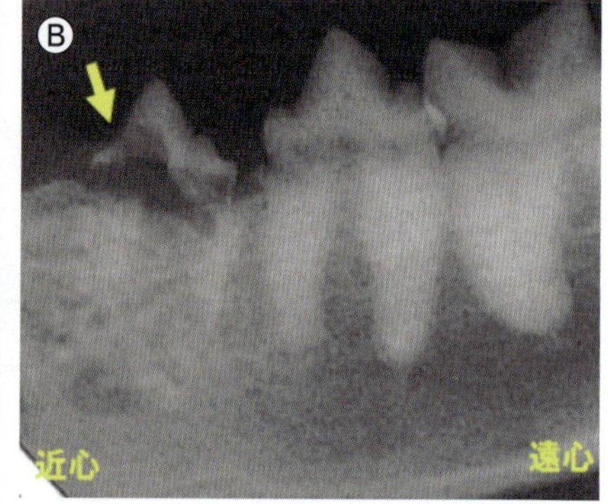
乳歯遺残および欠歯 緑矢印は欠歯．黄矢印は乳歯．Ⓐは肉眼写真．Ⓑ，ⒸはX線画像	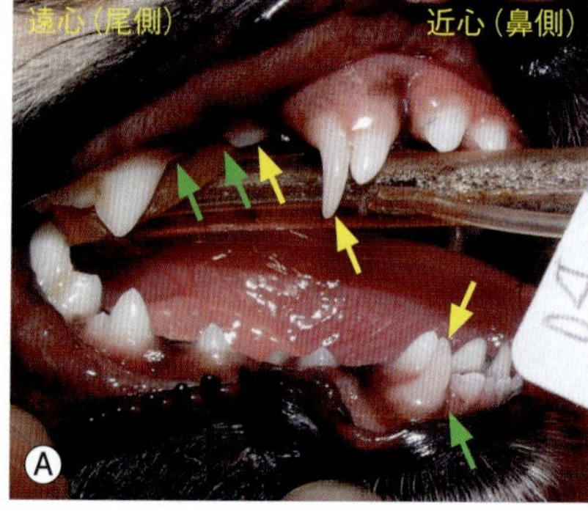	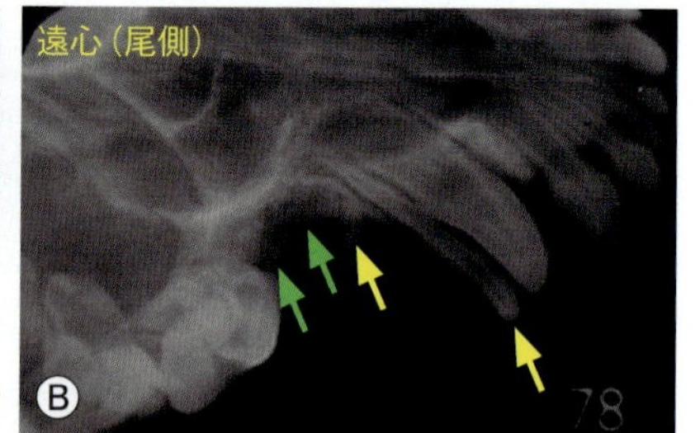 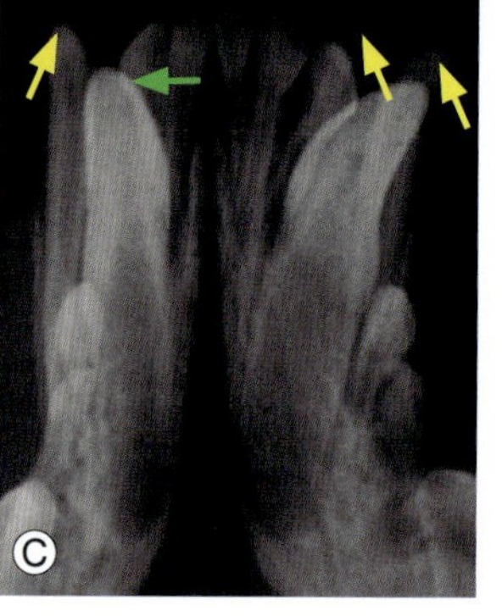

犬の上顎の乳歯と永久歯の歯胚

乳歯を抜歯する際には，奥にある永久歯の歯胚を傷つけないよう，X線画像で位置を確認しておく．

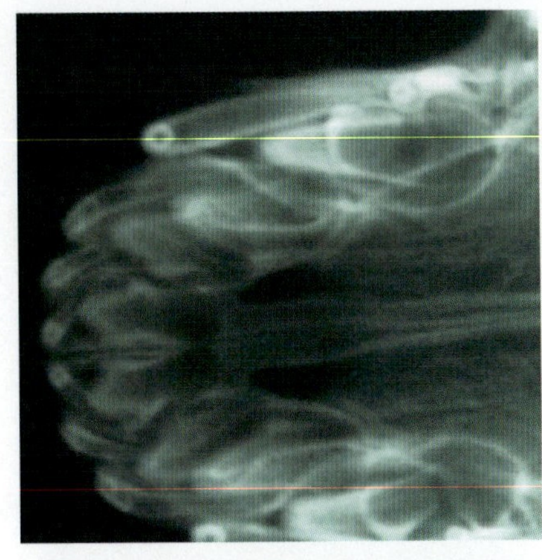

残根

犬の下顎第4前臼歯の吸収病巣の抜歯途中の評価．右側の写真でもまだ歯根は残っている（黄色矢印）．Ⓐは処置前，Ⓑは抜歯途中のX線画像

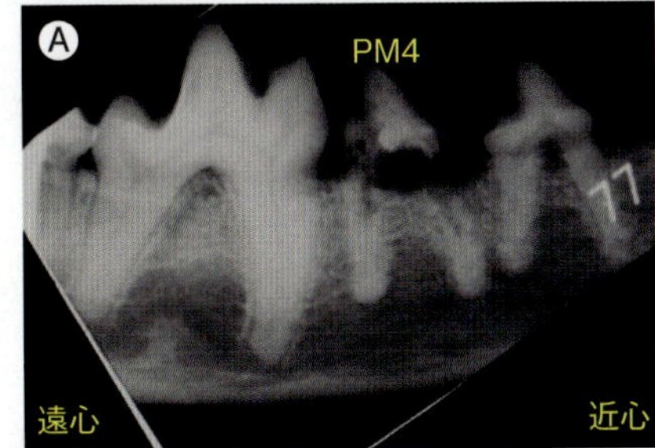

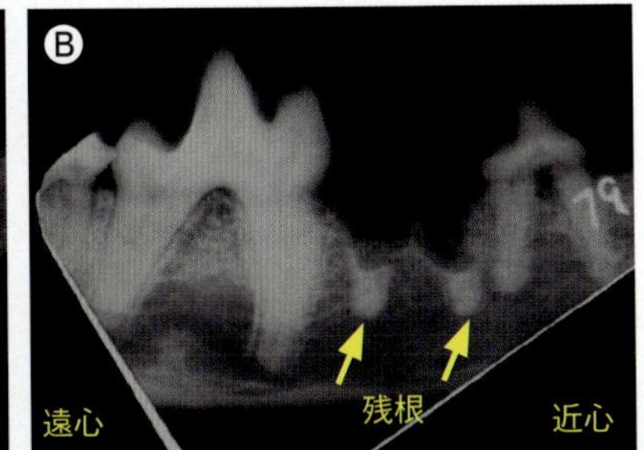

埋伏歯

右下顎第1前臼歯の埋伏歯．含歯性嚢胞により，顎骨の一部が欠損している（黄色矢印）．Ⓐは肉眼写真．ⒷはX線画像（黄色矢印）

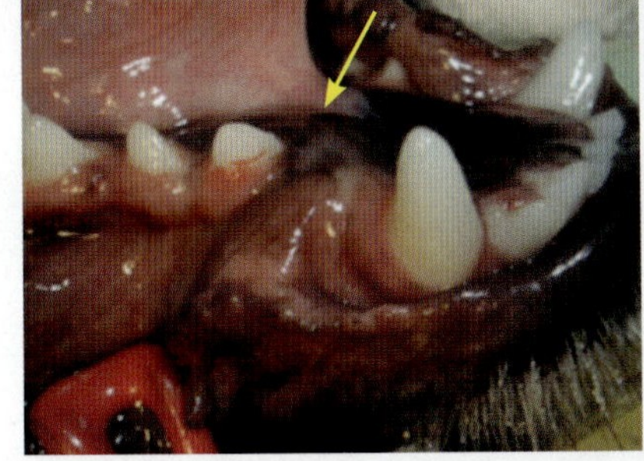

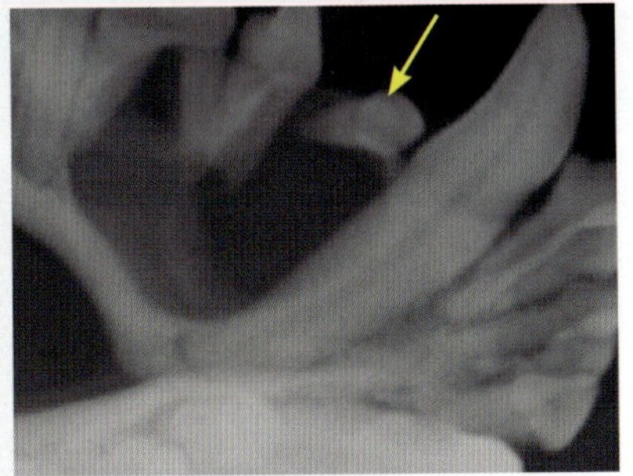

根尖周囲歯周炎

眼の下にいつもかさぶたができると来院．皮膚病と間違えられていたⒶ．排膿部の穴にプローブを挿入しⒷ，X線を撮るⒸと右上顎第4前臼歯歯根周囲に到達した．その歯の外見には破損などはみられないが，歯が失活し，根尖性歯周炎を起こしていた．

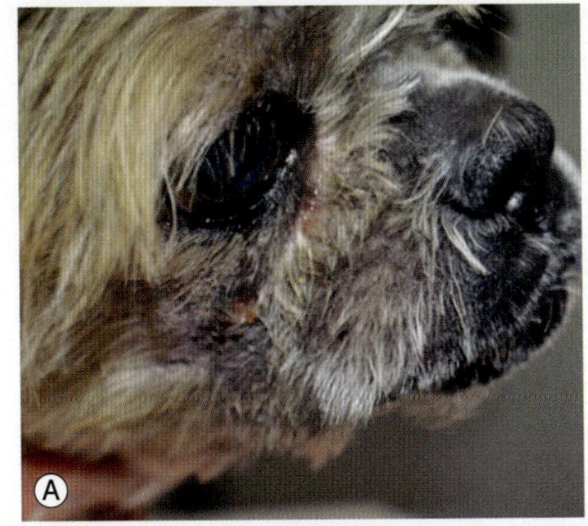

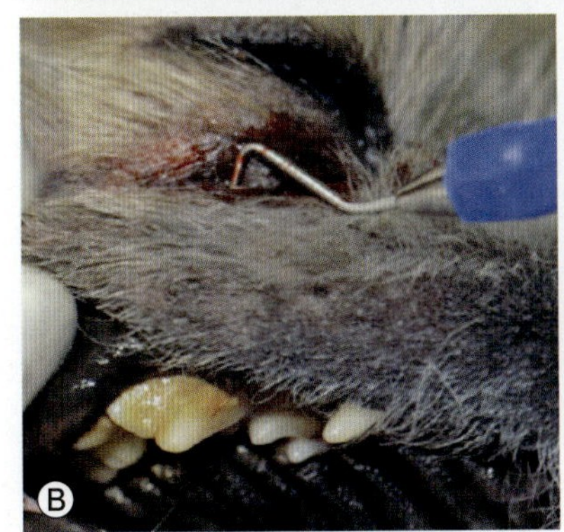

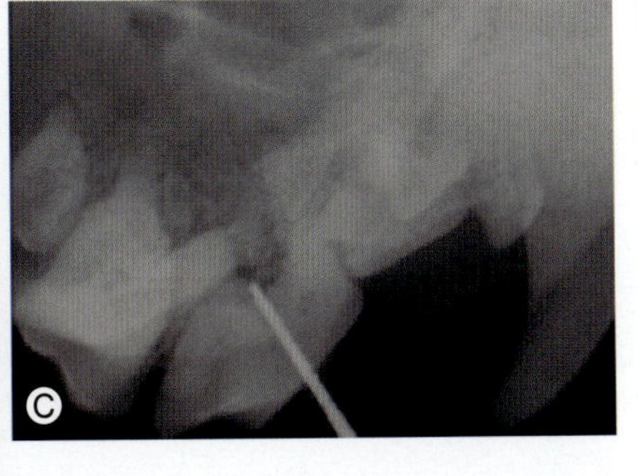

ケージバイトによる骨吸収

患者はボーダー・コリー（11歳齢）．木の枝を日常的に噛む癖があった．外見上は問題ないように見えるがⒶ，X線画像Ⓑでは歯根膜腔が見えず，歯根自体が外部吸収および内部吸収されている像が見える．歯根周囲の歯槽骨も広く吸収されている．歯に鈍性外傷が起こると歯が失活（歯髄壊死）し，歯の組織が吸収される．こうした例は中・大型犬に比較的多くみられる．

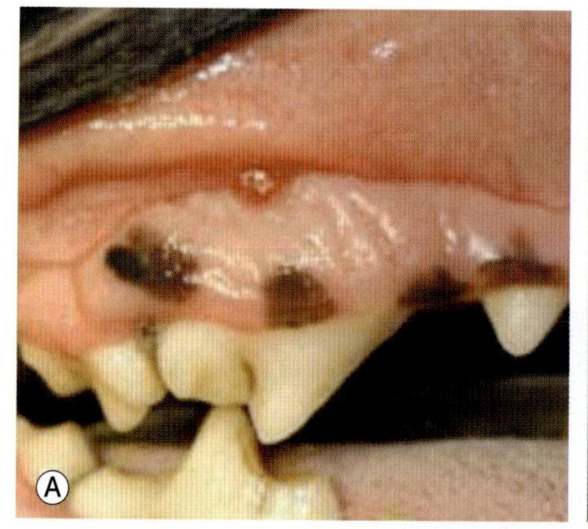
Ⓐ

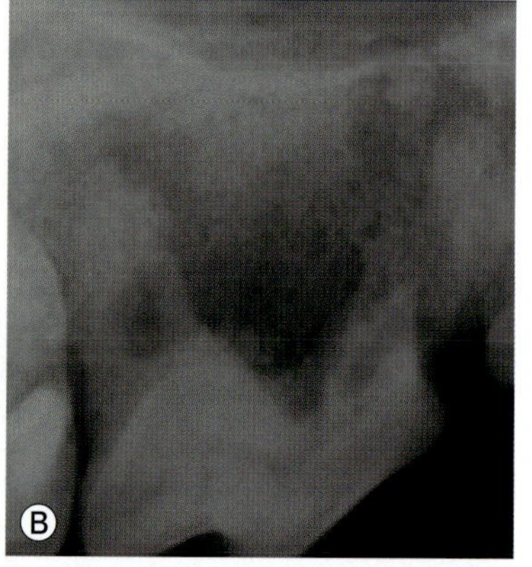
Ⓑ

扁平上皮癌

「涎が出る．食べにくそう」という主訴で来院．左下顎第2前臼歯周囲を中心にやや膨張していた（矢印）．周囲に腫大を認めた（ⒶⒷ）．X線撮影（ⒸⒹⒺ）では，下顎骨の左は第2前臼歯周囲まで，右は第1後臼歯付近まで骨融解がみられた．

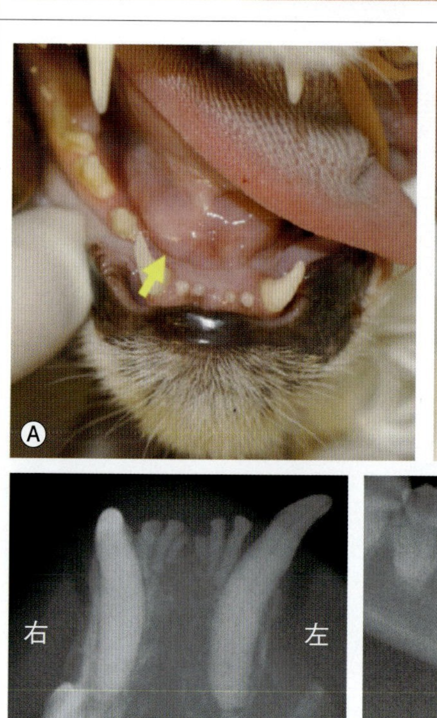
Ⓐ

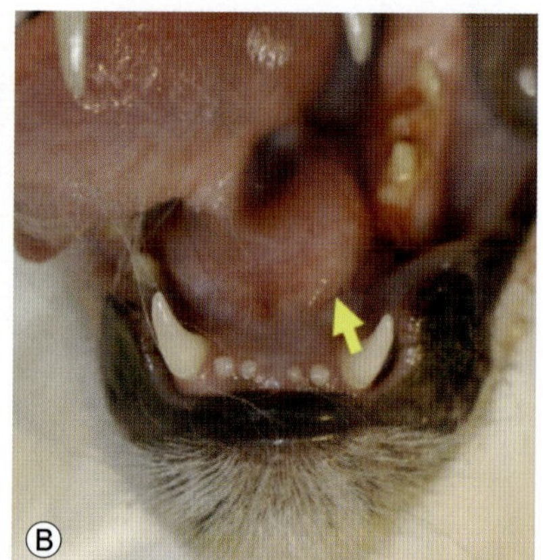
Ⓑ

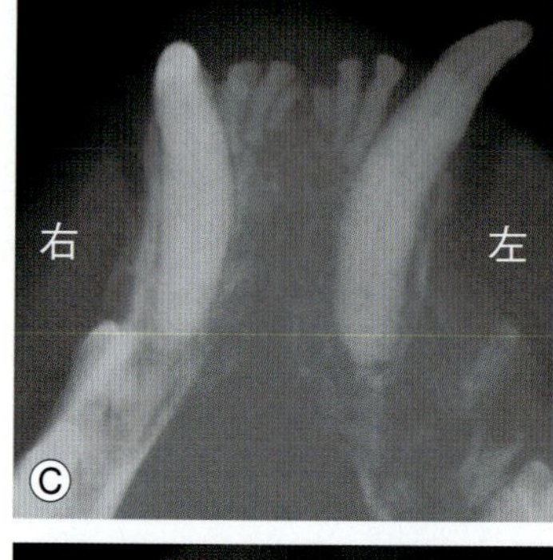

Ⓒ

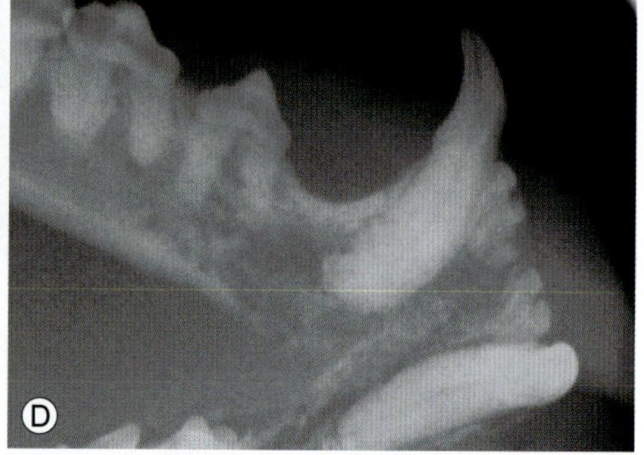
Ⓓ

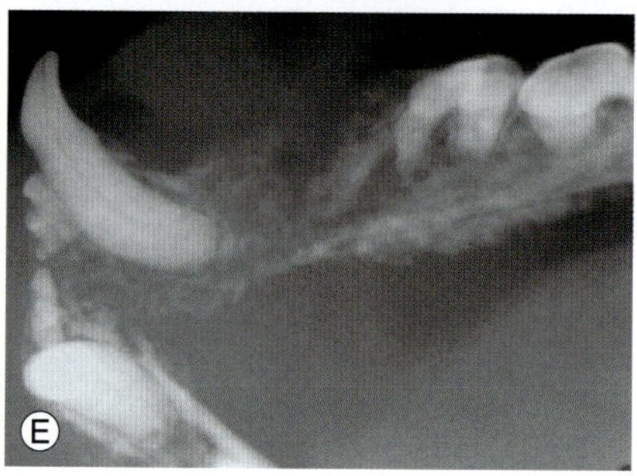
Ⓔ

鼻出血

日本猫（10歳齢）．時々鼻出血がみられる（黄矢印）Ⓐ．X線撮影をすると，左鼻腔内のX線透過度が低下ⒷⒸ．生検により鼻腔内腺癌と診断

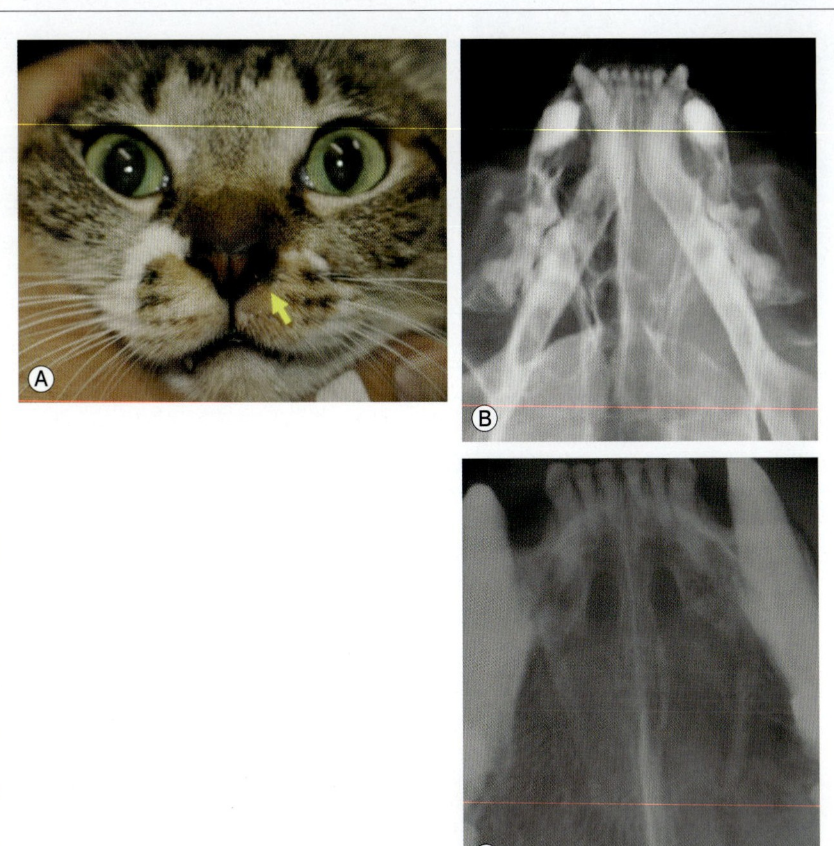

CHAPTER

4 歯周病

歯周病は，歯垢が原因となって発生する歯周病菌による感染症である．その歯周病菌を除去することが歯周病治療の要であり，また，歯周病菌を増殖させないことが歯周病予防となる．本章では，歯周病の発生機序と，その形態を中心に解説していく．

1 歯周病とは

1-1 歯周疾患に対する飼い主の誤解

▶ Point

- 3歳以上の犬猫の8割が歯周病に罹患している．
- 歯周病は外見ではわかりにくいため，飼い主が見落としていたり，自己流で対処してしまいがちである．

歯周病とは，歯周組織に起こる疾患であり，歯肉炎と歯周炎の総称である．犬猫の歯科疾患としては最も発生頻度が多く，3歳以上の犬猫の8割が罹患しているとも言われている．一般的な傾向として，年齢に比例して罹患率は上昇するが，犬の小型種は特に罹患しやすく，超小型品種の場合は若年齢でも罹患していることが珍しくない．

これだけ罹患率の高い疾患でありながら，歯周病に関する正しい理解が飼い主に広まっているとは言い難いのが現状だ．つまり，歯周病という「言葉」は誰でも知っているが，その実態を理解している飼い主は少ない．

例えば，外見でわかる歯冠部の歯石は気にするが，歯周病には気づいていない，といったケースは実に多い．歯の見た目（汚れ具合）と歯周病の程度も一致しないことが多い．したがって歯石だけでは必ずしも歯を失うことにはならないが，歯周病が進行すると歯を失うことに直結する．

こうした歯周病の特徴を飼い主に理解してもらうためには，「歯周病とは何か」「歯周病が進行するとどうなるのか」「どうすれば歯周病を防ぐことができるのか」というポイントを，動物病院側もしっかりと押さえておく必要がある．

また，飼い主は往々にして歯周病を誤解しているものである．そこで表4.1に，よくある歯周病に対する誤解と，それに対する正解の例をまとめておいた．これらの飼い主の心情を先回りして，歯周病の予防や治療のアドバイスを行うことも大いに求められる．

表4.1●飼い主によくある，歯周病に対する誤解と正解

× 「歯がきれいなら，歯周病にはなっていない」
○ 「歯の表面がきれいでも，歯周病になっている場合は多い」

× 「元気で食欲があれば，歯が汚れていても病気ではない」
○ 「元気で食欲があっても，ひどい歯周病の場合もある」

× 「歯みがきを毎日していれば，病院での歯石取りはしなくてもいい」
○ 「歯みがきを毎日していても，定期的に動物病院で歯と歯の間や，歯周ポケットの中の歯垢歯石は除去すべき」

× 「歯周病の治療で抜歯してしまうと食べられなくなる」
○ 「歯周病で痛い歯を抜歯した方が食べやすくなる」

× 「全身麻酔をかけると死んでしまう危険が高い」
○ 「術前検査，麻酔管理を十分に行い，できるだけ安全な麻酔での処置を心がける」

また，犬猫が歯周病に罹患していたとしても，元気で食欲があるうちは病気と判断しにくいうえに，歯周病の症状が軽い段階では，麻酔や歯科予防処置（スケーリングなど）に対するイメージが悪いため，飼い主が処置をためらったり，自己流の対処[註1)]で済ませてしまいがちである．

その結果，歯周病が進行してしまい，抜歯しなければならない重度歯周炎の状態でようやく病院を訪れるという悪いパターンに陥るケースが多い．そうした誤解の例も，**表4.2**に挙げておく．

表4.2●飼い主が陥りがちな悪いパターンの例（犬猫の年代別）

若　齢	「歯はきれいなので，デンタルケアは必要ない」
中年齢	「歯が汚れてきたので，ガム，骨，乾燥した皮をあげてみる」
中高齢	「口が臭くなってきたので，ガーゼで歯をみがく」
高　齢	「結構歯が汚れてきたし，口も臭いけれど，麻酔は怖いので様子を見よう」
高　齢	「歯がぐらついてきたけれど，歯がないと食べられないからかわいそう」

1-2 歯周病の発生機序

▶ Point

- **歯周病は，歯肉縁下プラークが放出する炎症物質に対する過剰な免疫反応によって引き起こされる．**
- **炎症だけでなく，歯槽骨の破壊を伴う病態を歯周炎と呼ぶ．**

歯周病の原因は，歯垢内の歯周病菌である．そのため日常的にブラッシングを行い，さらに動物病院で定期的な歯科予防処置（スケーリングなど）を受けていれば，基本的には歯周病に罹患する

▶註1　近年はデンタルケアの意識が高まり，飼い主の中には自己流で歯の上をきれいにしようと硬いものを噛ませたり，ガーゼで歯みがきをしたりしている場合もある．また，動物病院やトリミングサロンで無麻酔のスケーリングを行っている場合もある．歯石沈着を予防することは大切だが，歯石が歯周病をもたらしているわけではなく，歯垢内にいる歯周病菌が歯周病を起こしているわけであるから，歯周ポケットをケアせず歯冠の歯石を除去するだけでは歯周病の予防にも治療にもならない．

ことはない．つまり，歯垢や歯石を機械的に除去し続けるというシンプルな対処が，歯周病予防においては最大の効果を発揮するのである（**第6章**参照）．

しかし，様々な事情によってそのプロセスが行われなくなると，口腔内の状態は徐々に，そして着実に歯周病へと近づいていく．

■ 歯周病の原因菌

歯垢は食べかすではない．歯垢の固形分は細菌とその副産物がほとんどを占めている（**図4.1**）．顕微鏡で歯垢をみてみると，そのほとんどが細菌であることがわかる．重度の歯周病の際には，歯垢の中にはスピロヘーターなどのらせん状桿菌がうごめいてみえる．飼い主にそれを見せることで，歯垢が細菌の塊であることを理解してもらいやすい．

犬の歯周病細菌には，ヒトと似通った菌や共通の菌もある．**表4.3**に悪玉菌の代表的な菌を挙げる．ヒトと犬で共通にみられる代表的な歯周病菌の一つに*Porphyromonas gulae*がある．つまり，歯周病は，ヒトと動物の共通感染症でもある．

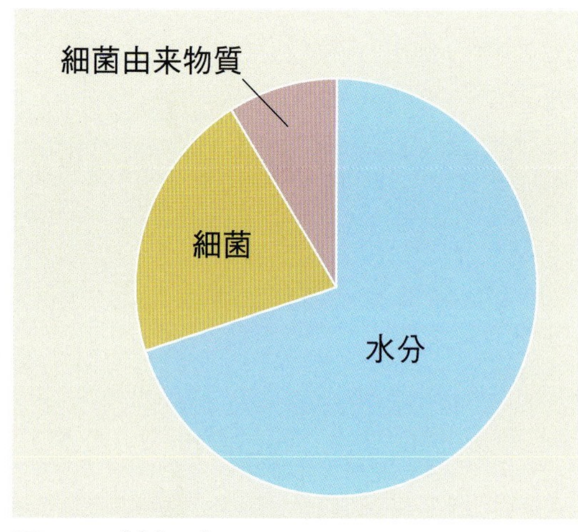

図4.1●歯垢は食べかすではない

表4.3●ヒトと犬で歯周病菌と考えられている代表的な菌

A：ヒトの歯周病細菌
グループ1：歯周病菌と考えられている細菌
Actinobacillus actinomycetemcomitans *Porphyromonas gingivalis* *Tannerella forsythia* 他
グループ2：歯周病菌と関連していると考えられている菌
Campylobacter rectus *Fusobacterium nucleatum* *Prevotella intermedia* 他
B：犬の歯周病菌と考えられている菌
Porphyromonas gulae *Prevotella intermedia* *Tannerella forsythia (Bacteroides fragilis)* *Porphyromonas gingivalis* 他

■ 歯周病の病態発生

学術的には，歯周病は次のような機序によって引き起こされると考えられている．

①ペリクル（糖蛋白）が歯の表面を覆う．

②主に好気性環境において，口腔内細菌（非悪玉菌）を中心とした歯肉縁上プラークが形成される（**図4.2**）．

③歯肉縁上プラークが歯肉溝（正常な状態の歯周ポケット）に蓋をすることで，歯周ポケット内に歯肉縁下プラーク（悪玉菌）が増殖する（**図4.3**）．プラークの中で口腔内細菌群は層状となり，共存して住み付きバイオフィルムを形成する（**図4.4**）

④歯肉縁下プラークの嫌気性菌（悪玉菌）は毒素（炎症性物質や破壊酵素など）や特有の有毒ガス

を出し，その結果サイトカインなどの炎症物質を放出する（**図4.5**）．

⑤当初は，歯肉のみに炎症を起こし，歯肉炎となる．

⑥さらに，局所および全身性の増悪因子[註2)]の影響を受け，炎症物質に反応した破骨細胞が歯周ポケット周囲に誘導され，歯槽骨が破壊される．歯槽骨の破壊がみられた時点で歯周炎となる（**図4.6**）．

⑦軽度歯周炎から重度歯周炎へと進行するに従って，歯周組織は破壊され続け，歯周ポケットは歯が脱落するまで根尖方向に進行し続ける．口腔内環境はさらに悪化する．

⑧歯が脱落した段階で，歯周炎は終息する．しかし多根歯の場合は，すべての根周囲の破壊が進むまで歯周炎は進行し続ける．

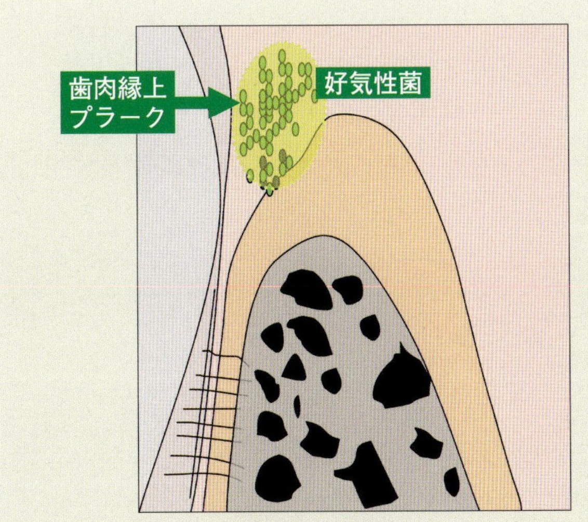

図4.2● 歯肉縁上プラーク

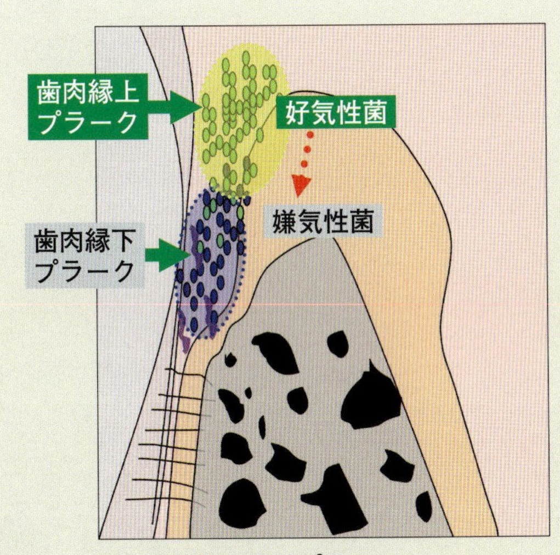

図4.3● 歯肉縁下プラーク

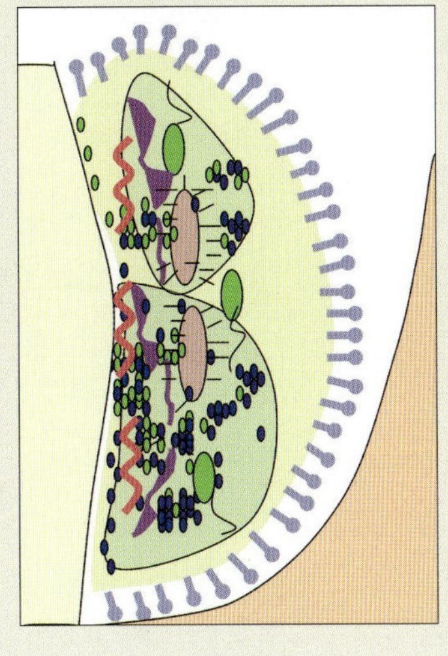

図4.4● 歯周ポケットの中のバイオフィルム

プラークの中で，菌群は，層状になり，細菌同士の共凝集の環境を作り上げ，バイオフィルムという“鉄壁のバリア”を形成する．そこでは，毒素を産生し，白血球の食菌から逃れるための莢膜を形成し，抗菌薬に対する抵抗性を持つ．

▶註2　歯周炎は多因子性の疾患であり，歯周の細菌性病原体と個体の免疫反応の組み合わせによって引き起こされている．犬猫の歯周炎の発症には，次のような局所的因子，全身的因子が関係していると考えられている．

局所的因子――――歯の形態，歯列，歯周組織の形態，咬合異常，咬合習癖，パンチング，プラーク，歯石，食物の性状，歯肉溝滲出液，唾液腺の状態，口腔衛生状態など

全身的因子――――遺伝的疾患，ウイルス性疾患，内科的疾患，年齢，体質，栄養障害，ストレス，内分泌異常，代謝障害など

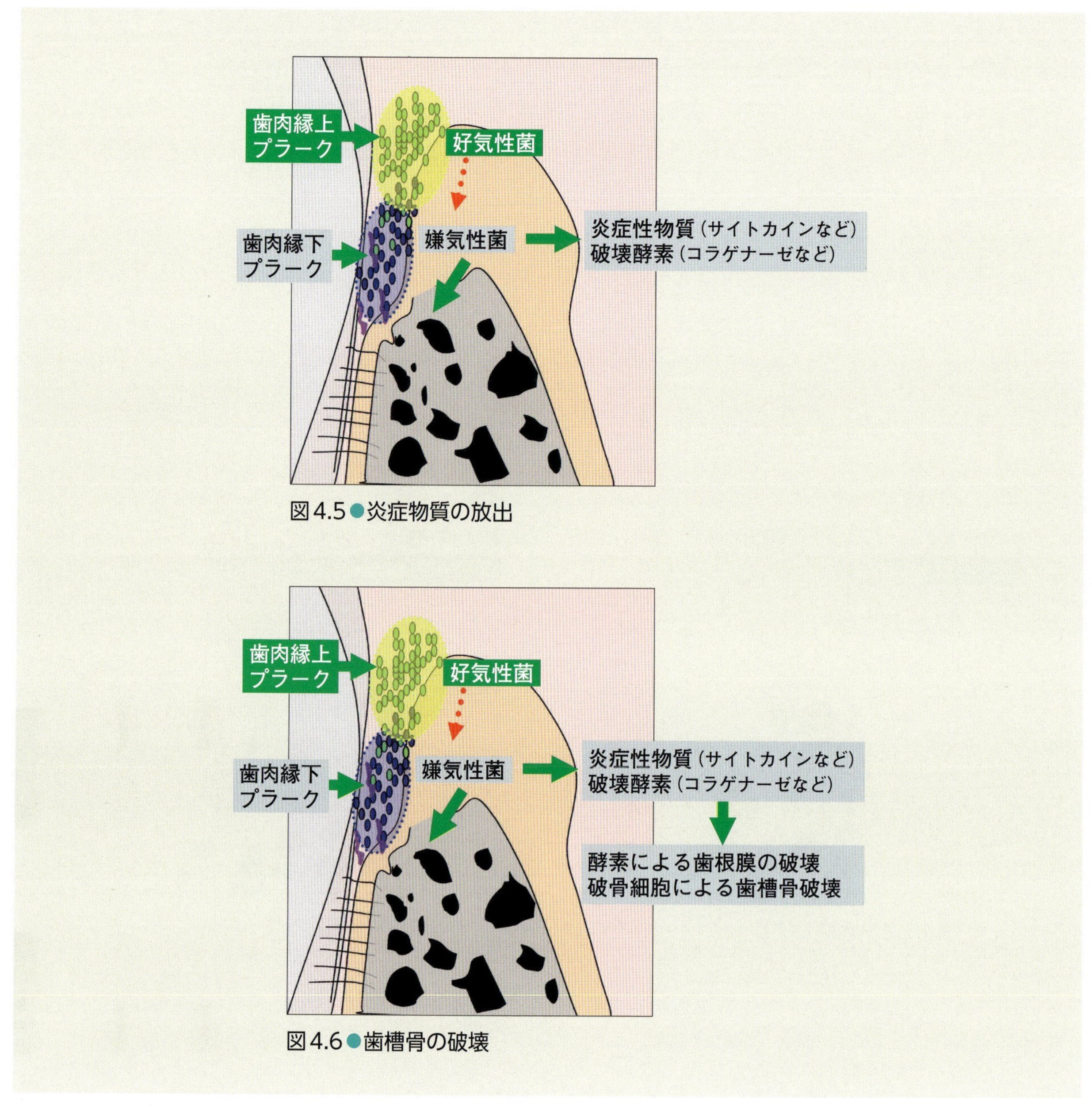

図4.5●炎症物質の放出

図4.6●歯槽骨の破壊

■ 口臭は歯周病のサインでもある

口臭には，病的な口臭と生理的な口臭がある．生理的な口臭には，食事によるにおいや，舌の上に存在する舌苔からのにおいなどがある．病的な口臭の中には，胃炎や尿毒症などからの口臭や，歯周病からの口臭がある．病的な口臭のほとんどが上記の歯周病細菌（悪玉菌）によるものである．歯周病による口臭の多くは，歯周病細菌に関連している．逆に言えば，口臭があるということは，多くの場合で歯周病があるということである．

その歯周病細菌が出す有毒ガスには，チオールなどの口臭のもとになる有害な物質を出す（**表4.4**）．チオールとは，硫化水素やメチルメルカプタンなどのSH基を有する物質の総称である．メチルメルカプタンは主として歯周病細菌である *Fusobacterium nucleatum*, *Fusobacterium periodonticum*, *Porphyromonas gingivalis*, *Treponema denticola* などから産生される．他にもモノアミン類（トリメチルアミンなど）や，有機酸（酪酸，イソ吉草酸など）が歯周病細菌から発生し，強烈な口臭の基となる．

一般的に，歯周病が進行すると口臭が強くなる．つまり，口臭の強さが歯周病の進行具合とある

程度比例する．歯冠がきれいに見えても，きつい口臭があれば，隠れた歯周病があることを疑うことができる．また，治療により口臭を軽減できたのであれば，口腔内環境が改善され，歯周病菌やその活動を減弱することができたということになる．

表4.4●病的口臭の代表的原因物質

代表的原因物質はその多くが悪玉歯周病細菌からもたらされる

- チオール（硫化水素やメチルメルカプタンなどのSH基を持った化合物の総称）
- 硫化水素（卵の腐ったような臭気）
  多くの口腔内細菌により産生される
- メチルメルカプタン（キャベツが腐ったようなにおいなど）
  主として歯周病細菌（*Fusobacterium nucleatum*，*Fusobacterium periodonticum*，*Porphyromonas gingivalis*，*Treponema denticola*など）から産生される
- モノアミン類（トリメチルアミン〈魚臭い臭気〉など）
- 有機酸（酪酸，イソ吉草酸など）

4 歯周病

1-3 歯周病の全身への影響

▶ **Point**

- 歯周病の影響は口腔内だけでなく全身にも及ぶ．
- 歯周病によって腎臓，肝臓，心筋の組織学的変化が激しくなるという報告もある．

歯周病の影響は口腔内だけには留まらない．歯周病菌が血流に入り込むことで，全身にも様々な影響を与えることが知られている．例えば，歯周病菌が骨髄炎を起こし，さらには全身に敗血症をもたらす可能性もある．こうした点についても飼い主に説明し，理解を促しておきたい．以下に代表的な例を列記しておく．

■ 口腔，顎，顔面への影響

歯周組織の破壊や歯の動揺に伴い，歯肉や歯槽骨には疼痛が起こる．その影響で食べ方に変化が現れ，捕食しにくくなる．また，歯槽骨の吸収が進めば，顔面の変形や顎の病的骨折を起こしやすくなるだけでなく，隣接する鼻腔や眼窩にも影響が及び，口鼻瘻孔などに繋がる．

■ 全身への影響

ヒトでは口腔内の健康状態の不良と冠動脈性心疾患との関係があると報告されている．歯周病により，プラーク中の細菌や内毒素，炎症性サイトカインなどが循環器中に入り込み，血小板を凝集させ，心内膜炎，血栓，冠動脈塞栓などをもたらすという機序である．さらに早期低体重児出産にも関連があるとされている．

また基礎疾患を持つ患者では，口咽頭部の内容物の誤嚥により細菌性肺炎となることが多いが，ここでも歯周病との関連がみられるようである．犬でも同様に，歯周病の進行に伴い，腎臓，肝臓，心筋の組織学的変化が激しくなると報告されている．

2 歯周病の形態的な変化と病態

▶ **Point**

- 歯周炎の進行度合は，アタッチメントロスの程度によって判定する.
- 重度歯周炎では，基本的には抜歯を行うべきである.

元来より口腔内には様々な細菌が存在し，善玉菌も悪玉菌も存在する．口腔内細菌の大部分は常在菌として存在しており，ほとんどは直接歯周病の原因とはならない．同様に歯肉溝の中にも様々な菌が存在しているが，健康な個体であれば一定の自浄作用[註3)]が働き，健康な歯と歯周組織を維持することができる（**図4.7**）.

しかし前述のように，唾液が減少したり，歯垢や歯石が蓄積することによって歯肉溝内の環境が悪化し，自浄作用の働きが低下すると，歯周ポケット内で歯周病菌の繁殖が進み，歯周病がはじまる．その後も歯周病の悪化要因が除去されなければ，歯周病は進行し，全身に重大な影響が及ぶことになる.

その一連の変化を歯周病の病態ごとに記述すると下記のようになる.

■ 軽度歯肉炎

炎症性変化が歯肉のみに発生する（**図4.8**）．歯垢が除去されないと，歯垢にミネラルが沈着し歯石となる．歯肉の炎症は歯肉辺縁にのみ軽度に発生する.

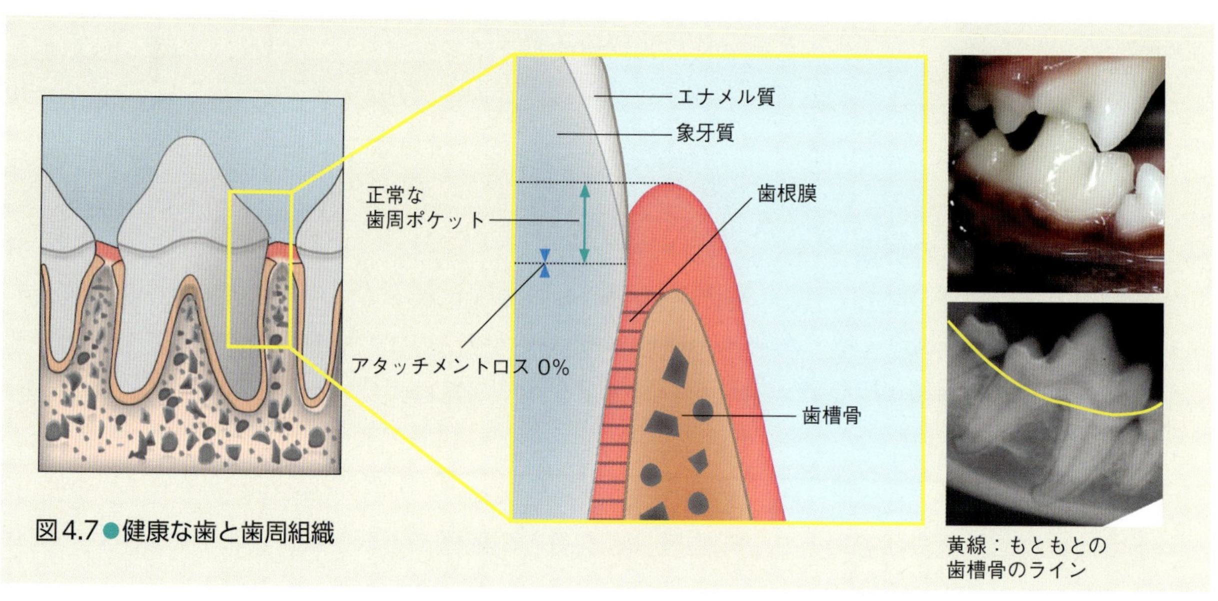

図4.7 ● 健康な歯と歯周組織

▶ 註3　健康な個体では，歯肉溝内には常に白血球やマクロファージが遊走し，組織からは免疫グロブリンや補体，蛋白分解酵素などが放出されて防衛反応として働く．また，噛むことや唾液などによる自浄作用もある.

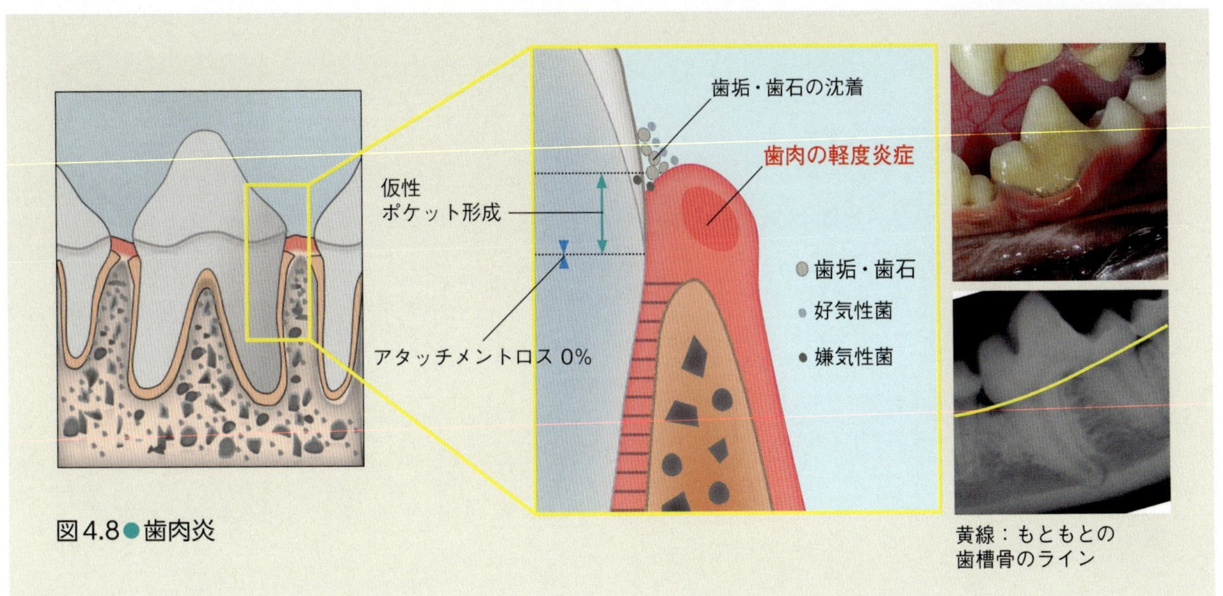

図4.8●歯肉炎

■ 進行した歯肉炎

歯垢と歯石が中程度に蓄積すると，その粗い表面への歯垢の沈着がさらに助長される．歯肉溝内に歯垢（歯肉縁下プラーク）や歯石が蓄積すると，機械的クリーニングが受けにくくなり，歯肉溝内に酸素が届きにくくなる．歯肉溝付近で歯肉炎・歯周炎を起こす病原性嫌気性菌が増殖し，菌体毒素などの細菌副産物を放出する．それにより，はじめに歯肉が腫脹し，浮腫を起こし脆弱化する．さらに歯肉の浮腫，出血等の炎症反応が進み，歯肉溝上皮が破壊され，仮性歯周ポケットが形成される．この段階では，プロービングによりわずかに出血する．

■ 軽度歯周炎

破壊性変化を伴う歯肉の炎症が歯周組織に及んだ病態である（**図4.9**）．25％以下のアタッチメントロス（歯根膜と歯の付着構造が破壊された部位）が発生し，その下方にある歯根膜や歯槽骨が徐々に破壊されていき，歯周ポケットができる．

歯面全体がプラークや歯石に覆われ，歯肉の炎症は中～高度で，発赤，浮腫，腫脹が明らかで，プロービングしなくても出血を認めることもある．切歯部では動揺がみられるようになり，組織学的には歯槽骨頂・根分岐部にわずかな吸収を認める．

しかしこの時期であれば，適切な処置や治療を行うことで，進行を抑制できる．特殊な処置により治すことも可能である．

■ 中等度歯周炎

さらに歯周組織の進行性破壊が進行した病態である．25～50％のアタッチメントロスが発生する（**図4.10**）．

歯面全体にプラークと歯石が蓄積し，歯本来の形態をみられないことも多い．付着歯肉全体に強い炎症がみられ，自然出血，深いポケットの形成，高度の歯肉後退とともに，プラークや歯石に接する頬・口唇粘膜に強い炎症がみられることもある．切歯部はかなり動揺し，前臼歯にも軽度の動揺がみられることがある．

この時期以降は進行が不可逆的で，治すことは難しい．

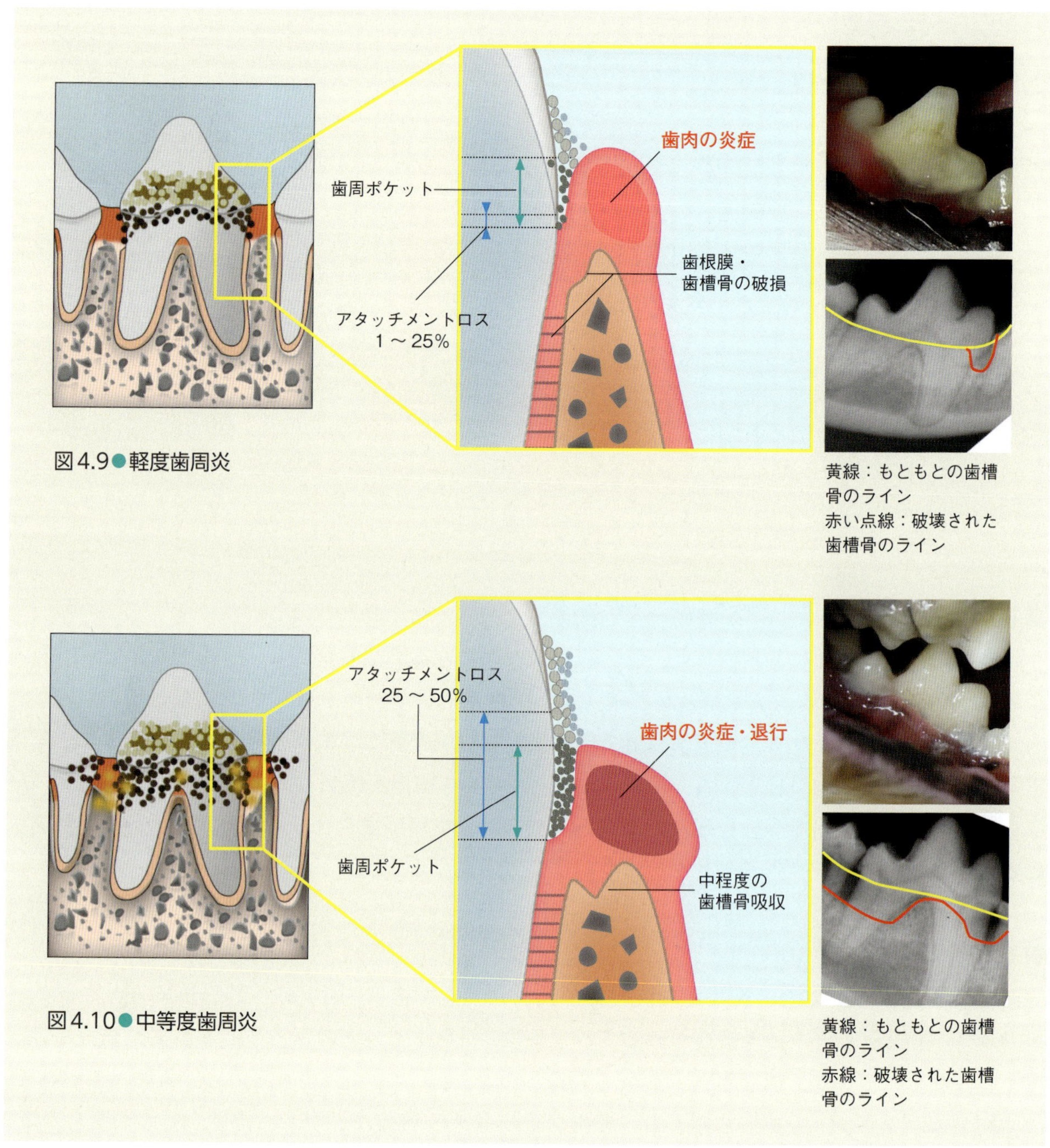

図4.9●軽度歯周炎

黄線：もともとの歯槽骨のライン
赤い点線：破壊された歯槽骨のライン

図4.10●中等度歯周炎

黄線：もともとの歯槽骨のライン
赤線：破壊された歯槽骨のライン

■ 重度歯周炎

高度の歯周組織の破壊を伴う病変である．50％以上のアタッチメントロスが発生する（**図4.11**）．

歯面全体に大量のプラークと歯石が蓄積し，付着歯肉が消失し，深いポケットがみられ，歯の動揺が重度である．歯槽骨・歯根膜の破壊が進むことで歯の支持が少なくなり，最後には脱落することもある．時には歯槽骨の吸収が激しく，病的に骨折を起こす場合がある．

この時期では歯を維持することは難しく，むしろ口腔内衛生を考えれば，適切に抜歯をする方が良い場合が多い．

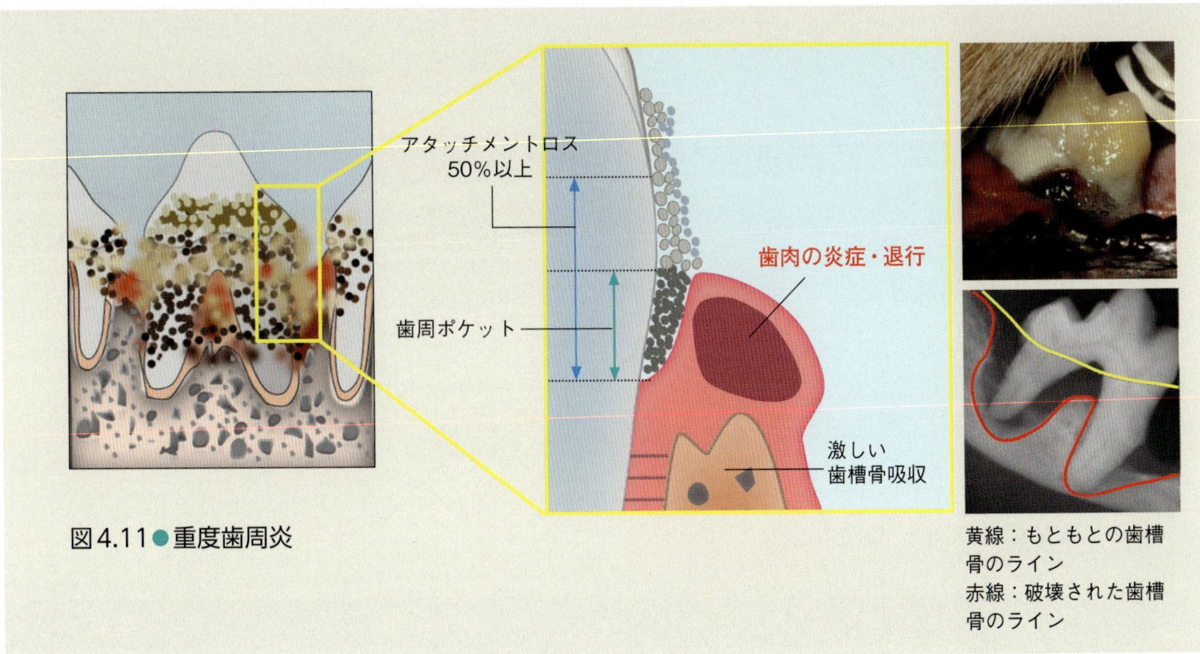

図4.11●重度歯周炎

黄線：もともとの歯槽骨のライン
赤線：破壊された歯槽骨のライン

3 歯周病の診断方法

▶ **Point**

- 意識下での診断では，口臭の程度が重要なサインとなる．
- 従来の歯周病の検査方法は，麻酔下での口腔内精査，プロービングと口腔内X線検査のみであった．
- 新しい歯周病の検査は，意識下で歯肉の縁をなぞるだけの簡単で視覚的に理解しやすい診断方法である．

これまでの章ですでに解説してきたとおり，歯周病の診断は最終的には麻酔下で行う．しかし，意識下でも歯周病の程度についてある程度見込みをつけ，飼い主に説明する必要がある．そのため，意識下での歯周病の仮診断も重要である．

第2章の「2-3 意識下の口腔内検査」で，口腔内の見るべきポイントは解説してあるが，ここでは改めて歯周病の診断について説明する．

■ 歯周病の検査手順

通常，歯周病の確定診断は，次のような検査によって行うことが原則である．

①意識下の口腔内検査
②麻酔下の口腔内検査
③プロービング
④歯科X線検査

これらの検査により，歯周病の程度を判定し，歯科予防処置を行うのか，抜歯もしくは歯周外科処置を行うのかを決める（**図4.12**）．

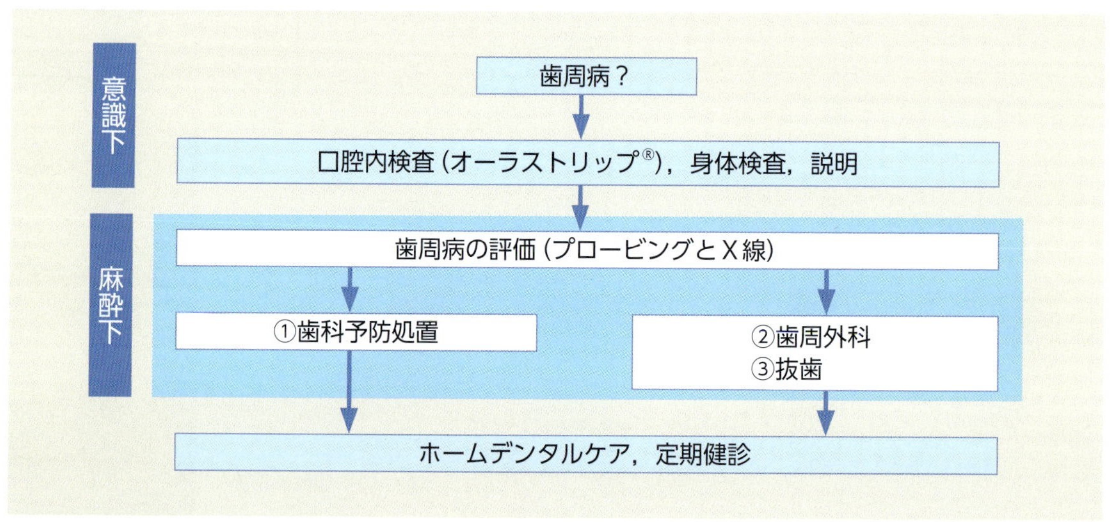

図4.12●歯周病の診断，処置の流れ

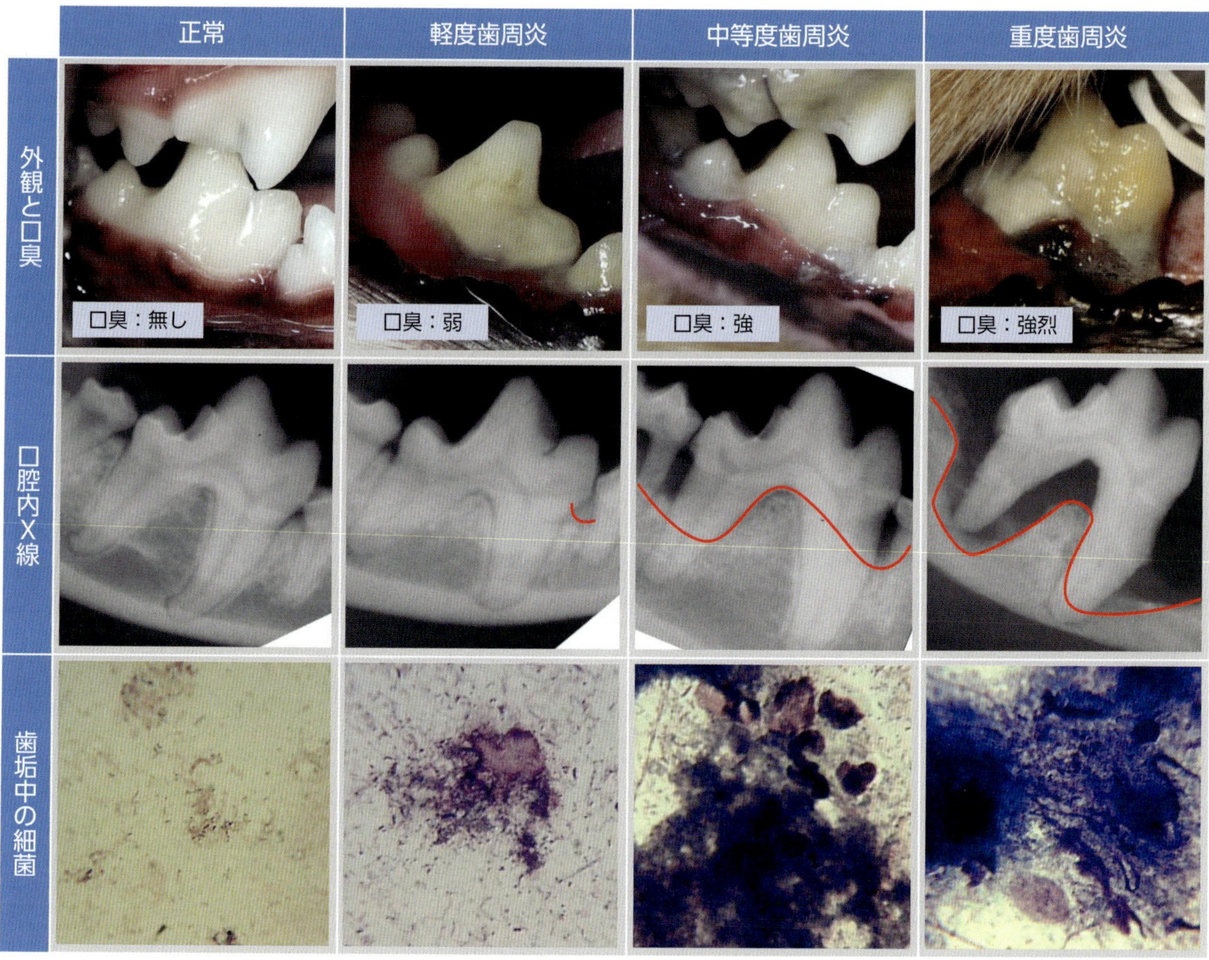

図4.13●歯周病，口臭，歯槽骨の破壊，歯垢の細菌（下顎第1後臼歯）

①**意識下の口腔内検査**——口臭，歯垢歯石の沈着程度，歯の動揺度，歯肉後退の程度，歯周ポケットからの歯垢の漏出の程度，噛み合わせ，触診時の疼痛などをできる範囲で観察する．特に口臭は歯周病の重要なサインである（**図4.13**）．

しかしながら，犬猫は一般的に意識下の検査は嫌がり，詳細な検査を行うことが困難な場合が多い．そのような状況でも口臭の判定と，歯周病簡易テストは比較的容易にできる歯周病の指標である．

歯周病簡易検査について

本来，歯周病の診断は，**第2章**で述べたように，麻酔下での詳細な検査で行うべきだが，歯周病の簡易検査法は，意識下で，ご家族と一緒に検査することができるというメリットがある．すなわち，麻酔をかけなくても簡単に行える歯周病のスクリーニング検査として活用できる．

歯周病の簡易検査の一つに，「オーラストリップ®」(DSファーマアニマルヘルス株式会社) が市販されている．

以下にオーラストリップ®の特徴 (**表4.5**) と，オーラストリップ®スコアとチオール濃度 (μM) の関係 (**図4.14**)，そしてその使い方と判定方法を記載した．

表4.5●オーラストリップ®の特徴

利点

- この検査は診察台の上で犬猫が意識下で行うことができる簡単な歯周病の検査である．
- 10秒で結果が出るため、ご家族と一緒に目でみて判断できる．
- 感度がよく，見た目ではわからない「隠れ歯周病」の状態でも検知可能である．
- 結果をもとにその場で予防や治療のプランについて説明ができる．

欠点

- 小型の犬猫において唾液が少ないと判断しにくい場合がある．
- 簡易テストであり，必ずしも歯周病の状態とは一致しないこともある．
- 歯周病菌は様々な有毒物を放出するが、この検査はチオール濃度を測定するものであり、有毒物をすべて測れるわけではないため、歯周病の進行具合と一致しない場合がある．

チオールについて

- チオールは硫化水素やメチルメルカプタンなどのSH基を有する化合物の総称．揮発性硫黄化合物 (VSC：Volatile Sulfur Compounds) とも呼ばれる．
- VSCは口腔内嫌気性細菌の代謝産物で，特有のにおいがあるため口臭の原因物質の一つとなっている．

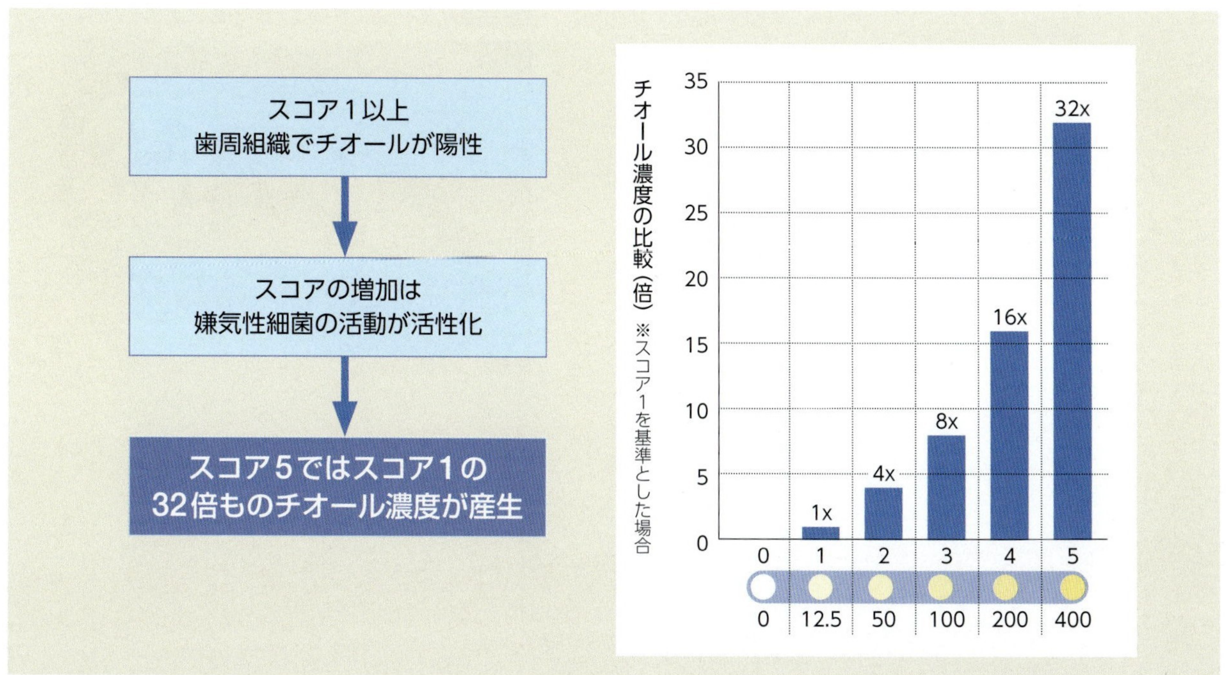

図4.14●オーラストリップ®のスコアとチオール濃度 (μM) の関係

スコアが高いほど歯周病菌から出ているチオール濃度が高いことを示し，歯周病の程度が進行していることを示唆している．

■ オーラストリップ®の使い方と判定方法

ステップ1

❶判定シートに接着してあるパウチを取り外して開封し，パウチから本品を取り出す．その際，本品先端のパッド部に手を触れないよう注意する．

❷本品のパッドがない方の面に人差し指を添えるようにして，本品をしっかり持つ．犬の口を持ち上げる．

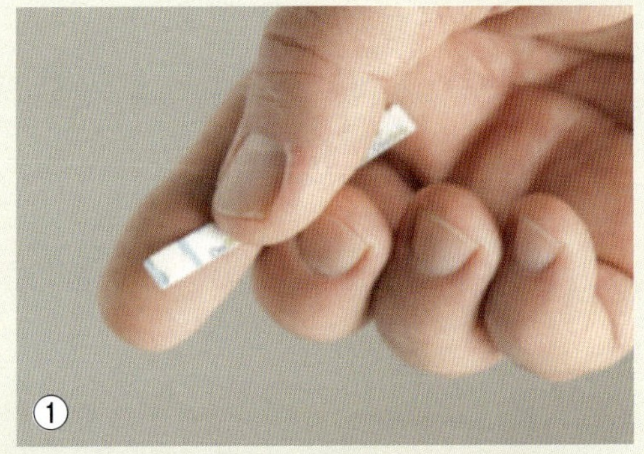

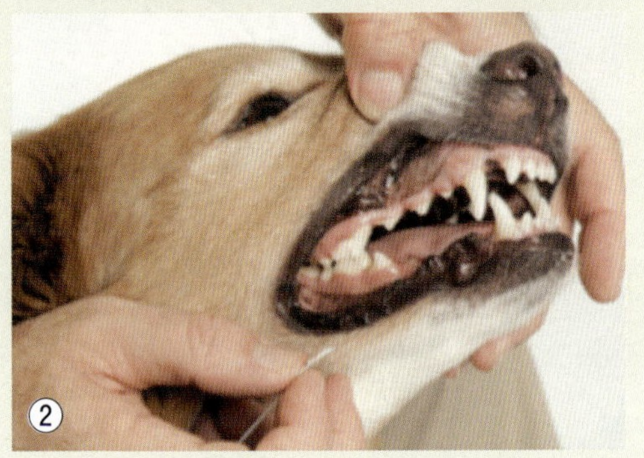

ステップ2

❸パッドを上顎全周の歯肉縁（歯肉が歯に接する箇所）に当て，穏やかに滑らせてパッドに口腔内の滲出液（唾液および歯肉溝浸出液）検体を染み込ませる．パッドを強く当てすぎると出血や歯垢が混入し，正しい結果を読みとれなくすることがあるので注意する．

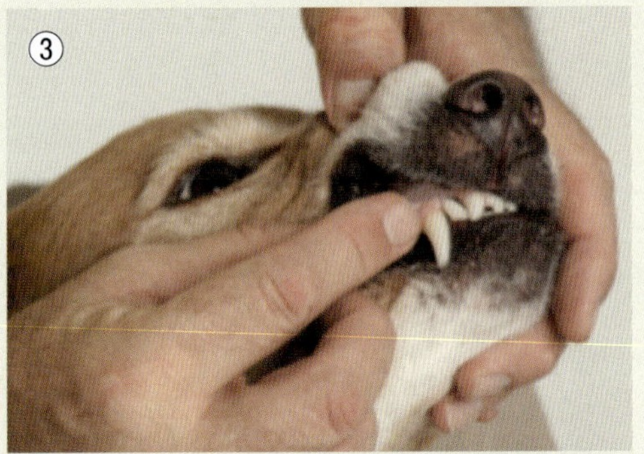

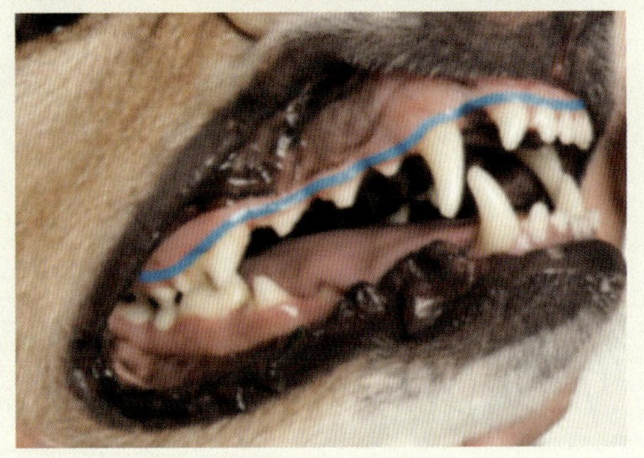

ステップ3

❹本品を犬の口から取り出し，約10秒間保持する．

❺本品のパッド部の発色を判定シートの色調サンプルと照合し，パッドの発色に最も近い色の番号を読み取り，判定結果とする．パッドの発色が不均一な場合は，最も色が濃い箇所に近い色の番号で判定する．判定結果は採取から5分以内に読み取る．

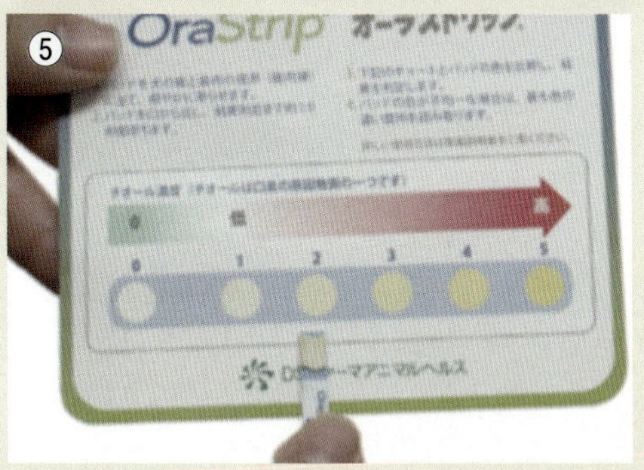

ステップ4

❻判定シートを裏返し，測定結果を記録する．検査日，患者名，測定結果，今後の指導内容等も記入する．

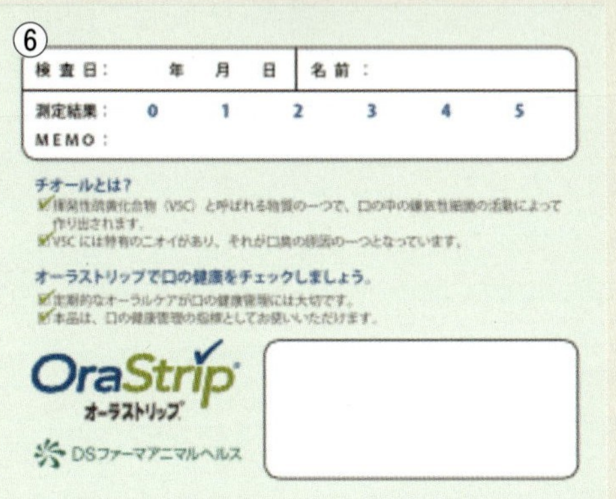

筆者は，当院に来院した一般家庭で飼育されている158頭の犬において，処置前にオーラストリップ®を用いて検査した結果と麻酔下での歯周病の程度を比較した．**図4.15**では歯周炎と口臭の相関性について検討した．**図4.16**では歯周炎とオーラストリップ®の相関性を検討した．**図4.17**では，オーラストリップ®と口臭の相関性をみた．これらはいずれも正の相関性がみられた．つまり，口臭と歯周炎は相関しており，オーラストリップ®は視覚的に歯周炎をある程度診断することができるスクリーニング検査であるといえる．

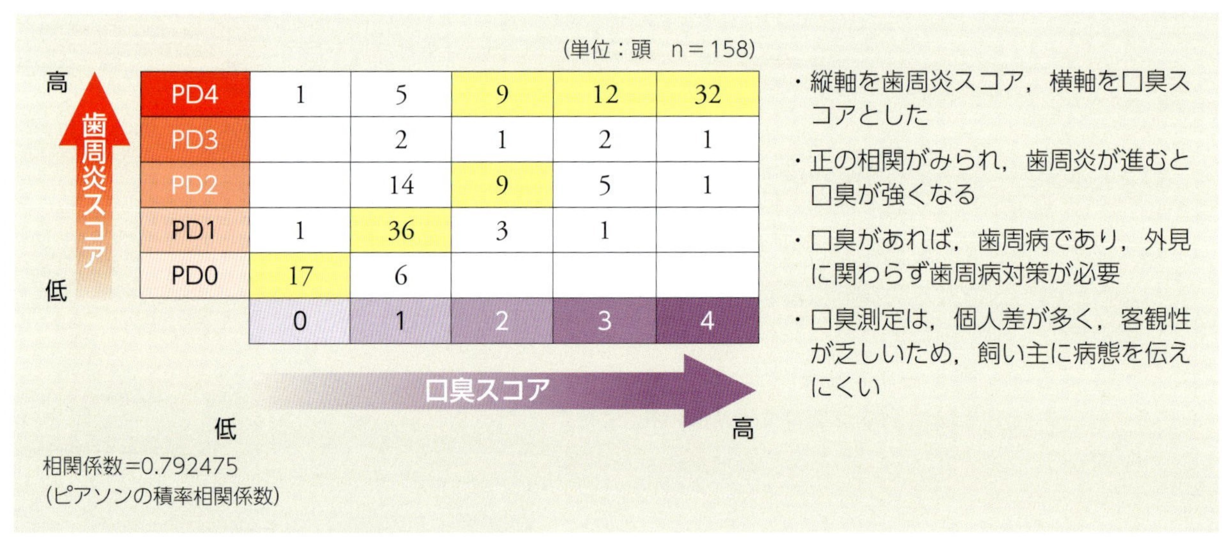

(単位：頭　n＝158)

歯周炎スコア＼口臭スコア	0	1	2	3	4
PD4	1	5	9	12	32
PD3		2	1	2	1
PD2		14	9	5	1
PD1	1	36	3	1	
PD0	17	6			

相関係数=0.792475
(ピアソンの積率相関係数)

- 縦軸を歯周炎スコア，横軸を口臭スコアとした
- 正の相関がみられ，歯周炎が進むと口臭が強くなる
- 口臭があれば，歯周病であり，外見に関わらず歯周病対策が必要
- 口臭測定は，個人差が多く，客観性が乏しいため，飼い主に病態を伝えにくい

図4.15●犬での歯周炎と口臭の相関性

(単位：頭　n＝158)

歯周炎スコア＼オーラストリップ®スコア	0	1	2	3	4	5
PD4	1	7	4	8	21	18
PD3		2	1	1	2	
PD2		5	8	12	4	
PD1	1	16	13	9	2	
PD0	6	14	2	1		

相関係数=0.646303
(ピアソンの積率相関係数)

- 正の相関性がみられ，歯周炎が進むとオーラストリップ®のスコアも高くなる
- 隠れ歯周炎に注意

図4.16●犬での歯周炎とオーラストリップ®の相関性

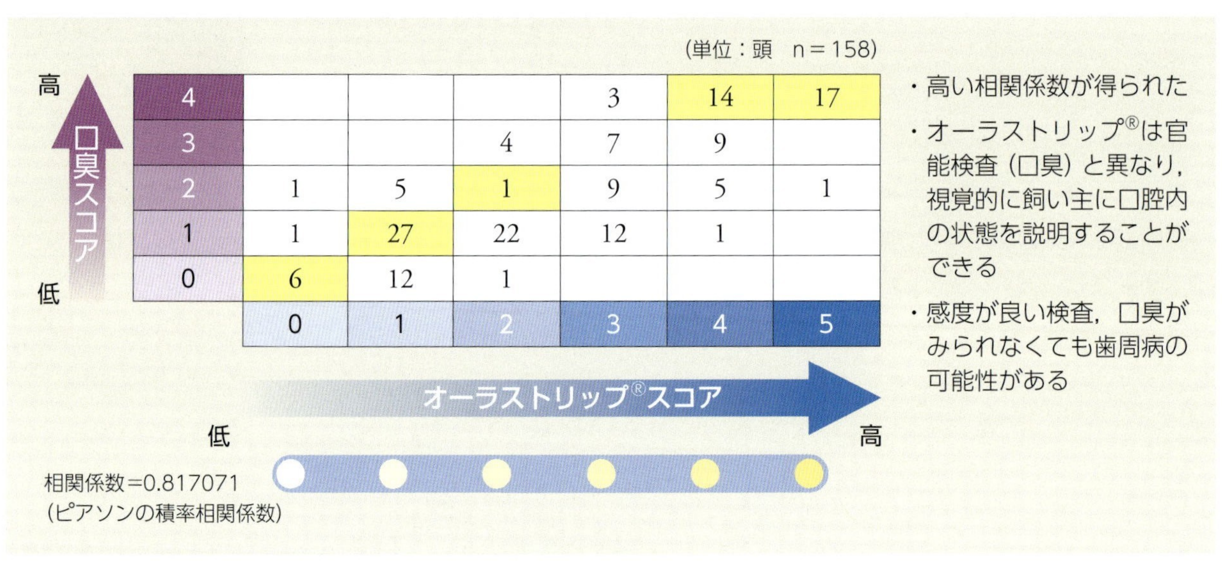

(単位：頭　n＝158)

口臭スコア＼オーラストリップ®スコア	0	1	2	3	4	5
4				3	14	17
3			4	7	9	
2	1	5	1	9	5	1
1	1	27	22	12	1	
0	6	12	1			

相関係数=0.817071
(ピアソンの積率相関係数)

- 高い相関係数が得られた
- オーラストリップ®は官能検査（口臭）と異なり，視覚的に飼い主に口腔内の状態を説明することができる
- 感度が良い検査，口臭がみられなくても歯周病の可能性がある

図4.17●犬での歯周炎とオーラストリップ®と口臭の相関性

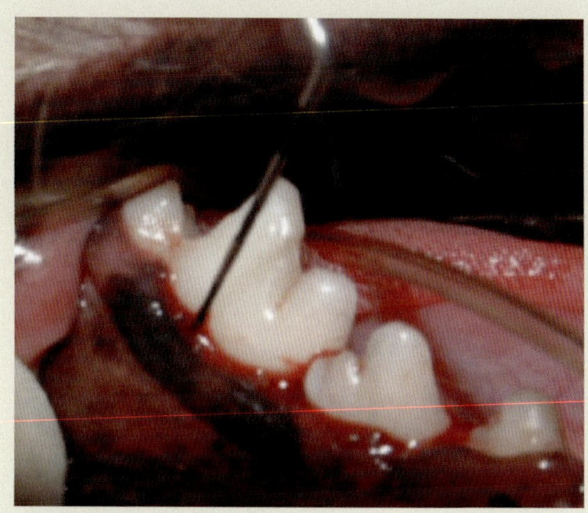

図4.18●プロービング
歯周プローブで歯の全周にわたり，ポケットの深さをチェックする．

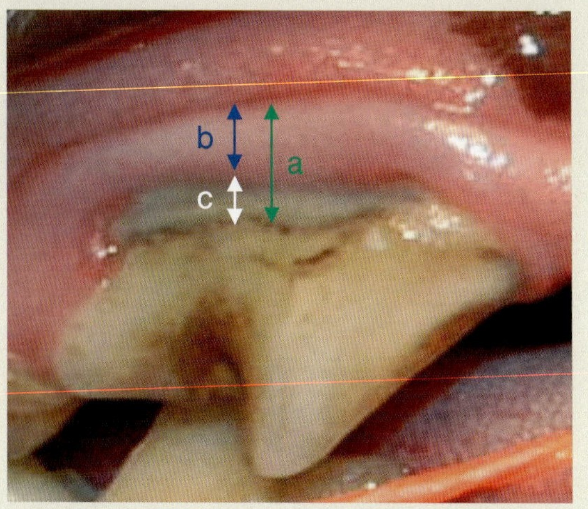

図4.19●アタッチメントロス（a）＝歯周ポケット（b）＋歯肉退縮（c）

②**麻酔下の口腔内検査**——麻酔下で，改めて歯と歯周組織，舌や粘膜，咽喉頭部，唾液腺，リンパ節などを精査する．歯肉の炎症程度，歯垢の付着程度，歯石の付着程度，根分岐部病変の程度，動揺度などについて評価する．口腔内の検査方法については，**第2章**で解説した．

③**プロービング**——プロービングとは，プローブを用いて，歯周ポケットの深さを測定し，歯周病の評価を行う検査である（**図4.18**）．1本の歯ごとにプローブを1周させて，歯周ポケットの深さと歯肉退行の深さを測定し，デンタルチャートに記載する．根分岐部の評価もこの時点で行う（**第6章**参照）．

正常な歯肉溝は小型犬では2mm以下，大型犬で4mm以下，猫で0.5～1mmである．それ以上の場合は異常と判断する．

歯周ポケットが深くなることは歯周組織の消失を意味し，歯周炎と考えられる．歯根部が露出している場合には歯周ポケットは深くはないが，この場合も根尖方向に歯肉の付着位置が退縮し（＝アタッチメントロスが進み），歯周炎が進行している状態である（**図4.19**）．

④**歯科X線検査**——プロービングで歯周ポケットが異常に深い部分や，破折など歯に異常がみられた部分は必ず撮影する．可能であれば，全歯を撮影する．特に猫の場合は，歯根に吸収病巣がみられる場合もあるため，正常に見える部分も必ず撮影する．

歯科X線読影の歯の読影のポイントは，X線では，「歯根膜ラインを読む」，「歯周病の診断は“白”と“黒”をみる」ということである．X線についての詳細は，第3章で解説した（**→第3章**）．

■ 外見では診断できない歯周病の症例

歯周病を外見で診断することがいかに難しいか，ということがよくわかる症例をいくつか紹介しよう．症例1（**図4.20**）と症例2（**図4.21**）は，いずれも同じ飼い主で，歯をガーゼで磨いているため外見上はきれいな状態である．それぞれの右下顎第1後臼歯の写真を見比べてみても，歯の状態はほどんど差がないように見える．しかし，症例1のX線と症例2のX線を比べてみるとわかるように，歯周病の程度は全く異なる．

症例1は，歯科X線での歯槽骨の吸収はなく，見た目と同じ程度の軽度歯肉炎であった．

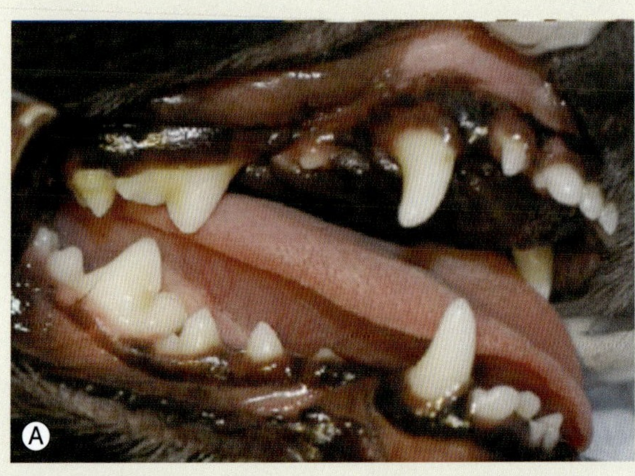

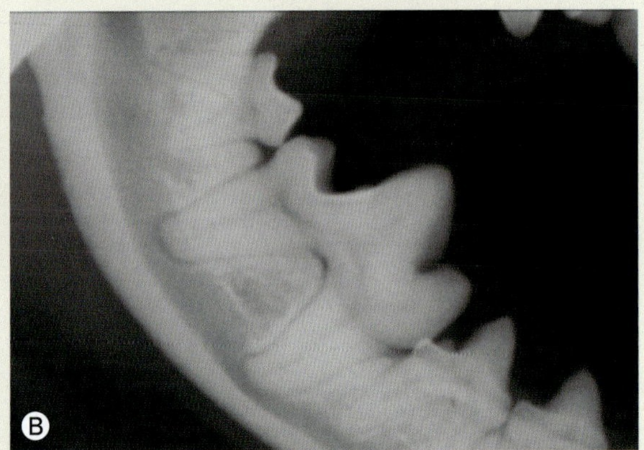

図4.20●症例1．Ⓐチワワ，3歳齢，軽度歯肉炎．ⒷX線画像

症例2は歯科X線で広範囲な歯槽骨吸収が確認され，重度歯周炎の状態である．飼い主には，「歯はそんなに汚れていませんが，見えない顎の中で骨が腐っている状態で，抜歯をしなければなりません」と説明した症例であった．

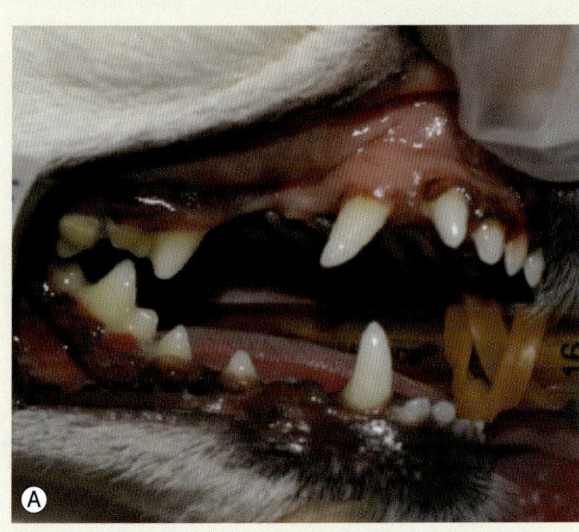

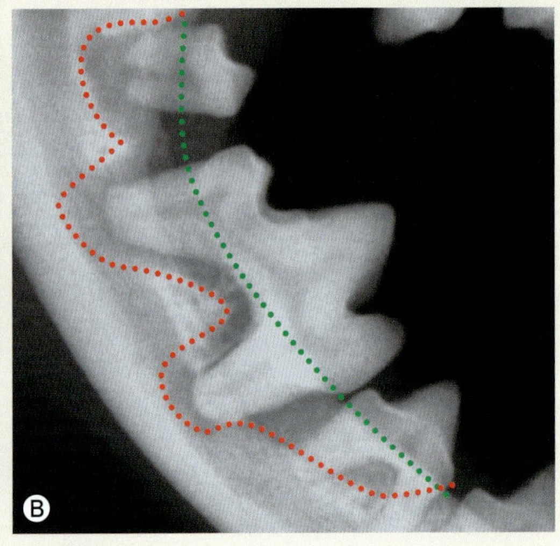

図4.21●症例2．Ⓐチワワ，4歳齢，重度歯周炎．ⒷX線画像
X線画像の緑線は本来の歯槽骨のライン．赤線は歯槽骨の吸収ライン

症例3（**図4.22**）は，外見上は非常に悪い．歯に重度の歯石沈着があり，飼い主もひどい歯周病だと思っていた．しかし実際には，症例3は歯科X線（**図4.23**）では歯槽骨の吸収が少なく，歯肉炎から軽度歯周炎の範囲であり，スケーリングなどの歯科予防処置で健康な状態に戻すことが可能であった（**図4.24**）．

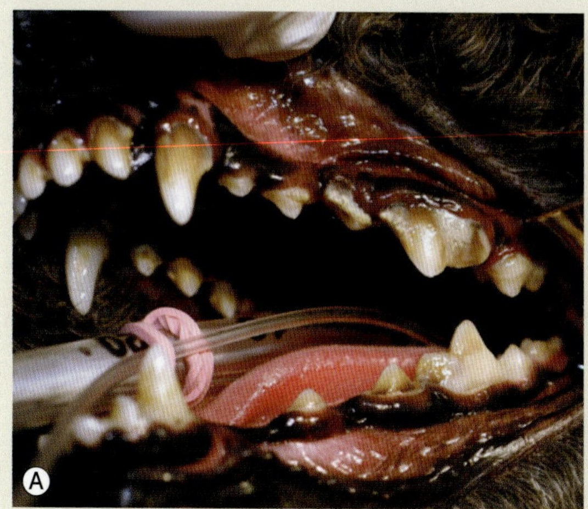
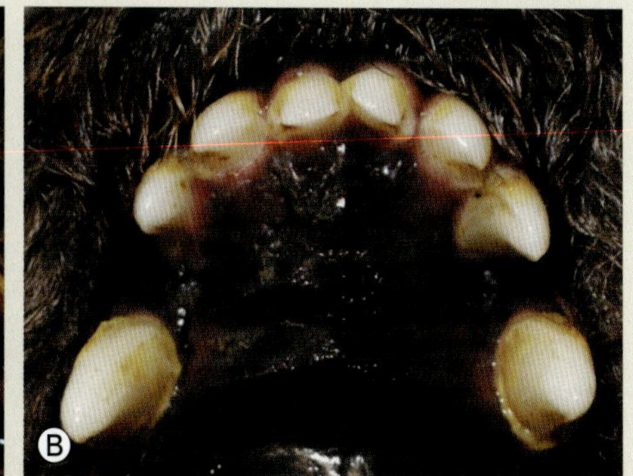
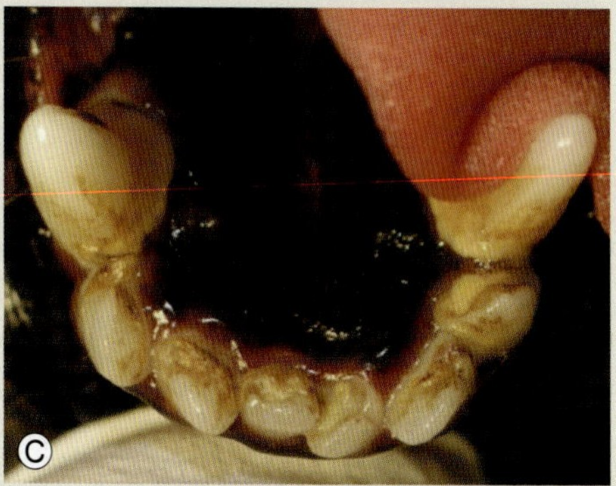

図4.22●症例3．トイ・プードル，7歳齢
重度の歯石沈着がある（Ⓐ〜Ⓒ）．

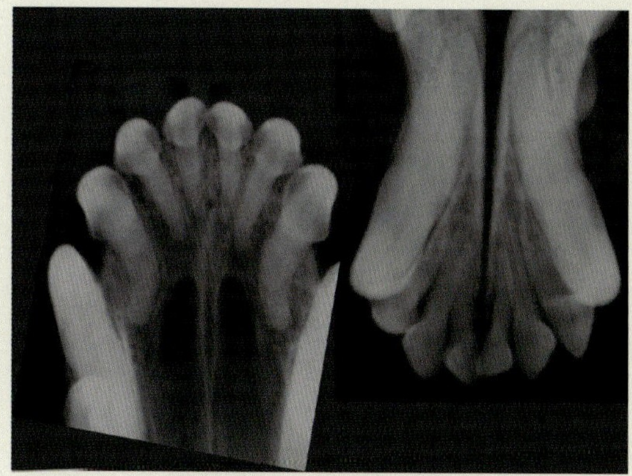

図4.23●症例3のX線画像
歯槽骨の吸収は多少あるものの，重度ではない．

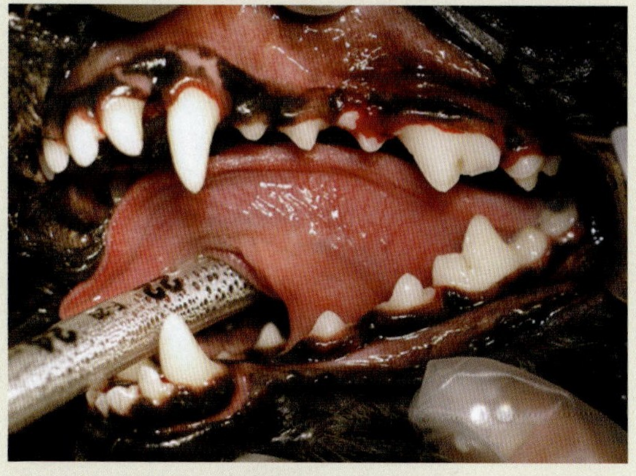

図4.24●症例3の処置後
スケーリングなどの歯科予防処置を行った．

症例4（**図4.25**）は歯をガーゼで磨いているということで，外見上はあまり問題ない．飼い主も，口臭はあるものの見た目はきれいなので，歯周病ではないと思っていた．しかし口腔内X線（**図4.26**）では，歯槽骨が広範囲に破壊されており，抜歯をするしかない状態であった．

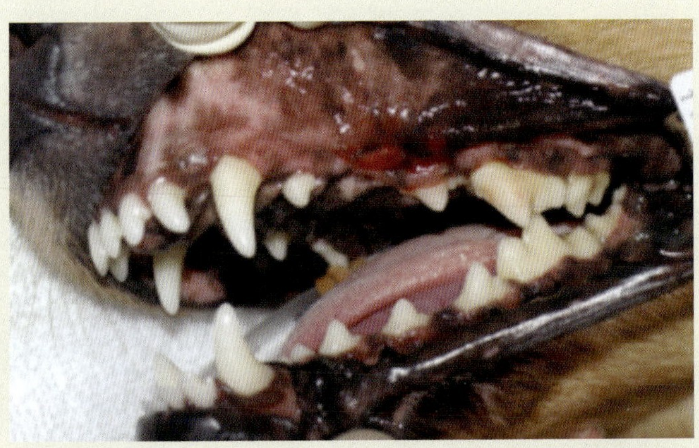

図4.25●症例4．ミニチュア・ダックスフンド，6歳齢
歯はガーゼで磨いており，外見上の問題はあまりない．

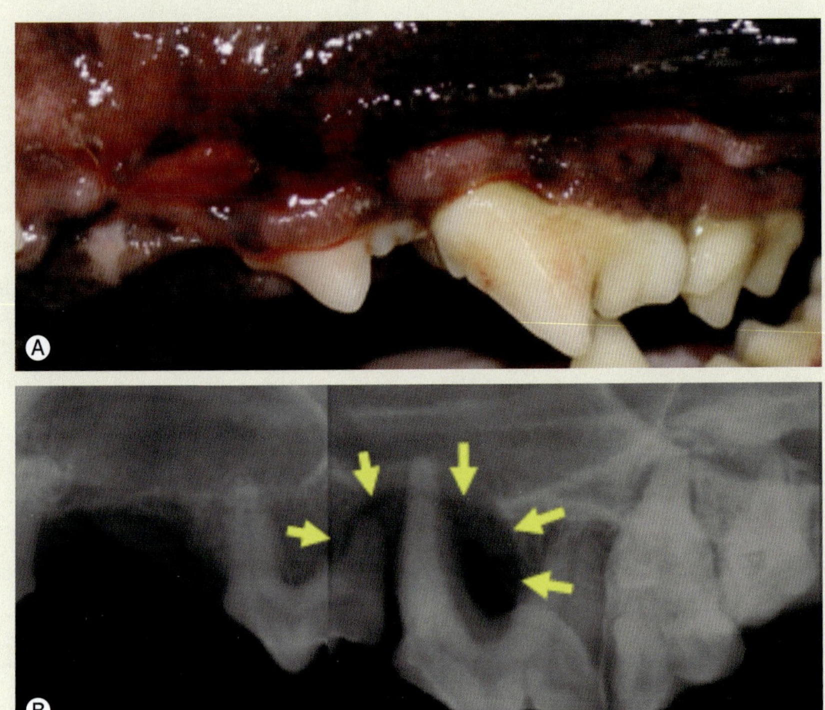

図4.26●症例4のX線画像
Ⓐは外観．同部位のX線画像では黄矢印で囲んだ部分が広範囲に破壊されている（Ⓑ）．

症例5（**図4.27**）は，「くしゃみが出る」という主訴で来院したものである．この症例も歯自体はそれほど汚れていない．しかし口腔内X線（**図4.28**）では，やはり歯槽骨が広範囲に破壊され，犬歯と第二前臼歯では歯根が一部欠損していることも確認できた．さらに，犬歯の抜歯窩は鼻腔に通じており（口鼻瘻），鼻腔の吻側1/3程度の広範囲に化膿がみられた（**図4.29**）．口鼻瘻では，くしゃみや鼻汁，鼻血などがしばしば症状として起こるため，注意が必要となる．

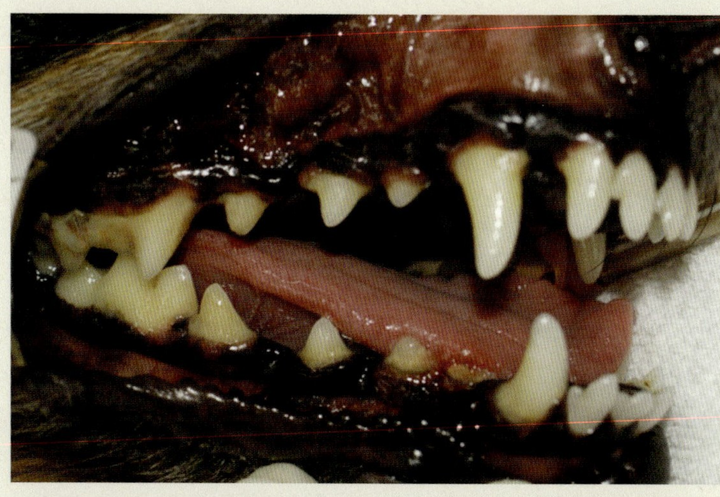

図4.27●症例5．ミニチュア・ダックスフンド，13歳齢
「くしゃみが出る」という主訴

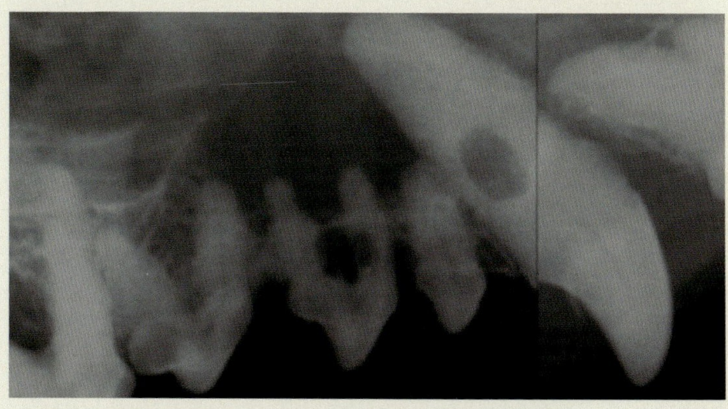

図4.28●症例5のX線画像
歯槽骨が広範囲に破壊され，犬歯と第二前臼歯では歯根が一部欠損している．

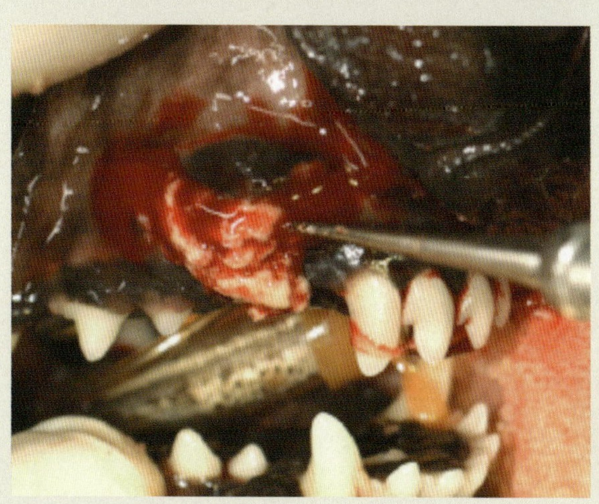

図4.29●症例5の鼻腔からは多量の膿が出てきた．

4 歯周病の治療

▶ **Point**

・**歯周病の治療内容は，進行度によって判断する．**
・**治療後の飼い主への説明が，再発を防ぐための大きなポイントとなる．**

歯周病はその発生機序からもわかるように，基本的には予防に重点を置くべき疾患である．また，「歯周病の形態的な変化と病態」の項で述べたように，歯周病の程度によっては，来院時にはすでに抜歯以外の治療方法がないことも十分考えられる．

では，どの段階の患者に，どのような治療を行えば良いのか．これは術者の技術と熟練度によっても変わってくるが，大まかなガイドラインを示すとすれば，**表4.6**のようなものとなる．

なお歯周病の治療後は，処置を行った理由と箇所，および処置内容をしっかりと飼い主に伝えるとともに，家庭に戻ってからのデンタルケアについて具体的な提案を行うことが重要である．日常的なデンタルケアなしでは，せっかく治療した歯周病がすぐに再発してしまうからである．

また飼い主への説明は，診察室で口頭で行うだけでは不十分である．（**図4.30**）のような用紙を準備しておき，どこが悪かったか，どのような処置をしたか，といった内容を書き込んで渡すことで，家庭での確実なデンタルケアにつなげることができる．

歯科予防処置およびデンタルケアの具体的な内容については，第6章で解説する．

表4.6●歯周病治療のガイドライン

●歯石が付着しているだけ（＝歯周病ではない）
歯冠のクリーニング
●歯肉炎（歯槽骨喪失なし）
歯冠のクリーニング
歯肉過形成の場合は歯肉切除を行う
●軽度歯周炎（歯槽骨喪失25％未満）
歯冠のクリーニング＋歯周ポケットの処置（ルートプレーニング＋キュレッタージ）
●中度歯周炎（歯槽骨喪失25～50％）
歯冠のクリーニング＋歯周ポケットの処置（ルートプレーニング＋キュレッタージ）
歯周外科（歯周再生処置）
根分岐部病変が認められる場合は抜歯
●重度歯周炎（歯槽骨喪失50％以上）
抜歯

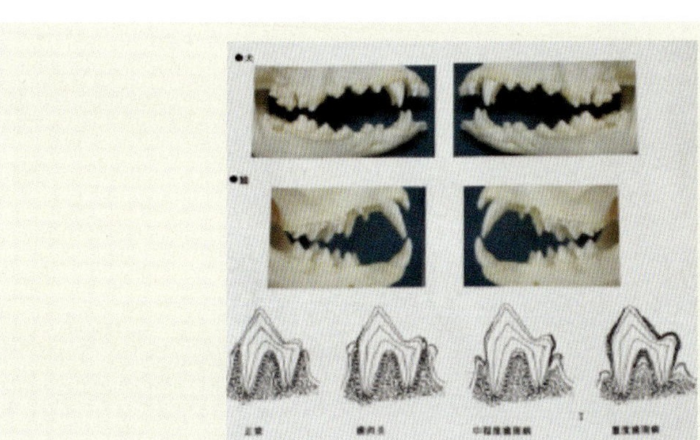

図4.30●飼い主への説明用のデンタルチェックシート
どの部分が悪かったか，どのような処置を行ったか，などを書き込んで渡す．こうした資料なしでは，家庭で十分なデンタルケアを行うのは難しい．

CHAPTER 5

その他の歯科疾患

口腔内の疾患には，歯周病以外にも歯の破折，外傷，顎の骨折と脱臼，腫瘍，乳歯遺残，不正咬合などの様々な疾患がある．これらは続刊のアドバンス編で解説する予定である．この章では，猫の代表的な疾患として吸収病巣と口内炎について解説する．

1 猫の吸収病巣

1-1 吸収病巣(TR)とは

▶ **Point**

- 犬にも発生があるが3歳以上の猫で発生率が高い疾患である．
- 外見ではわかりにくく，特異的な病状も少ないため，見過ごされる場合が多い．詳しい原因はわかっていない．

吸収病巣（Tooth Resorption：TR）は，以前は猫のネックリージョン，歯頸部病巣（**図5.1**）などとも呼ばれていた．比較的猫に特徴的で，よくみられる疾患である．その罹患率は28.5～67％と報告されている．罹患率は加齢に伴い増加する．TRは前臼歯（上顎第2および下顎第3前臼歯）に多く発生がみられるが，どの歯にも起こる．歯頸部と歯根に発生しやすいが，歯冠の先端から発生することはない．

TRは，破骨細胞に似た働きを持つ破歯細胞により歯牙が吸収され，臨床的あるいはX線学的にエナメル質，象牙質，セメント質が欠損することを特徴とする．そのX線像や外見は齲歯と似ているが，発生機序は明らかに齲歯とは異なる．TRの発生原因などは十分理解されていない．

臨床的には歯面に肉芽がみられることでTRと判断できることもあるが，歯肉縁下にもみられる

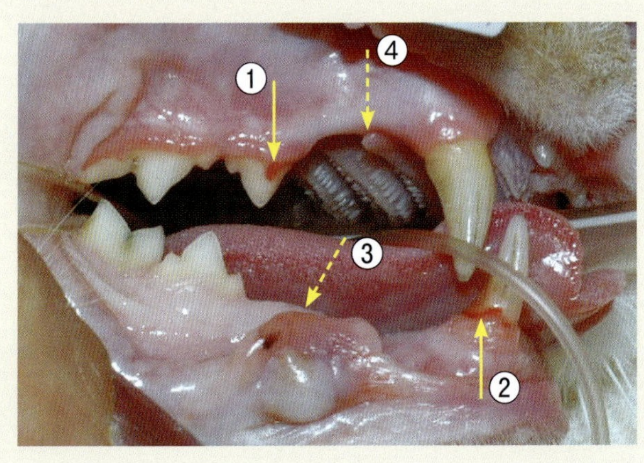

図5.1 ● 吸収病巣
実線矢印①はステージ3，②はステージ4の吸収病巣．点線矢印③と④はステージ5で，すでに歯冠部が吸収されている．

表5.1 ● 吸収病巣における病期分類

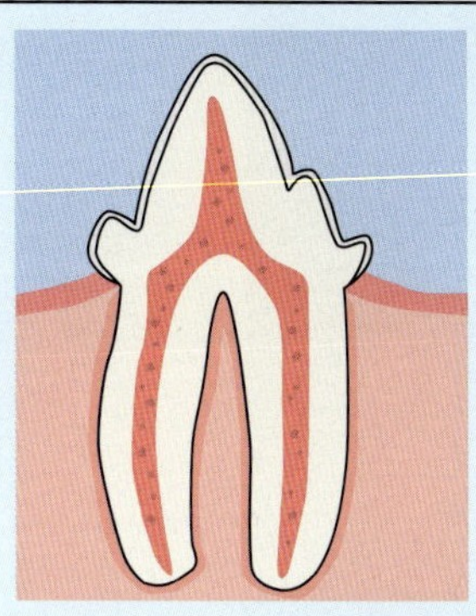 **ステージ1**：歯頸部や根分岐部の歯肉がやや腫脹している程度．吸収はエナメル質やセメント質に留まっている．X線透過領域は歯質の一部に限局	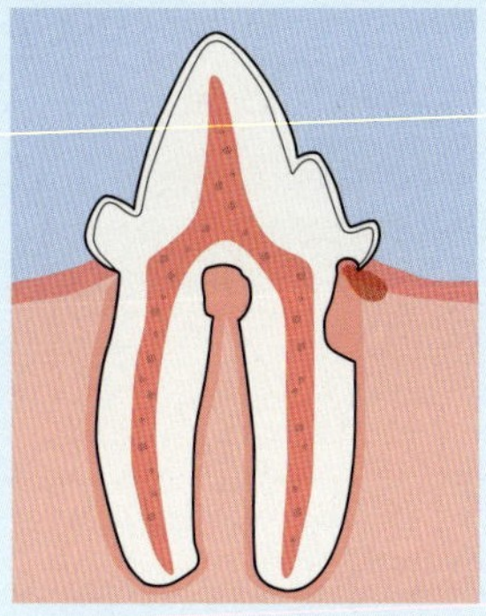 **ステージ2**：肉眼的にはステージ1と同様．X線透過領域は象牙質に及んでいるが歯髄には達していない．
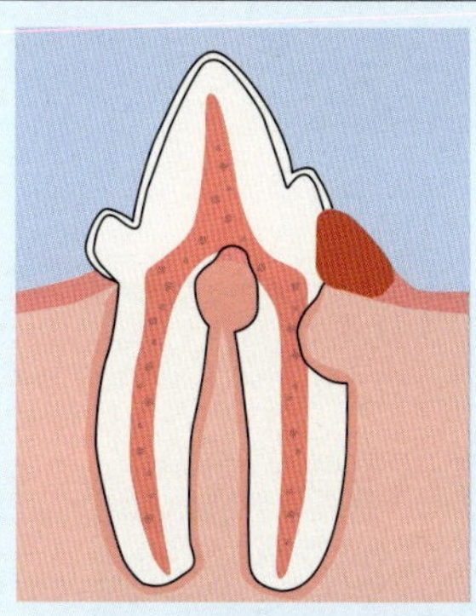 **ステージ3**：歯肉の隆起は歯頸部から歯冠側に広がるが，歯冠の形態は損なわれていない．X線透過領域は根分岐部や歯頸部から象牙質に進み，歯髄の一部にも吸収が及んだ結果，象牙質や歯髄腔のX線透過度が不明瞭になる．	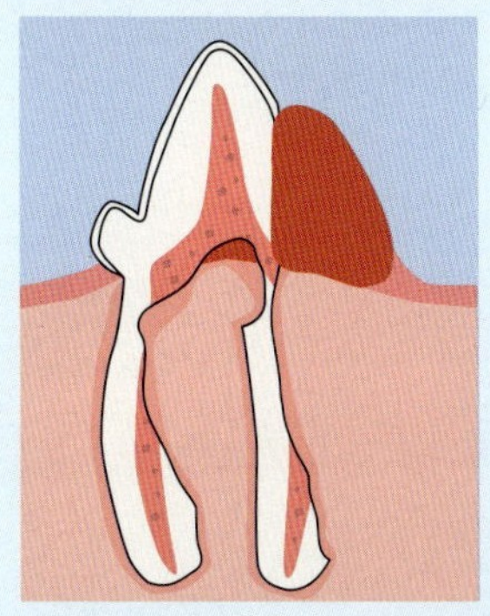 **ステージ4**：歯質の破壊は歯頸部から歯冠の1／2～1／3に及び，歯頸部から歯冠に歯肉が隆起しているように見える．X線透過領域は歯冠象牙質全体に及び，歯髄腔や歯根膜は不明瞭で連続性に欠け，骨性癒着がみられる．
 **ステージ5**：臨床的に歯冠はみられず，歯肉の膨隆部としてみられる．X線では歯根を認める場合もあるが，歯槽骨と同様の透過性にみられる．	

ことがあり，発見しにくい場合がある．臨床的に，病巣は上述のように歯質（エナメル質，象牙質）の欠損である．肉眼的に欠損しているか，歯肉の肉芽様組織に置き換わっているように見える．

病期による分類を**表5.1**に示す．通常，TRは歯頸部や根分岐部から発生することが多く，初期には探針で歯頸部を精査することでわかる場合がある．しかし実際は，初期病変だと病変の存在がわかりにくい場合も多い．進行するに従い，吸収はエナメル質から象牙質，歯髄に及ぶ．さらに，吸収が歯根に及び，歯根膜が消失して歯冠がかろうじて残る場合もある．また歯冠が吸収され，歯根が残る場合もある．歯根が残る場合でも，多くは歯根膜が消失し，歯根部は骨性癒着もしくは吸収されていく．

その評価と治療方針のためには歯科X線検査が必要である（**図5.2**）．ステージ5では歯冠がなく，歯科X線でしか判断できない（**図5.3**）．臨床的にはステージ1，2では症状が出ないため，見つかるケースは少ない．ステージ3以上でも発見しにくく見過ごされるケースが多いが，疼痛により，歯をぎしぎしする行為や，ドライフードを食べなくなるなど食べ方の変化などにより飼い主が気づくことも多い．

吸収病巣の治療については**第7章**で述べる．

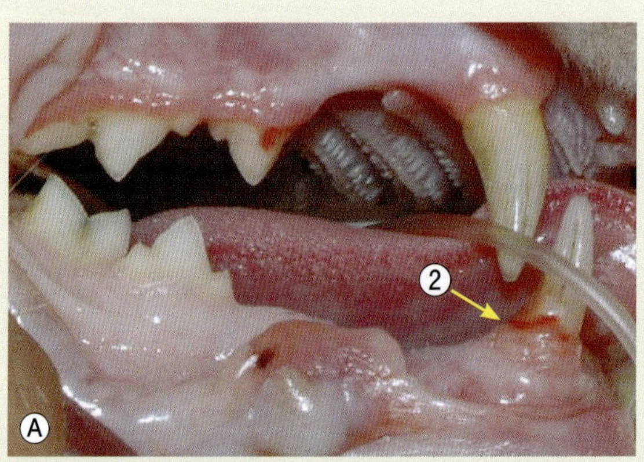

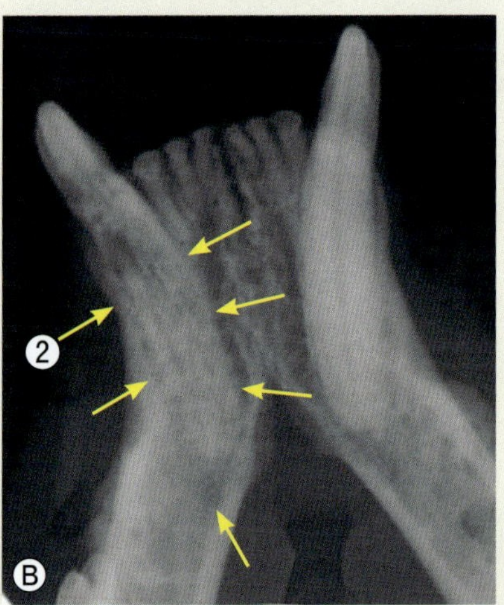

図5.2 ● 吸収病巣　ステージ4
Ⓐは肉眼像，Ⓑは同部位のＸ線画像．②の矢印はステージ４の歯を示す．

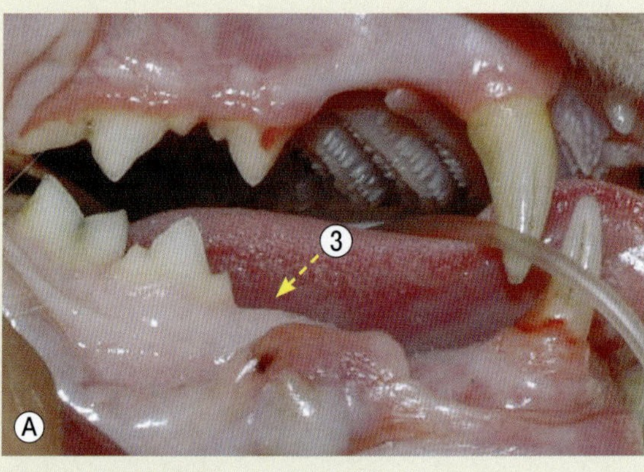

図5.3 ● 吸収病巣　ステージ5
Ⓐは肉眼像，Ⓑは同部位のＸ線画像．③の矢印はステージ５の歯を示す．すでに歯冠部が吸収されている．

2 尾側口内炎（猫の歯肉口内炎）

2-1 尾側口内炎とは

▶ Point

- **猫の慢性で難治性の口内炎を以前は猫の歯肉口内炎などと呼んでいたが，尾側口内炎と呼ぶことになった．**
- **歯周病との鑑別が必要である．**

口内炎とは，口腔粘膜の2カ所以上の部位に炎症がみられる場合をいい，猫で多く発生する（**図2.21**）．特定の部位，口唇，歯肉，舌に炎症がみられる場合はそれぞれ口唇炎（**図5.4**），歯肉炎（**図2.26**），舌炎（**図5.5**）と呼び，口内炎とは区別している．

慢性で難治性の口内炎は，臨床で多く遭遇する疾患であるが，今のところ原因が確定していない．ウイルス（特に猫白血病ウイルス〈FeLV〉，猫免疫不全ウイルス〈FIV〉）に関連した口内炎もみられ

るが（**図5.6**），いずれもはっきりとウイルス感染と口内炎との因果関係を特定できていない．

また，ウイルス陰性で難治性の口内炎も猫でよくみられる．この疾患は猫の歯肉口内炎，歯肉炎・口内炎，歯肉口内炎，歯肉咽頭炎，咽頭口内炎，口峡炎，口内炎，慢性口内炎，難治性口内炎，リンパ球形質細胞性歯肉口内炎など様々な名称で呼ばれていた．これらの口内炎の中で，歯肉や口腔粘膜，特に口腔後部（以前は口峡部と呼ばれていた部位）の激しい炎症を伴う慢性で難治性の疾患を，いわゆる「猫の歯肉口内炎」や「リンパ球形質細胞性歯肉口内炎（LPGS）」と呼んでいた．

アメリカ獣医歯科学会では，名称が一定でなかったこれらの「猫の歯肉口内炎」を**尾側口内炎**と呼ぶように統一した．以下，尾側口内炎について解説する．

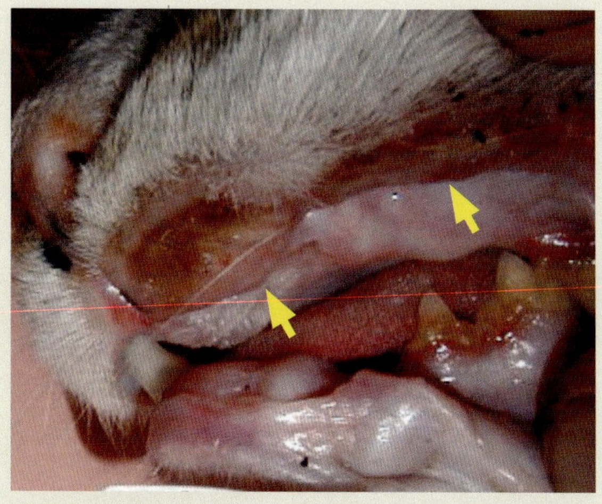

図5.4 ● 好酸球性潰瘍，肉芽腫
好酸球性肉芽腫は，猫の口唇にしばしば起こる炎症性疾患である．患部は肉芽腫様に隆起することよりも，赤く斑を形成し潰瘍化していることが多い．この症例では上唇に潰瘍として出現している（矢印）．

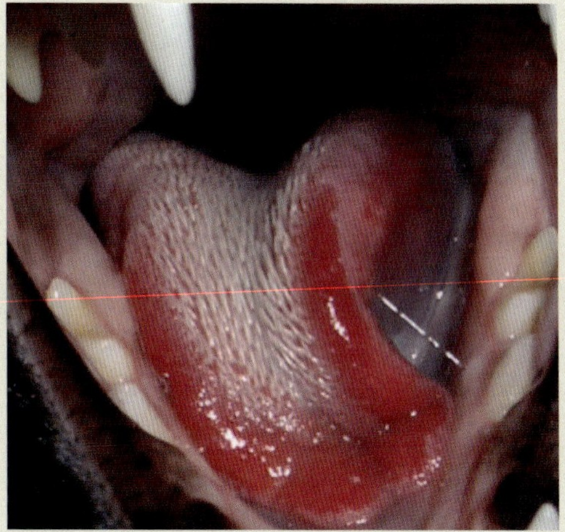

図5.5 ● 舌炎
家庭用柔軟剤を舐めて，舌辺縁にびらんを起こしている．

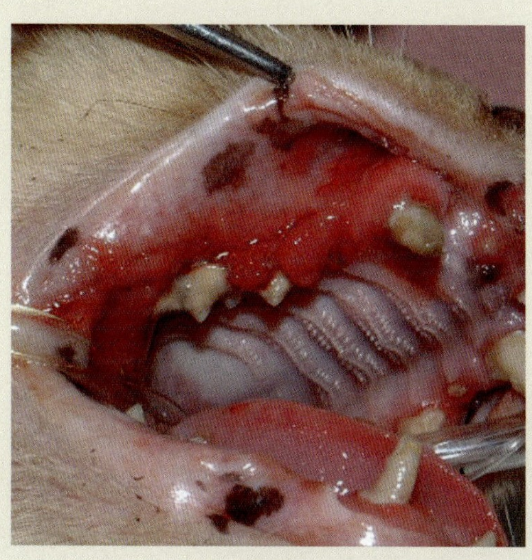

図5.6 ● ウイルス関連性口内炎
FIV 陽性猫の重度の歯肉口内炎．歯肉増生と激しい口峡炎がみられた．

2-2 尾側口内炎の症状

▶ Point

- 口の尾側から発症し，口全体に激しい口内炎がみられる.
- 痛みに伴う様々な症状を示す.
- 高γグロブリン血症を伴うことが多い.

この疾患は歯肉および口腔粘膜の慢性炎症性疾患であり，主な症状としては，口臭，流涎，嚥下困難，食欲不振，体重減少，口腔内出血および疼痛を呈する.

歯肉に発生した炎症は，歯肉粘膜境を越えて口腔粘膜まで拡大する．臼歯部より尾側に発生し，口腔後部（**図5.7**）まで及び，重度の炎症が長く続くことで，口腔後部から舌や口唇近くまで炎症が波及する．さらに悪化すると，歯冠を覆う程度まで歯肉粘膜が腫れあがり，激しい疼痛と流涎がみられ，口の中全体が炎のように強く発赤することがある.

犬では，歯肉にのみ炎症が及び，歯肉過形成を呈することがしばしば起こるが，猫では歯肉の範囲が狭いため，すぐに口腔粘膜などの他の部位に炎症が及ぶ．また，猫では歯垢歯石の付着がさほどみられなくても尾側口内炎を起こすことがある（**図5.8**）.

多くの尾側口内炎の猫では，高γグロブリン血症がみられる．これは細菌や他の抗原性刺激に対する宿主の慢性的な炎症性反応と考えられる．この病態は，歯周病で観察される「歯垢と歯石の蓄積→組織破壊→歯の喪失→症状の消退」という一連の経過とは異なる.

歯周炎でも歯の周囲の歯肉が赤く腫れる場合が多いため，歯周炎と尾側口内炎が区別しにくいことがある．臨床の現場では，歯周炎を尾側口内炎と取り違えてステロイドの投与などが行われている場合も少なくない．歯周炎と尾側口内炎では原因が異なり，治療と予後も異なるため，歯科X線検査などで十分に鑑別する必要がある.

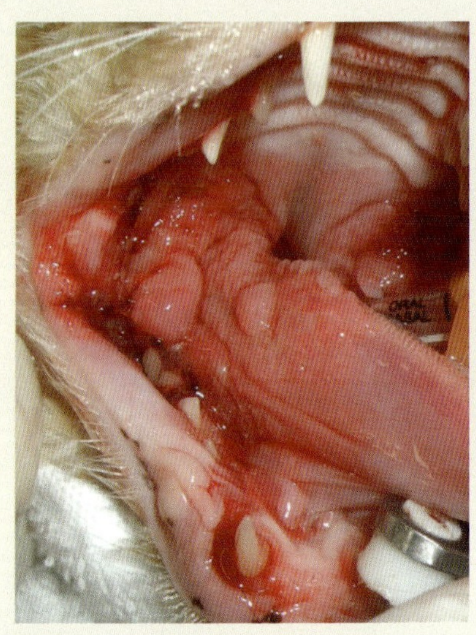

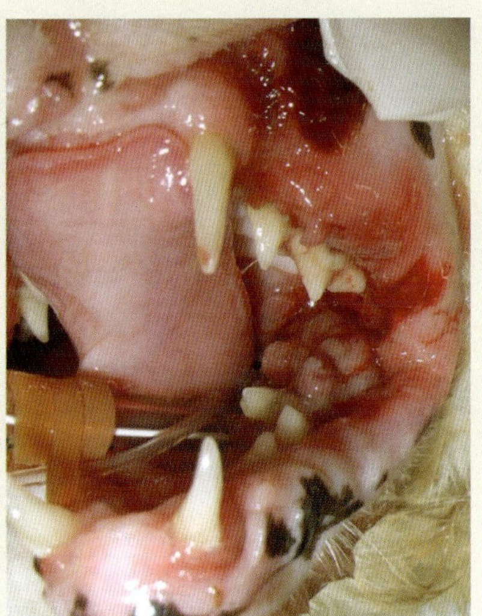

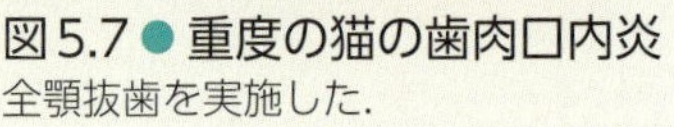

図5.7 ● 重度の猫の歯肉口内炎
全顎抜歯を実施した.

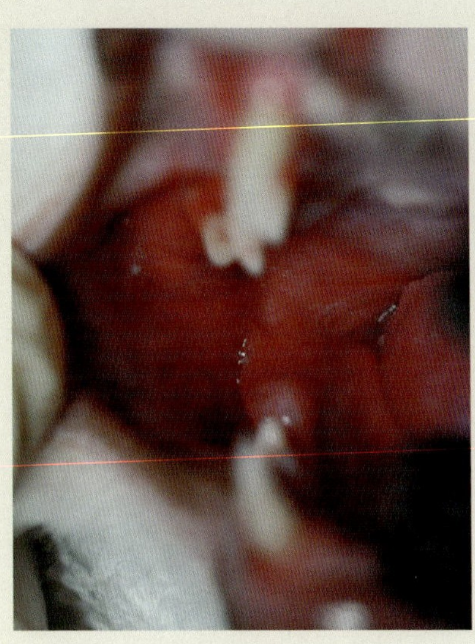

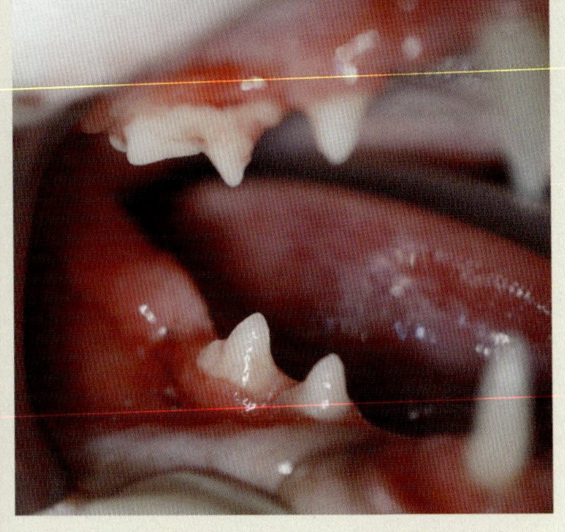

図5.8 ● 歯が比較的きれいな歯肉口内炎
1歳齢．全顎抜歯を実施した．

5 その他の歯科疾患

2-3 尾側口内炎の原因

▶ Point

- カリシウイルスや細菌が関与しているが原因ではない．
- 歯垢内の細菌などに対する過剰反応とされている．

詳しいことは現在も不明であるが，複数の要因によって発生する可能性が高いと考えられている．病態の主体は，口腔内細菌に対しての過剰な免疫反応と考えられている．

■ 細菌

尾側口内炎を起こしている猫からは様々な菌が同定されている．しかし，それらの菌を単独で感染させても症状は一過性にしか発現しない．つまり，尾側口内炎は特異的な細菌によるものではない．

プラーク内の細菌に対する過剰反応が原因とも考えられている．重度の歯肉口内炎は，免疫不全あるいは悪化した免疫反応によってもたらされており，歯垢内に存在するグラム陰性嫌気性菌が主要な悪化要因と考えられる．歯肉口内炎を持つ猫は「歯垢不耐性」であると考えられる．

■ ウイルス

ネコカリシウイルス（FCV）は，非罹患個体に比べて罹患猫の口腔内液中に非常によく検出される．FCVの抗体価はいずれの症例も高いことから，FCVの関与が疑われている．

しかし慢性口内炎を示す個体から特異なウイルス株は同定することはできない．また罹患個体から分離したFCVをSPF個体に接種しても急性の口腔内潰瘍，短期間の口峡炎，歯肉炎は起こすが，数週間で消退してしまう．つまり，FCVが原因ではない．

FeLV，FIVのどちらかもしくは両方に感染した猫でも激しい慢性の尾側口内炎がみられる．一

般的にはウイルス陰性の個体よりも低年齢で症状も激しい場合が多い．しかしながら，FeLVやFIVに罹患している個体が必ずしも尾側口内炎を起こしているわけでなく，直接の原因とは考えられない．ただし，FCVと，FIVもしくはFeLVとの混合感染で本症の症状はさらに重篤になる場合がある．

ヘルペスウイルスによる口内炎の発生は多くないが，広範囲の病変を起こし，潰瘍を形成することもある．流涎もみられることがある．

猫汎白血球減少症ウイルスに関連した口腔内病変には，壊死性歯肉炎，重度の潰瘍性舌炎や口蓋炎がみられる．これらは授乳中の子猫にみられると報告されている．尾側口内炎との関連は示されていない．

2-4 尾側口内炎の治療

▶ Point

- **最も効果的な治療法は全臼歯抜歯か全顎抜歯である．**
- **歯垢を減少させることが治療の目的である．**
- **ステロイドの単独使用は避けるべきである．**

他の口内炎でも共通であるが，軽度の尾側口内炎の場合は，適切な歯科予防処置とホームケアで細菌を減少させることにより，良好に反応する．しかしながら，炎症が強い場合，疼痛のため猫はホームケアを受け入れてくれる可能性が低い．ブラッシングよりもホームデンタルケア用のジェルやペーストを塗布する方がまだ受け入れてくれる可能性が高い．

歯肉口内炎を持つ猫は「歯垢不耐性」であると考えられる．したがって，歯肉口内炎の猫は，より積極的な予防歯科処置と徹底的なホームケアによりプラーク（細菌）を減少させるような管理によってのみ維持が期待される．

プラークを抑制する唯一の方法は，プラークの発生場所となる歯の全抜歯である（**図5.9，5.10**）．**全顎抜歯や全臼歯抜歯，さらに残根の除去，感染病巣を残さないように歯槽骨を除去することが，口内炎の最善の治療である**（**第7章**参照）．一般的に処置が遅れて重度の尾側口内炎に陥った症例は，全顎抜歯しても約2～3割の症例で口内炎の症状が残る場合がある．その場合には，免疫抑制薬やインターフェロンなどでの補助治療を行うと良い．

ステロイド（プレドニゾロンなど）の単独使用は，初期には炎症を抑えることができるため有効であるが，長期の投与は，状況を先延ばしにすることが多いので，単独での使用は控えるべきである．

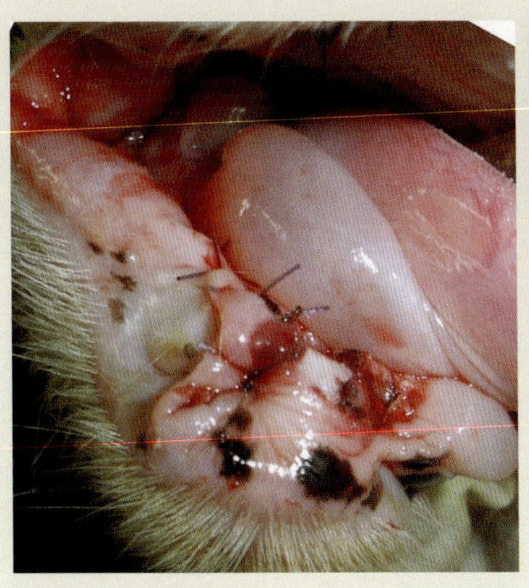
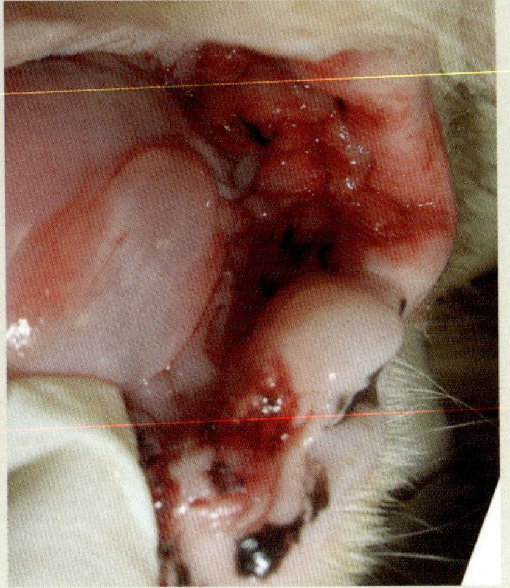

図5.9 ● 全顎抜歯
図5.7の猫と同一症例の全顎抜歯直後の口腔内の様子

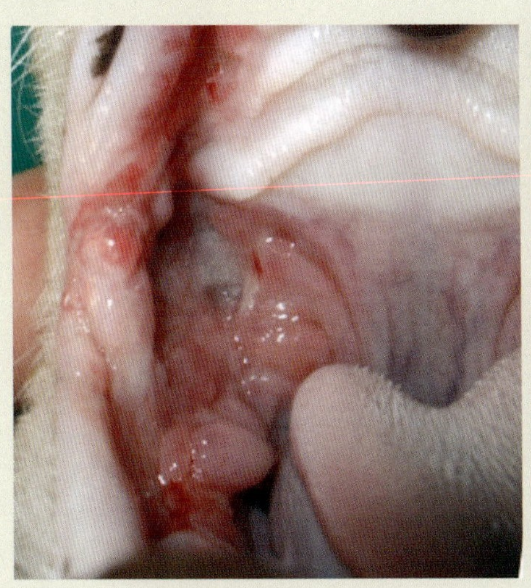
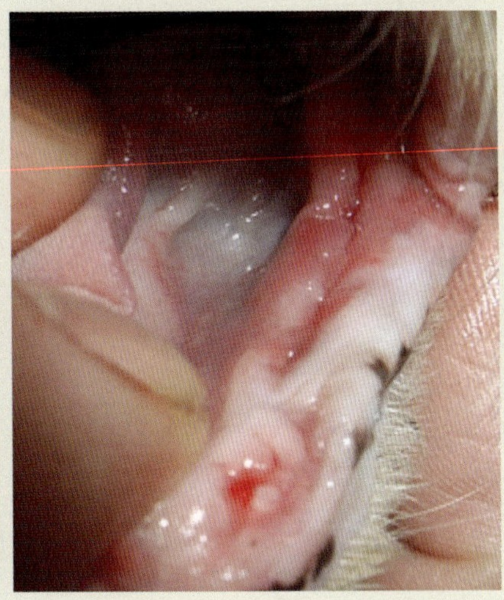

図5.10 ● 全顎抜歯の6カ月後
図5.7，5.9の猫と同一症例の，全顎抜歯後6カ月後の口腔内の様子

2-5 犬における接触性口内炎

犬においても，猫の歯肉口内炎と同様に，激しい口内炎を起こす場合がある（**図5.11**）．歯石の沈着は重度ではないが，歯肉と粘膜に激しい口内炎を起こす．特に歯の表面に接触する部位に慢性の進行性の激しい炎症を起こし，広範囲な潰瘍と疼痛をもたらす．

疼痛により顔や口を触られることを極端に嫌がり，飼い主に口の中を見せたがらないため，状況が把握されにくい．重度な口臭と流涎が特徴的である．口内炎の経過が長く，口唇が慢性炎症のため線維化することで伸展性が低下し，開口障害を伴う症例も多い．

治療としては，口腔内の細菌を減らすことが目的となる．そのため，猫と同様に患部周囲の歯を抜歯することと，口腔内衛生環境の徹底した改善が必要となる．全臼歯抜歯が適応となる場合が多く，稀に全顎抜歯を行う場合もある．

また，歯が残った場合，通常の症例に比べ，頻回なスケーリング，自宅での積極的な口腔内の洗

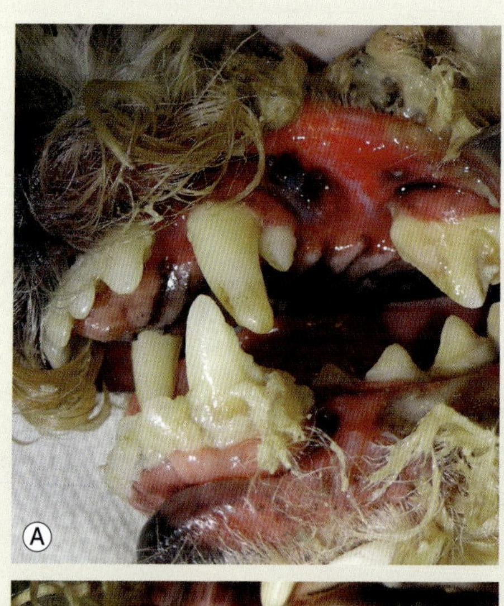

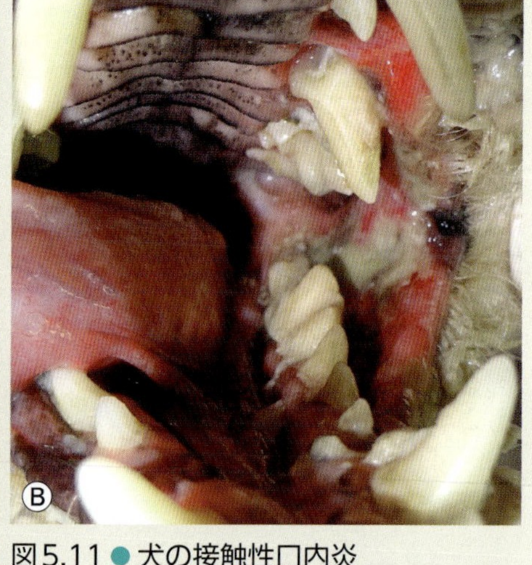

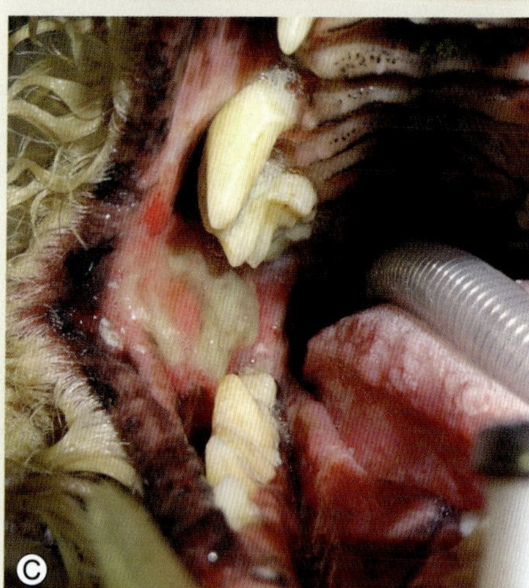

図5.11 ● 犬の接触性口内炎
トイ・プードル，8歳齢．歯石の沈着は軽度だが，歯垢が多くみられた．口を触ると痛がり，涎が多く口臭が酷い．口唇の内側に潰瘍が広範囲に認められ（Ⓐ），瘢痕化し，開口しにくい状態であった（Ⓑ，Ⓒ）．舌の右側面にも広範囲なびらんがみられた（Ⓒ）．

浄と口腔内善玉菌の投与，インターフェロンαなどによる口腔内の炎症を抑え続ける管理が必要である．

CHAPTER

6 適切な歯科予防処置とホームデンタルケア

歯周病を予防するためには，あるいは軽度から中度の歯周炎の進行を抑制するためには，動物病院での歯科予防処置とホームケアの両方が欠かせない．適切な歯科予防処置のスキルを習得するとともに，飼い主にホームデンタルケアの重要性を理解してもらうことが，犬や猫の良好な口腔内の状態に直結する．

1 歯科予防処置

1-1 歯科予防における動物病院の役割

▶ **Point**

・動物病院での定期的な歯科予防処置と，家庭でのデンタルケアが歯周病予防の二本柱．
・飼い主へのアドバイスも動物病院の役割である．

動物病院で約6カ月ごとに行う定期的な歯科予防処置と，家庭での毎日のブラッシングによるデンタルケアは，歯周病予防における二本柱であり，そのどちらが欠けても犬と猫の口腔衛生を良い状態で維持することはできない（**表6.1**）．

しかし，多くの飼い主は歯冠部分の汚れは気にするものの，外見ではわからない歯周ポケットについてはあまり意識していないことがほとんどである．

そのため，動物病院での定期的な歯のクリーニングにはなかなか足が向かず，またホームケアにおいても歯冠部分をガーゼで拭いて終わりにするなどの不十分なものになってしまい，結果として犬と猫の歯周病を進行させてしまう．

つまり，犬と猫の口腔内を良好な状態に維持するための第一歩は，動物病院による飼い主へのアドバイスであるということが言える．他の疾患の予防を勧めるのと同じように，歯科についても予防を勧め，医院全体で積極的に歯周病についての説明などを行っていくことが，動物病院には求められるのである．

表6.1 ● 歯科予防の概要

動物病院によるケア	家庭でのデンタルケア
①飼い主教育の継続的な実施 ②歯科処置についての説明 ●処置前に，麻酔を含めた歯科処置内容を十分説明する． ●専門的な処置が必要な場合は，専門医などを紹介する． ③動物病院での歯科予防処置や抜歯などを行う． ④アフターフォロー ●処置後に，口腔内の状態の写真などを用いて説明し，ブラッシングなどのホームケアを指導する． ●ホームケアを継続できるように，その後も繰り返し来院させ，フォローする．	①ブラッシングのしつけ ②食事，食事方法のコントロール

とはいえ，歯科疾患の治療に訪れるケースならともかく，歯科疾患の徴候が特にない段階で，動物病院での歯科予防処置とホームケアの重要性を飼い主に理解してもらうことはなかなか難しい．健康診断の一環として歯科検診を勧めるのが良いだろう．

1-2 歯科予防処置に使用する器材

▶ Point

- **歯科予防処置とは，歯面から歯垢・歯石・着色を除去し，再付着を予防する処置のことである．**
- **器材の選択には，専門的な知識が必要となる．**

歯科予防処置とは，スケーリング，ルートプレーニング，キュレッタージ，ポリッシングなどを行うことによって，歯面（歯冠および歯根の表面）から歯垢・歯石・着色を取り除き，再付着を予防する処置のことである（キュレッタージは，本来，歯周外科の処置であるが，ここでは一緒に説明する）．

一般的に歯肉炎や軽度から中程度の歯周炎では，歯科予防処置によって局所の刺激因子を除去することで，炎症を抑え，歯周組織を維持回復し，歯の喪失を防ぐことが可能である．

歯科予防処置に伴う技術は，実習などで修練すれば，比較的短期に身につけることができる．また，高額な器材がなくても，基礎的な器材と歯科用X線で日常の歯科診療の多くをカバーすることができるようになるため，是非とも修得しておきたい技術だといえる．

なお，歯科予防処置で改善できない場合は，歯周外科処置や抜歯（**第7章**参照）などを行うことになる．

以下に，歯科予防処置に必要と思われる器材を列記しておく．犬と猫の歯科に使用する器材は，一部に犬と猫専用のものもあるが，人用の歯科器材を多く使用している．実際に購入する段階では，多くのメーカーが多様な製品を販売しており，適切な選択は容易ではないため，すでに歯科処置を行っていて専門的な知識のある獣医師に相談するか，講習会などを受講してから購入を検討することをお勧めする．

■ 歯周プローブ

目盛りがついている探針であり，歯周ポケットに挿入し，歯周ポケットや歯肉の退行を測定する（**図6.1**）．評価は歯ごとに行い，歯周ポケットや歯肉の退行があった場合は，デンタルチャートに記載する．同時に，根分岐部病変なども評価する．歯科X線とともに歯周病の進行程度を評価するために不可欠な器具である．

■ デンタルミラー

臼歯の遠心（尾側）面など，見えにくい箇所の確認や処置の際に有効である（**図6.2**）．ミラーとしての活用だけでなく，メスやバーなどの刃物を使用する際に，舌などの組織を保護することにも役立つ．

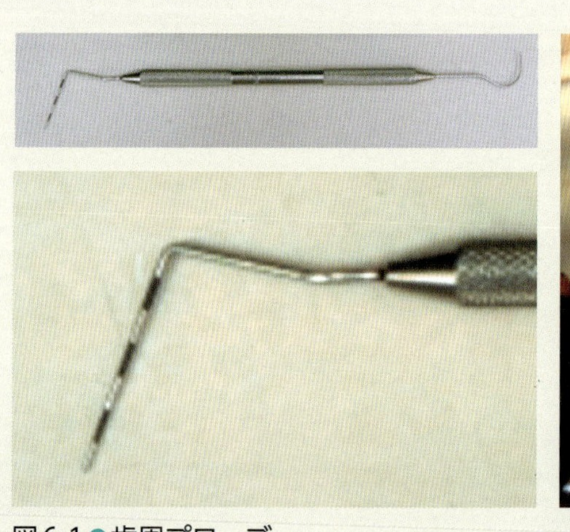

図6.1●歯周プローブ
本体の目盛りで歯周ポケットの深さを測定する．

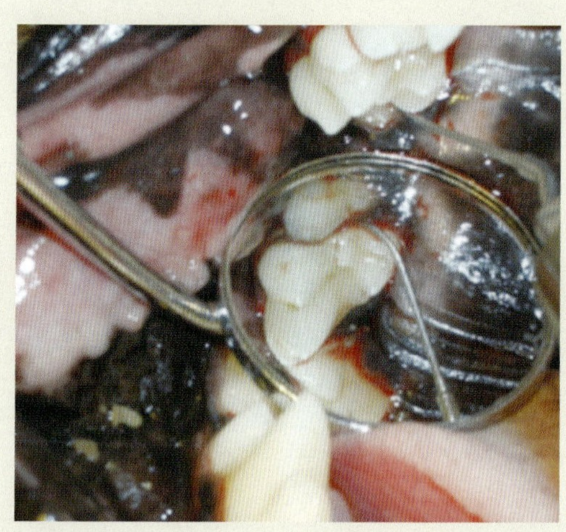

図6.2●デンタルミラー
通常は見えにくい上顎第一後臼歯の遠心面も確認できる．

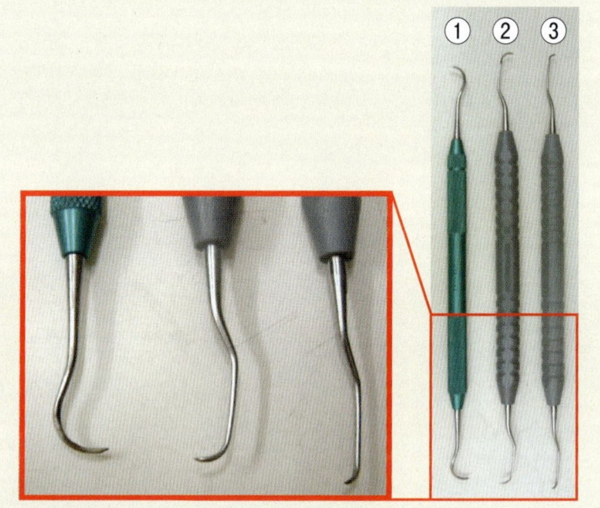

図6.3●ハンドスケーラー
シックルタイプスケーラー（①）とキュレット（②，③）

■ ハンドスケーラー

ハンドスケーラーには，シックルタイプスケーラー（鎌型スケーラー），キュレット（鋭匙型スケーラー），ホウタイプスケーラー（鍬型スケーラー），チゼルタイプスケーラー（のみ型スケーラー），ファイルタイプスケーラー（やすり型スケーラー）の5種類がある．そのうち小動物では，シックルタイプスケーラーとキュレットが用いられる（**図6.3**）．キュレット（鋭匙型スケーラー）は先端が丸く，シックルタイプスケーラーは先端が尖っている（**図6.4**）．シックルタイプスケーラーは歯冠部の歯石除去に使用する器具で，キュレットでは届かない歯間の狭い部分や細かい部分のスケーリング時に使い勝手が良い．ただし，先端が尖っているため歯肉縁下には使用できない．

キュレットは歯冠部と歯肉縁下の双方に使える器具で，両刃のユニバーサルキュレットよりも片刃のグレーシーキュレットがポケット底部への到達性が良いのと歯面を傷つけることが少ないため，現在，最も用いられている（**図6.5**）．グレーシーキュレットには様々な種類があり，アフターファイブと呼ばれるものはシャンク（頸部）が長く，深いポケットには使いやすい．またミニファイブと呼ばれるものもブレード（先端の刃）が短く，前歯部のように狭く細かいところには使いやすい．

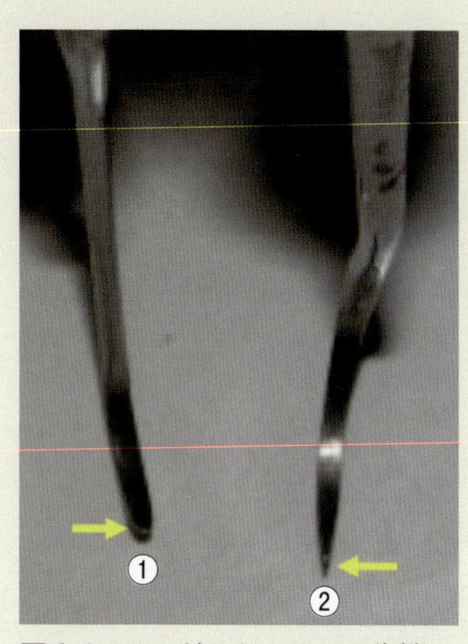

図6.4●ハンドスケーラーの先端
先端が丸いキュレット（①）と，先端が尖っているシックルタイプスケーラー（②）

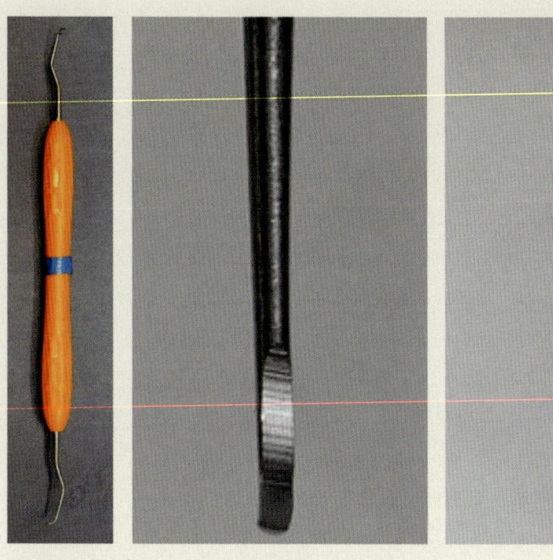

図6.5●グレーシーキュレット
下がっている部分がブレード（刃）になっている．

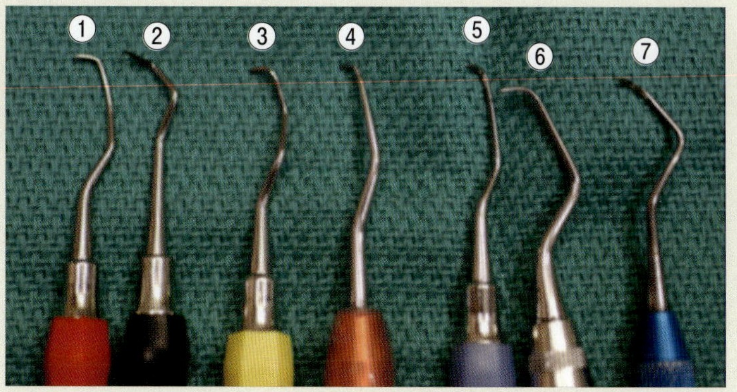

図6.6●キュレット
キュレットには様々な種類がある．犬や猫に使用する場合は，4，5番目のように先端がまっすぐなものが使いやすい．

キュレットは使用する歯（人間の歯）によって種類が分かれており，それぞれに番号がつけられている．前歯部用の＃1～6が犬と猫には使いやすい．#7～14は人間の臼歯用でシャンクが複雑な形状のため，犬と猫では使いづらい（**図6.6**）．

■ 超音波スケーラー

超音波スケーラーの振動方式は，ピエゾ式（電歪式）とマグネット式（磁歪式）の2種類が主体である（**図6.7**）．現在，出力の大きいピエゾ式が多く用いられている．ピエゾ式の振動は直線的で，チップの作業面は側面の1面である．一方，マグネット式の振動は，楕円振動であり，チップの作業面は，側面，内面，背面の3面となっている．使用する超音波スケーラーの方式によって，作業面に気をつける必要がある．

動物病院で通常用いられているチップは主に歯冠部の除石用だが，機種によっては歯肉縁下用のチップが販売されており，歯肉縁下（歯周ポケットの中）の歯石も除去できる（**図6.8**）．超音波スケーラーは振動によってチップ先端に熱が生じるため，必ず水で冷却しながら使用する．

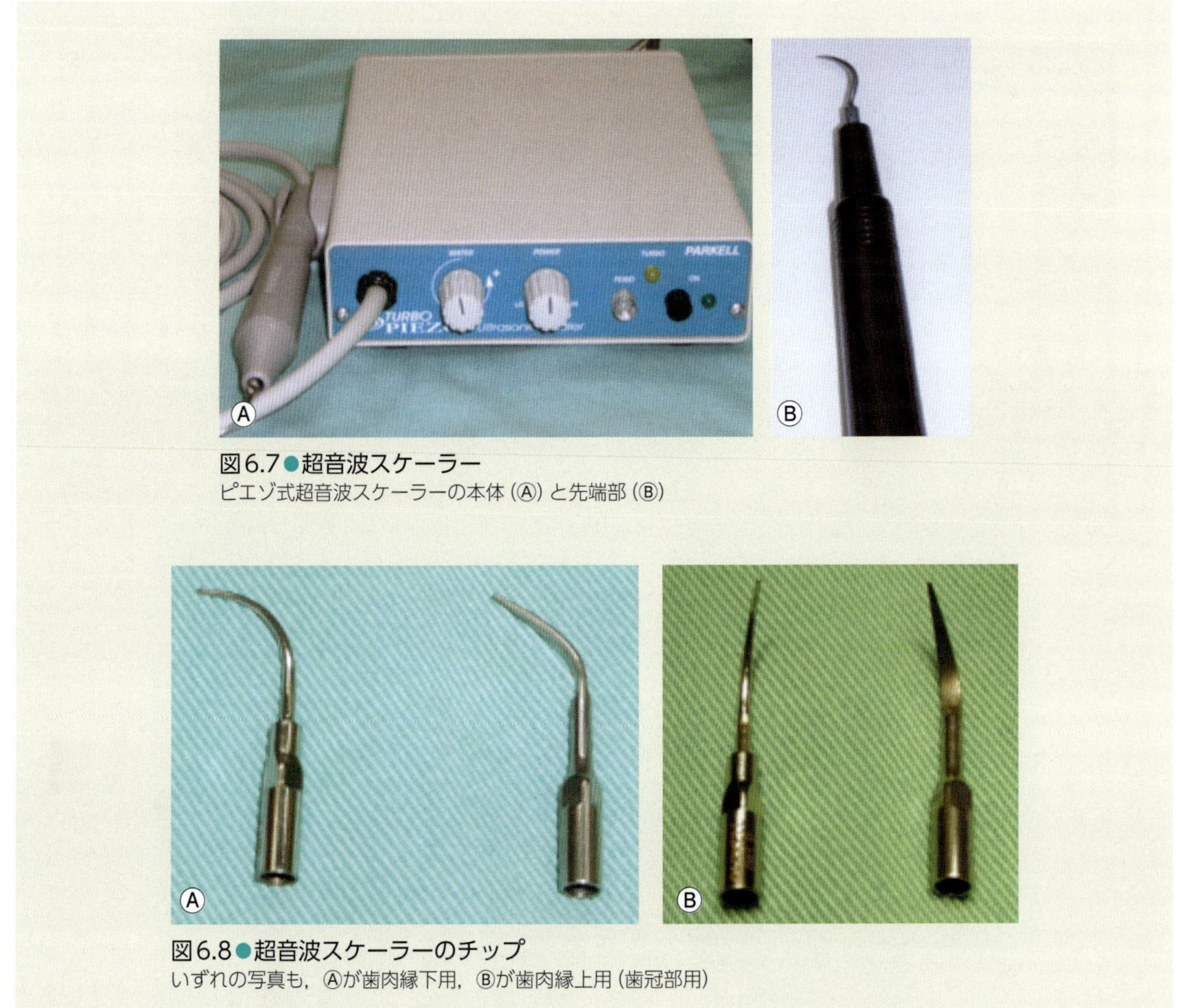

図6.7●超音波スケーラー
ピエゾ式超音波スケーラーの本体（Ⓐ）と先端部（Ⓑ）

図6.8●超音波スケーラーのチップ
いずれの写真も，Ⓐが歯肉縁下用，Ⓑが歯肉縁上用（歯冠部用）

■ マイクロエンジン

マイクロエンジンは各社から単独あるいは超音波スケーラーと一体になったものが販売されている．また歯科ユニットにも装備されている．

ベースのマイクロエンジンにハンドピース（ストレート型とコントラアングル型がある，**図6.9**）を装着して使用する．研磨やポリッシングにはコントラアングル型のハンドピースを用い，ウサギの臼歯の切削にはストレート型を用いる．

ポリッシングの際にはコントラアングルのハンドピースに，RA（ライトアングル）バーのポリッシング用ブラシ（**図6.10**）かラバーカップを装着し，低回転（1,000～10,000 rpm）で行う．切削，研磨などは高回転（30,000～100,000 rpm）で行う．ただし切削はエアタービンの方が効率的である．

■ RAバー（ライトアングルバーもしくはラッチタイプバー）

上記マイクロエンジンのコントラアングルハンドピースにつけて使用する．これにはRAタイプのバーを装着する．低速でトルクがあるため，切削用のバーや研磨のためのストーンやディスクなどを付ける．前述のポリッシング用のプロフィカップやブラシもつけられる．後述のエアタービン（ハイスピードハンドピース）に用いるFGバーとは形態と使用法が異なるので注意する．

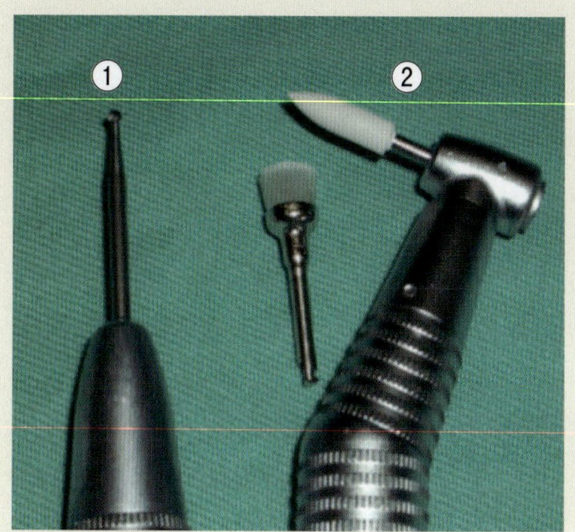

図6.9●ハンドピース
①はストレートハンドピース．②がコントラアングルハンドピース．先端を取り替えて使用できる．

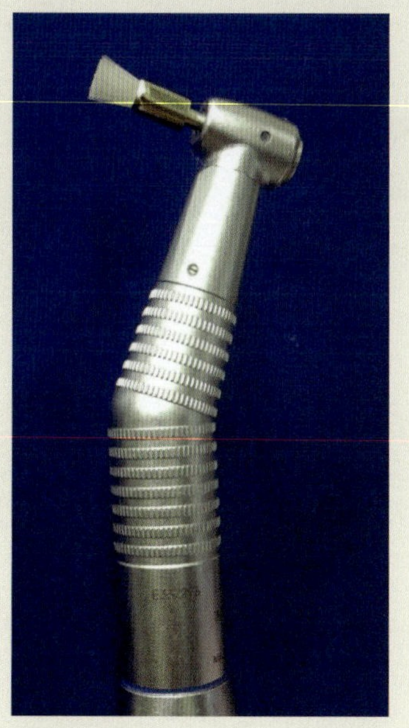

図6.10●ポリッシング用のプロフィブラシ

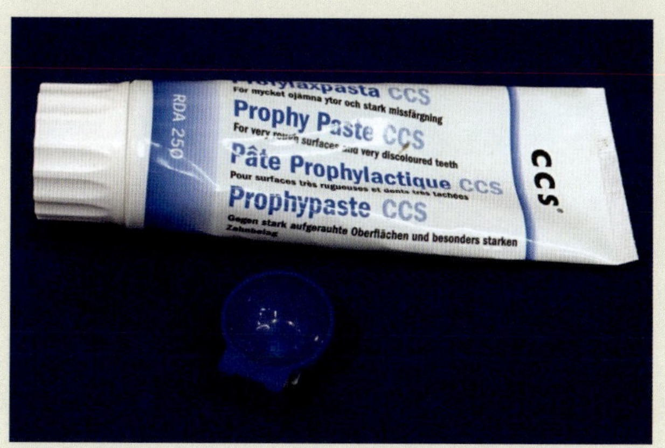

図6.11●ポリッシングの際に使用する研磨用のペースト

■ プロフィペースト

ポリッシングの際に使用するペースト（**図6.11**）．粗めのものと，仕上げ用の細かいものの2種類が必要である．

■ 歯科ユニット

ほとんどの動物病院は超音波スケーラーとエレベーターを所持している．しかしそれだけでは予防的なスケーリングだけしか行えず，歯科治療の幅がかなり狭くなる．歯科ユニット（**図6.12**）は，歯周病だけでなく，抜歯，矯正，保存修復，歯内治療，口腔外科などの歯科治療を行ううえで必要である．

歯科ユニットは様々な会社から販売されている．基本の装備は，超音波スケーラー，エアタービン（ハイスピードハンドピース），マイクロエンジン（ロースピードハンドピース），スリーウエイシリンジ，吸引器である．

歯科ユニットは動力源により，大きく分けて3通りある．①エアコンプレッサーを装備しており

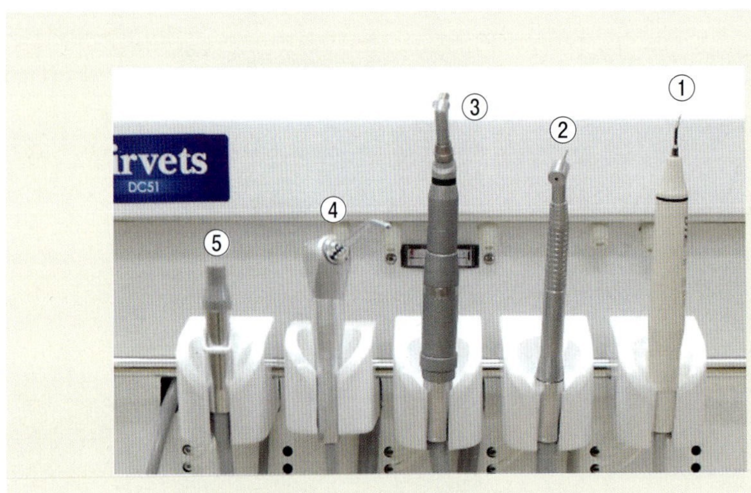

図6.12●歯科用ユニット
①超音波スケーラー
②エアタービン
③マイクロエンジンコントラアングル
④スリーウエイシリンジ
⑤サクション

圧縮空気でエアタービンなどを動力源としているタイプ，②電動モーターを動力源としているタイプ，③その両方を装備しているタイプがある．いずれにしても，歯を切削研磨するために高速回転で作業するもの（ハイスピードハンドピース）と研磨やポリッシングなどをするために低速回転で作業するもの（ロースピードハンドピース）が装備されている．

以下，歯科ユニットの装備についてそれぞれ簡単に説明する．

超音波スケーラー

超音波スケーラーは，ピエゾ型が主体である．超音波スケーラーの先端のチップには，歯肉縁上用（歯冠），歯肉縁下用，歯肉縁上縁下共用のものがある．メーカーによってチップの形状や使用目的は異なる．使用方法は後述する．

マイクロエンジン

低回転（1,000～10,000 rpm）でポリッシングを行い，高回転（30,000～100,000 rpm）で切削，研磨などを行う．

エアタービン（ハイスピードハンドピース）

空気圧により高回転（200,000～400,000 rpm）させるため効率よく切削などができる．抜歯や，より少し進んだ歯科治療をするためには欠かせないものである．エアタービンにはコントラアングル型のハンドピースを装着する．コンプレッサーが必要なため，写真のようにユニットになっている．エアタービンには後述（**第7章**参照）のFG（フリクショングリップ）のバーが各種必要となる．

歯科ユニットには，上記以外にも，水と空気をそれぞれ単独もしくは霧状に噴霧できるスリーウエイシリンジ，水などを吸引するサクションなどがセットになっている．購入の際は150～200万円程度の初期投資が必要であるが，歯科X線装置同様，歯科ユニットを導入すれば歯科治療の幅が広がり，かなり使用頻度が多くなる．投資の価値は十分あると思われる．

1-3 歯と歯周組織の評価におけるプロービングの重要性

▶ **Point**

- 歯周組織の評価には，プロービングと歯科X線検査が欠かせない.
- 歯周組織の重要な評価ポイントはアタッチメントロスの有無. 歯周ポケットだけでなく歯根露出も含まれる.

実際の臨床では，歯科予防処置は以下の流れで行われる.

麻酔下での口腔内の視診，触診

プロービングと歯科X線検査による歯周組織の評価

必要に応じて歯肉縁上（歯冠部）と歯肉縁下（歯周ポケット）の歯垢・歯石を除去

歯と歯周組織の評価ポイントは，歯肉の炎症程度，プラークの付着程度，歯石の付着程度，根分岐部病変の程度，動揺度，そして歯周ポケットの深さなどである. これらは治療経過を評価するためにも，デンタルチャートにチェックしておく必要がある（**図6.13**）.

さて，これまでにも何度か述べてきたように，歯と歯周組織を評価するうえでは，プロービングと歯科X線検査が不可欠である. 歯科X線検査については，**第3章**で詳しく解説しているのでそちらを参照されたい. ここでは，プロービングについて解説をしておく.

■ プロービングの方法 DVD チャプター4, 5

プロービングでは，歯周プローブを用いて歯周ポケットの深さを測定するだけでなく，歯肉増殖や後退の測定，歯根面の歯石などの触知，炎症の程度による出血のしやすさ[註1]，根分岐部病変の程度などを総合的に調べる（**図4.11**参照）.

ヒトの場合は，プロービングでは歯の周囲を4点法や6点法で測定することが多いが，犬と猫では個々の歯の形状が大きく異なるため，歯の周囲全体を回すようにして測定する方法が適切であると思われる.

プロービングを行う際には，軽い一定の力（約25g）で測定する. それ以上の力を入れてしまうと，歯周組織を傷つけてしまうことになる.

また，後臼歯や口蓋側，舌側などの見にくい箇所や根分岐部は，歯周病になりやすく見落としがちな部分でもあるため，丁寧にプロービングを行うべきである.

▶註1　通常プロービングでは出血しないが，歯肉炎や歯周炎の場合は容易に出血する.

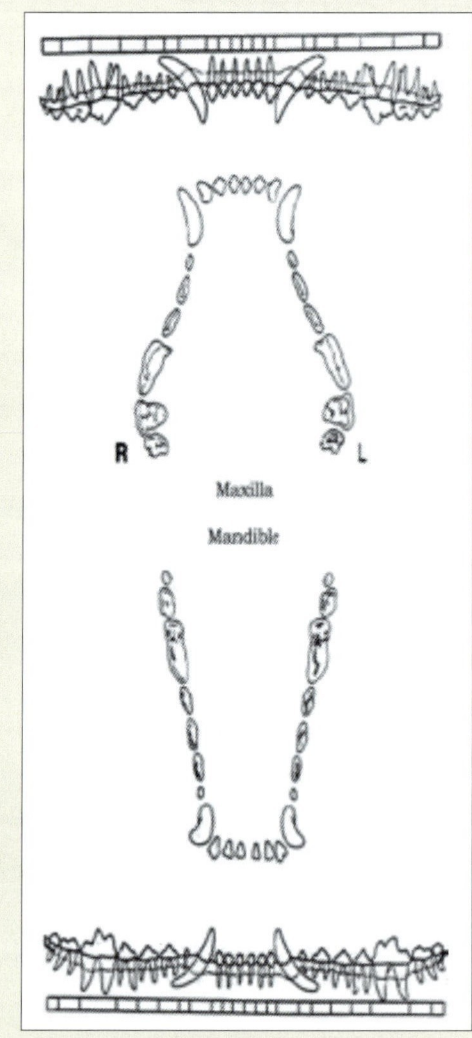

図6.13●デンタルチャート
歯や歯周組織の異常を記録しておく．例えば歯周ポケットが3mmあった場合はP(3)．抜歯した歯は×と記載する．

歯周病指数

歯石指数（CI）

C0：歯石の付着が0%
C1：歯石の付着が歯冠の面積に対し25%未満の状態
C2：歯石の付着が25～50%の状態
C3：歯石の付着が50%を超える状態

歯肉炎指数（GI）

G0：歯肉炎がみられない状態
G1：歯肉の縁が軽度に赤く腫れており，プローブの挿入でも出血がみられない状態
C2：歯肉の縁が中程度に赤く腫れており，プローブの挿入で出血する状態
C3：歯肉の縁が重度に赤く腫れており，自然出血している状態

根分岐部指数（FI）

F0：根分岐部病変はみられない．
F1：プローブが多根歯の根分岐部に届かない程度の病変である場合
F2：プローブが多根歯の根分岐部に届き，分岐中央を越さない状態
F3：プローブが多根歯の根分岐部に届き，さらに分岐中央を反対側に貫通する状態

動揺度指数（MI）

M0：歯の動揺がみられない状態
M1：軽度の動揺．歯の動揺が1方向に1mmみれる状態
M2：中程度の動揺．歯の動揺が2方向以上に1mmみられる状態
M3：重度の動揺．歯の動揺が2方向以上に2mm以上の動揺がみられる状態

歯周病指数（PD）

PD0：異常はみられない（たとえ歯石が付着していても歯肉炎も歯周炎もない状態）
PD1：歯肉炎のみ．歯槽骨の喪失はみられない
PD2：軽度の歯周炎の状態．アタッチメントロス＊が25%未満でみられるか，F1の状態
PD3：中程度の歯周炎の状態．アタッチメントロスが25～50%でみられるか，F2の状態
PD4：重度の歯周炎の状態．アタッチメントロスが50%以上でみられるか，F3の状態

＊歯根長〈セメントエナメル境から歯根の先端まで〉に対する歯槽骨の喪失の割合）

■ プロービングの評価

正常な歯肉溝は小型犬では1～2mm，大型犬で1～4mm（4mmは犬歯），猫で1mm程度である．それ以上の場合は異常であることが多い．

歯肉炎の場合は，**第4章**で詳しく記述しているように，歯槽骨の破壊はみられず，遊離歯肉が増大したことによる仮性ポケットが深くなる．一方，歯周炎では，付着歯肉や歯槽骨が破壊され，アタッチメントロスが発生し，歯周ポケットが深くなる．

歯肉炎の場合は，仮性ポケットができ，歯肉溝がやや深くなる．この段階からさらに根尖に向かって歯周ポケットが深くなることは歯周組織の消失を意味し，歯周炎と考えられる．

一方，歯根部が露出している場合には歯周ポケットは深くならないが，この場合も根尖方向に歯肉の付着位置が移動し（＝アタッチメントロスが進み），歯周炎が進行している状態である．

つまり，歯周組織の評価においては，このアタッチメントロスの程度が大きな意味を持つ．歯が歯垢や歯石で汚れていても，歯周ポケットが深くなく，歯槽骨の吸収が伴っていなければ歯周炎（辺

縁性）ではなく，正常もしくは歯肉炎の段階である可能性がある．

この場合は，通常は歯科予防処置で健康な歯と歯周組織に戻すことが可能であり，処置後にホームケアを行うことで口腔内を健康な状態で維持することができる．

一方で，歯自体に歯垢や歯石がなくきれいな状態であったとしても，アタッチメントロスが大きく，歯槽骨の吸収がみられる場合はすでに歯周炎の段階であり，処置をしても歯周組織は元には戻せないことが多い．

また歯周炎の程度によっては歯科予防処置のみでは不十分なことも多く，抜歯や歯周外科処置が必要となる．

この場合はプロービングだけでは判断できないことも多いため，歯科X線検査が必要となる．特に根尖部の病巣はX線検査なしには判断できない．

1-4 歯科予防処置の内容

▶ Point

- **間違った歯科予防処置によって，逆に歯や歯周組織を傷つけてしまうことがあるので慎重に行うこと．**
- **ルートプレーニングは指先の感覚が重要である．**

本項では，歯科予防処置の具体的な内容であるスケーリング，ルートプレーニング，キュレッタージ，ポリッシングについて，それぞれの概要を解説していく．

■ スケーリング DVD チャプター 8, 9

スケーリングとは

麻酔下でハンドスケーラーや超音波スケーラーを用いて，歯肉縁上および縁下の歯面から歯垢・歯石を除去することである．無麻酔下で，鉗子などで歯石を「バキッ」と取るというような例を耳にすることもあるが，そうした方法では歯の表面に歯垢・歯石が粗く残り，歯垢・歯石が再付着しやすいため，ほとんど意味をなさない．やはりスケーラーで丁寧に取る必要がある．

注 意

無麻酔での歯石取りは危険で，良いことは一つもない処置である．

歯の見える部分の歯石のみを除去しても，歯間や歯周ポケット内部の歯石・歯垢は除去できない．すなわち，歯周病の治療や予防にもならない．

また，歯や歯周組織を傷つける可能性が高く，危険性が高い．さらに，犬猫に意識下で痛い思いをさせ，恐怖心を与えてしまう．

補足だが，現在獣医師によらない者による無麻酔スケーリングなるものが横行している．犬猫などの動物の歯科治療は，獣医師法により獣医師のみが実施できると定められている．注意してほしい．

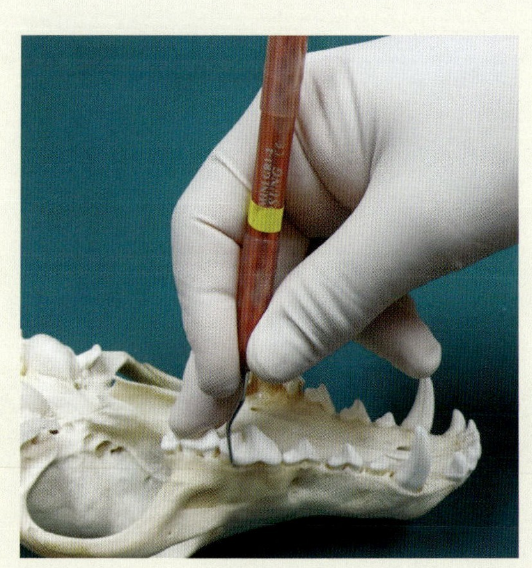

図6.14●キュレットとシックルスケーラーの持ち方
①エンピツを握るようにキュレットを持ち，薬指を支持指として他の歯に固定
②手首の回転で歯に平行に引き上げる．
③円柱型の歯根に沿って1周する．

なお，進行した歯周炎の場合は，スケーリングなどの処置により一時的に歯周病菌による菌血症になりやすいため，処置前に抗菌薬の前投与を行う．

ハンドスケーラーの使い方

親指，人差し指，中指でスケーラーを持ち，空いている薬指で歯に支点を取りながら，スケーラーの刃を歯冠に当て，ストロークを繰り返すことで歯石を取る（**図6.14**）．

ハンドスケーラーによるスケーリングは使い慣れないと時間がかかるため，超音波スケーラーの方が一般的には使いやすい．

また，鎌型スケーラーの先端は尖っており，エッジも鋭いため歯肉縁下には使用できない．

超音波スケーラーの使い方

スケーリングを行う際には，はじめに大きな歯石を抜歯鉗子などで軽く除去し，次に0.1～0.2%に希釈したクロルヘキシジンなどで口腔内を洗浄する．

超音波スケーラーのチップは超音波振動により高熱になるため，先端から水を霧のように出し，チップ自体と歯の冷却を行いながら用いる（**図6.15**）．同時にこの水は，除去した歯垢・歯石を洗浄する役割もある．

注 意

超音波スケーラーによるスケーリングは周囲へ歯垢中の細菌の飛沫汚染をもたらす．処置中は獣医師ならびに動物看護師も外科用マスクを着用すべきである．同じ理由から，外科手術の前にはスケーリングなどの手技は行うべきではない．

また，チップから出る水や，除去した歯石が喉に入り込まないように，動物の頭は必ず真横か下向きのポジションを取ること．

図6.15●超音波スケーラー
チップ先端から水を霧のように出すことで，チップ自体と歯を冷却する効果がある．

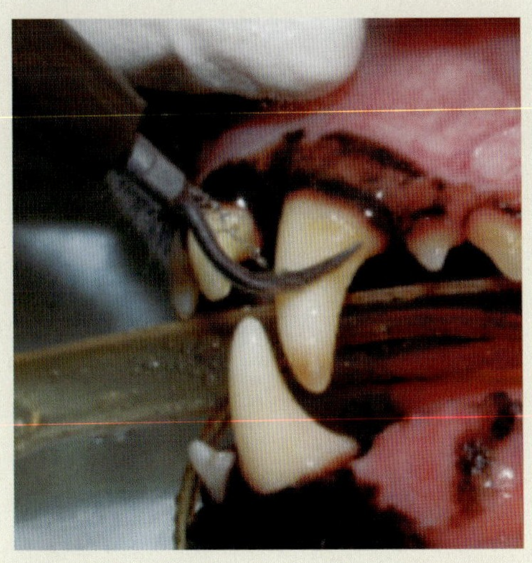

図6.16●超音波スケーラー
超音波スケーラーは，必ずチップの側面を使用すること．垂直に当ててしまうと歯を傷つけてしまう．

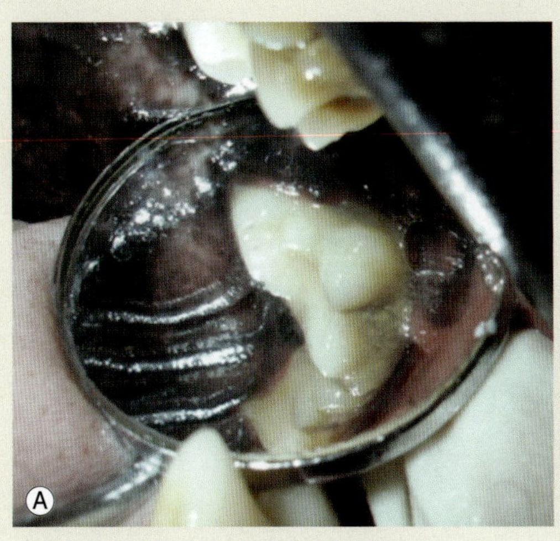

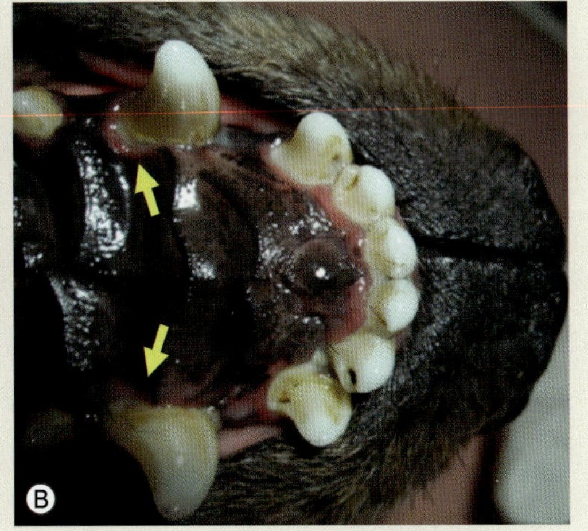

図6.17●見えにくい部分の観察
左上顎第１後臼歯の遠心面をミラーで視診（Ⓐ）．左右上顎犬歯の口蓋側の歯周ポケット．排膿がみられる（Ⓑ）．

また，超音波スケーラーを使用する際には，歯面を傷つけないように注意する必要がある．まず，超音波スケーラーの強度はあまり上げすぎてはいけない．そして，スケーリングの際に歯面に対してチップの先端を垂直に当ててはいけない．超音波スケーラーは，必ずチップの側面で使用することが基本である（歯面に対して15度以内が良い）（**図6.16**）．

実際の処置においては，チップには圧力をかけずに，それぞれの歯の近心・遠心・頬側・舌側の4面を意識して，一つの歯に対して連続10秒以内でスケーリングを行う．それ以上の時間をかけてしまうと歯髄に熱によるダメージを与えてしまうため，スケーリングが不十分なときは他の歯にいったん移動し，その後に再度その歯に戻ってスケーリングの続きを行うようにする．また，肉眼で確認しやすい頬側は歯垢・歯石を除去しやすいが，口蓋側や舌側，歯間は見えにくいため，ミラーを使用したり，反対側から見るなど丁寧に行う必要がある（**図6.17**）．

なお，超音波スケーラーの歯肉縁上用のインサートチップ（通常スケーラーに付属しているチップ）では歯肉縁下のスケーリングはできない．歯肉縁下のスケーリングは，歯肉縁下用のチップを

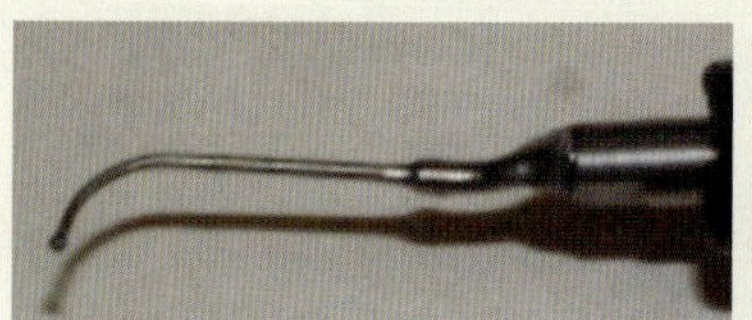

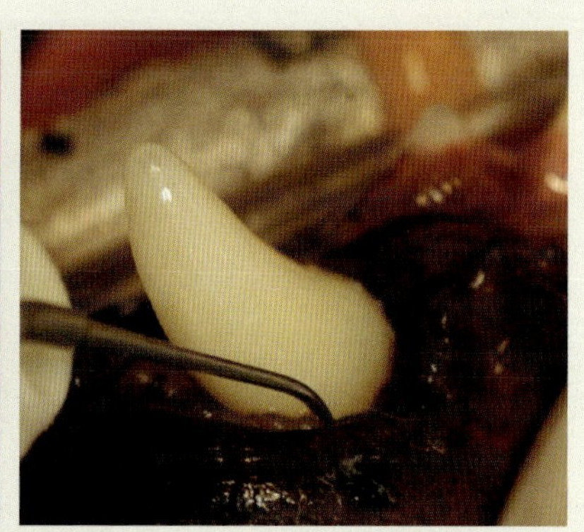

図6.18● 超音波スケーラーの歯肉縁下用チップ(上)を使用した歯肉縁下のスケーリング

つけた超音波スケーラーで行う．歯肉縁下用チップは当てる角度が決まっているわけではないため，歯根面を傷つける可能性も少なく，初心者向けだといえる(**図6.18**)．ただし，歯根面の感覚が指先に伝わってこないため，きちんと歯石などが除去できているかどうかの確認はエキスプローラーなどで行う必要があることと，処置全体で時間がかかるというデメリットがある．

■ ルートプレーニング DVD チャプター 10, 11

ルートプレーニングとは

ルート(歯根)プレーニング(滑沢化)とは，歯周ポケット内の歯根表面の不良組織を削り取り，滑沢にする処置のことをいう．つまり，歯根の表層を覆っている歯垢・歯石などの不良物や，歯根表層の不良なセメント質や象牙質をキュレットを用いて取り除くことである．ルートプレーニングにより，粗ぞうな歯根面が滑沢化されることで，歯周組織と歯根面の再付着を促進する．

なお用語的には，ルートプレーニングは主に歯周ポケット(歯肉縁下)の処置を指し，スケーリングは主に歯冠部(歯肉縁上)の処置を指すものである．

ルートプレーニングの方法

歯根面は歯冠部と比較して，より傷つきやすいため，さらに慎重な操作が求められる．不良組織の切削が目的ではあるが，歯根面のセメント質などを過度に切削しないように注意する．大体の感覚としては，ヒトの爪に付着した汚れを削り取るようなイメージをしてもらうと良い．

キュレットの使用方法は，ハンドスケーラーと同様に親指，人差し指，中指でキュレットを持ち，薬指などで歯に支点を取り，キュレットのブレード(刃)の向きを歯根側に向けて歯周ポケットの底に入れ，引き上げながら歯根についた歯石などをいろいろな角度から削り取り，粗ぞうな歯根面を滑沢にする(**図6.19**)．キュレットが歯石などに引っかからなくなる程度まで(手元の感覚が「スッスッ」という感じになるまで)，垂直，水平，斜めの方向に数回ストロークを繰り返す．歯面に対するブレードの角度は，70～90度が目安となる(**図6.20**)．

歯周ポケットが4mm以下の場合は，歯肉部を切開せずに行う(クローズドルートプレーニング)．肉眼では見えにくい箇所であることに加えて，出血も伴うため，慣れない場合は十分にルートプレーニングが行われていない可能性がある．特に根分岐部の処置には熟練を要する．そのため，前述のようにキュレットやエキスプローラーで確認しながら行うか，エアブローを行って肉眼で確認する必要がある．

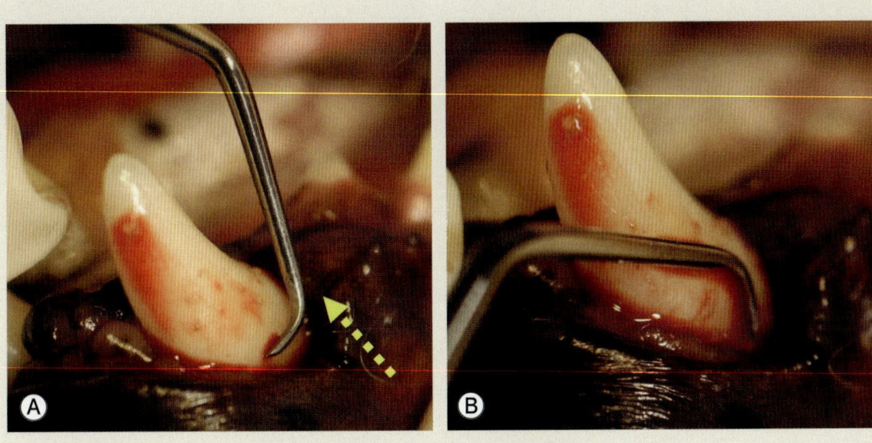

図6.19●キュレットを使用したルートプレーニング
様々な方向にキュレットを動かし，歯肉縁下の歯石などを除去する．

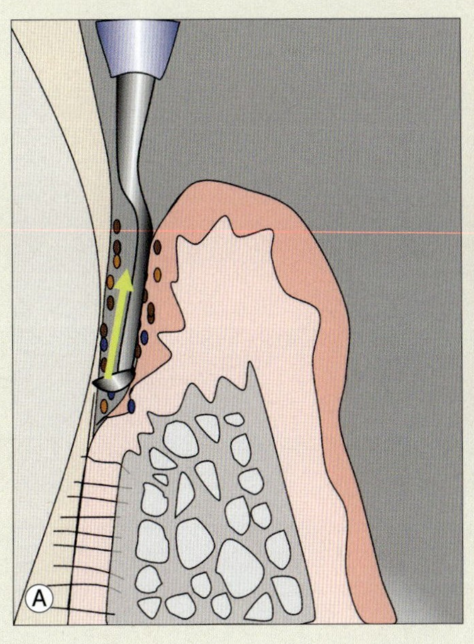

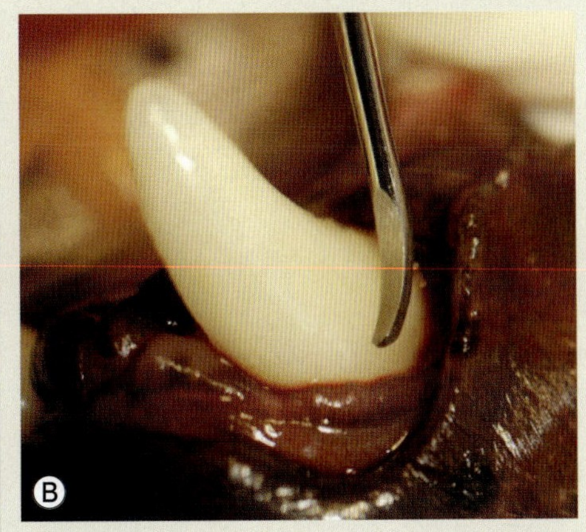

図6.20●グレーシーキュレットを使用する際の角度
ブレードの歯面に対する角度は70～90度を目安とする（Ⓐ, Ⓑ）．ルートプレーニングでは歯根に付いている歯石などを削り取る（Ⓐ黄色矢印）．

なお，歯周ポケットが4mm以上の場合には，歯周外科処置によって歯肉部を切開して根面を露出させたうえで行うことが多い（オープンルートプレーニング）．この方法については，続刊で解説する．

■ キュレッタージ　DVD チャプター 13

キュレッタージとは

ルートプレーニングを行った後，炎症を起こしている歯周ポケット内の不良な軟部組織（上皮と結合組織）を，キュレットを用いて除去する処置のことである．

キュレッタージの方法

刃の向きはルートプレーニングと逆に，歯周ポケット底にキュレットを入れ，歯肉の上から指でキュレットを押さえつつ引き上げることで歯周ポケットの内壁の不良な軟部組織を削り取る（**図6.21**）．通常は1～2回で除去できる．なお，ポケット上部にこの不良組織が正常な歯肉縁にくっついているため，不良組織縁を，メス，もしくは歯肉鋏や眼科鋏で切除する（**図6.22**）．

このことにより，不良な歯肉縁をデブライドできる．教科書的には，あらかじめキュレッタージ

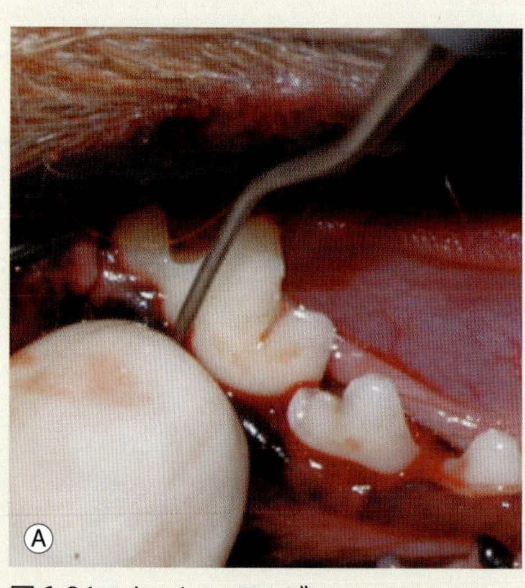

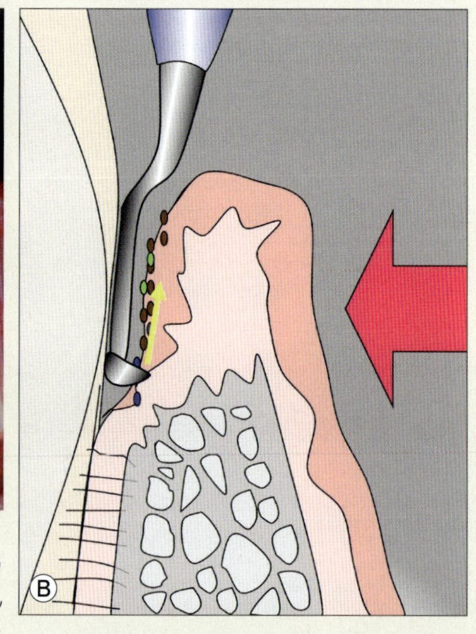

図6.21●キュレッタージ
歯肉の上から指でキュレットを押さえつつ（ピンク矢印）引き上げる（Ⓐ）．キュレットの刃の向きはルートプレーニングと逆方向に（Ⓑ）し，歯周ポケット内の不良組織を削り取る（黄色矢印）．

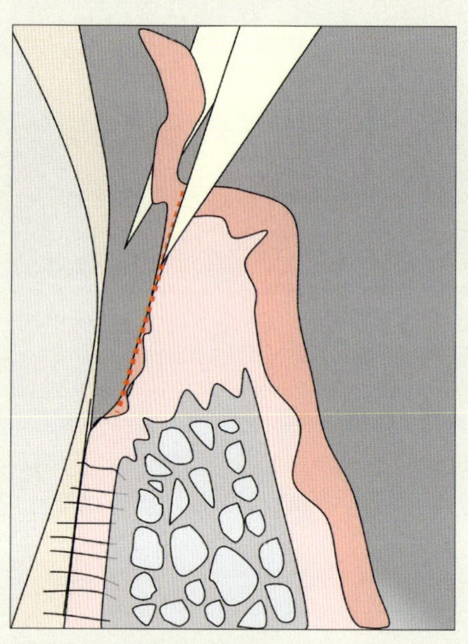

図6.22●歯肉縁の切除
メスや歯肉鋏で不良な歯肉片を切除

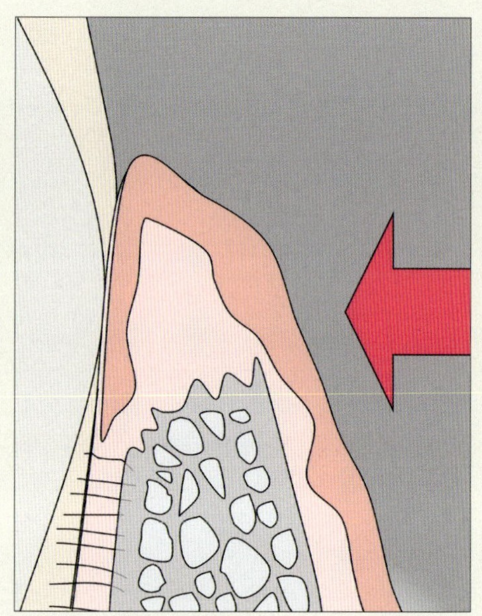

図6.23●再付着促進
きれいにした歯肉と歯根面を指で圧着し，再付着を促す．その後2週間はブラッシングを中止する．

より先に歯肉縁を45度くらいの角度でメスで切り取るように書いてあるが，大型犬の歯肉増生している場合以外は，実際には難しい．ルートプレーニングとキュレッタージの両方を行い，その後に必ず歯肉を歯根面へ圧着し，再付着を促す（**図6.23**）．処置後，2週間はこの部分のブラッシングなどを中止し，歯肉片が付着してからブラッシングを再開するべきである．

再付着することで，歯周ポケットがなくなり，歯肉組織を再生することができる．

■ ポリッシング DVD チャプター 12

ポリッシングとは

スケーリングを行った後の歯面には，細かく不整な凹凸が残る．これを研磨することで，プラー

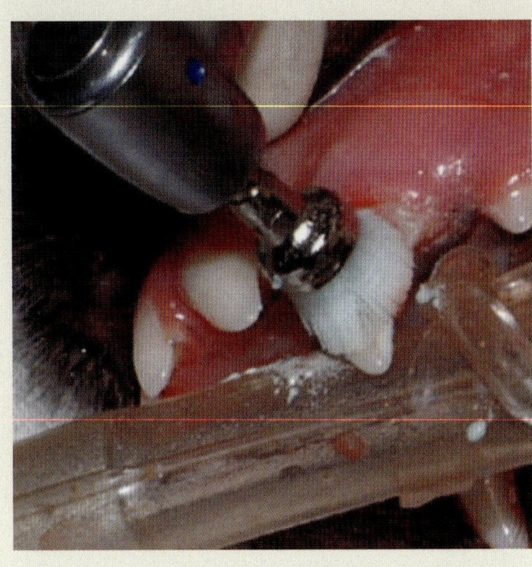

図6.24●ポリッシング
スケーリング後の歯面の凸凹を研磨して滑らかにする．写真ではブラシのカップを使用

クや歯石の再付着を防ぐことをポリッシングという（**図6.24**）．スケーリングの後には必ず行う．

ポリッシングの方法

マイクロエンジンのハンドピースにラバーもしくはブラシのカップを装着し，フッ素入りの研磨ペーストをつけて，低速かつ軽い力でポリッシングを行う．歯肉溝内にもわずかにカップを入れて研磨する．粗目のペーストで研磨した後，仕上げ用のペーストで研磨する．

ポリッシングの際は力を入れすぎたり，高速で行ったり，同じ歯に対して連続して15秒以上続けないように注意する．ポリッシング後は，余分なペーストを洗い流す．

2 処置後のアフターケア

抜歯の処置後でも歯科予防処置（スケーリングなど）の後でも，アフターケアは必要である．アフターケアは，次の歯科処置への予防の開始でもある．適切なホームケアが行われないと，歯垢歯石が早期に再付着し，歯周病が進行してしまうことになる．適切な術後ケアとホームデンタルケアを行い，動物病院での定期的な麻酔下での歯科処置を行いながら歯と口の健康な状態を維持することが大切である．

抜歯と歯科予防処置を行った場合のアフターケアについて解説する．

2-1 歯科予防処置のアフターケア

■ 術直後の管理

歯科予防処置の場合は，抜歯などの処置に比べ，軽い麻酔で短時間に処置するため，身体的な負担が少ない場合が多い．したがって，処置後の回復も早く，翌日からは通常の生活を送れる場合がほとんどである．抜歯などの疼痛や重大な感染症を伴うことも少ないので，家の人には以下のような指示をすることが多い．

・手術後から翌日まで麻酔の影響がすこし残ることがあり，吐く，咳をする，細かく震える，ふらつく，目がうつろであるなどの行動がみられることがあるため，**処置後は翌朝までは安静**にさせる．
・退院後に容態が悪化した場合は，電話で問い合わせてもらうか，診察を受けるように指示する．

■ 処置後の食事，散歩，処置部位の保護，再診と定期的な歯科処置について

図6.25のような指示書を書いて家の人に渡すと良い．

嘔吐や，食欲がない場合などは与えないように指示する．麻酔や前処置の薬剤の影響が残るため，すぐに水を与えずに，時間をあけてから与えるように指示する．

食事も2回ほどに分けて与えるように指示する．

処置後のケアについて

・投薬は通常不要

・処置当日　・水　＿＿＿＿＿時から＿＿＿＿＿ccずつ2～3回
　　　　　　・食事　＿＿＿＿＿時と＿＿＿＿＿時，夕食分を軟らかくして2回に分けて投与

・翌日以降　・食事は通常通りに与えてもらう．

・安静は当日から翌朝まで

・エリザベスカラー：不要

・デンタルケア：翌日から

・デンタルケアの方法：□歯ブラシ　□デンタルジェル　□AP水　□デンタルガム　□他

・おもちゃ，ガム，口を使った遊びなど：□可能，　□中止＿＿＿＿＿日間

＊再診は，歯科予防処置の場合は通常不要だが，必要に応じて指示する．
＊定期的な歯科処置や検査：　□半年後　□歯石や口臭がみられたらすぐに来院

口腔のチェックは，通常は半年後が多い，それ以外にも，歯石や口臭がみられたらすぐに来院を指示する．

患者の状態に応じて，自宅でのデンタルケアを指導する．できるだけ具体的に指導する．

その患者の歯や口の状態に応じて判断する．

図6.25●歯科予防処置後の注意点

2-2 抜歯のアフターケア

■ 術直後の管理

抜歯の場合は，前述の歯科予防処置とは異なり，疼痛管理，術創管理などが必要になることを，家の人に十分理解してもらう必要がある．また，高齢動物の場合には，多くの歯を抜歯したり，処置時間や出血量が多くなったりすることが多く，術後管理もより重要となる．必要に応じて入院での加療が必要となる場合もある．処置前にそれらのことをインフォームドコンセントしておく必要がある．

抜歯後は，家の人に以下のような指示をすることが多い．

- 抜歯の場合は原則縫合するが，溶ける糸を使うため抜糸は不要である．
- 上下犬歯を抜歯した場合や顎などの保護が必要と思われた際には，エリザベスカラーを装着させる際には，**必ず1日中装着しておく**ように指示する．食事の時に外す場合は，必ず家の人が側で観察し，犬猫が術創をいじらないようにする．
- 手術後から翌日まで麻酔の影響が残る場合があることを伝えておくべきである．吐く，咳をする，細かく震える，フラフラする，吠える，寝てばかりいる，目がうつろであるなどの行動が起こり得ることを伝え，**当日から翌朝までは安静**にするように指示する．
- 抜歯の後に鼻血がみられることがあるが，通常は翌日には止まることがほとんどである．しかし，継続するようなら来院するよう指導する．
- 退院後に容態が悪化した場合の対処方法も事前に伝えておくべきである．
- 手術後2～3日は発熱・元気・食欲不振・手術部位の腫脹，疼痛がみられることを伝えておく．必要に応じて来院させる．

■ 処置後の食事，散歩，処置部位の保護，再診と定期的な歯科処置について

図6.26に術後管理の指示書の例を記載した．このような指示書を書いて家の人に渡すとわかりやすい．

嘔吐や，食欲がない場合などは与えないように指示する．麻酔や前処置の薬剤の影響が残るため，すぐに水を与えずに，時間をあけてから与えるように指示する．

抜歯など疼痛を伴う処置では，3～6日ほどNSAIDsを処方する．

抗菌薬は，歯科予防処置の場合は不要．中程度から数本程度の抜歯であれば，1週間ほど処方．広範囲に重度の歯周炎がみられ，感染が重度であれば内服で2～4週間以上処方．もしくは，2週間有効な注射を1～2回投与する．

抜歯を伴う歯科処置後のケアについて

・投薬：□なし　□消炎剤：　　日間(処置翌日から)，□抗菌薬(内服，注射)：　　日間

・処置当日　・水：　　時から　　ccずつ2～3回
　　　　　　・食事：　　時と　　時，夕食分を軟らかくして2回に分けて投与

・明日以降　・食事内容，量，食事回数：　通常通り

・食事の形状：□通常通り，□すべて軟らかい食事　　日間
（ドライフードは熱湯をかけ，15分置いて，スプーンで潰す）

・安静：□通常通り　□軽く(排泄程度，走らない)　　日間
□室内で段差がない環境　　日間

・エリザベスカラー：□なし，□装着　　日間，24時間装着
□顎の下を洗う(鼻に向かって，拭いて乾かす)

・注意部位：□なし　□下顎，先端，後ろ　□上顎，先端，後ろ

上下犬歯の抜歯や，顎などの保護が必要と思われた場合には，エリザベスカラーを装着させる．犬歯の抜歯で通常2週間，顎が折れそうなほど重度な場合は4週間程度装着させる．

食事も2回ほどに分けて与えるように指示する．

抜歯後は，ドライフードや硬いものは，縫合部に負担をかけるため，すべての食事を柔かいものにしてもらう必要がある．

広範囲に抜歯した場合や，犬歯を抜歯した場合などは，縫合部が離開しやすいため，縫合部に負担がかからないように管理させる．さらに，家の人に注意すべき部位を伝え毎日チェックさせる．

安静については，処置当日はどの患者も安静が必要

図6.26●術後の注意点（□は選択して指示する）（続く）

抜歯後は縫合部保護のため，その程度により２～４週間程度中止させる．

患者の状態に応じて，自宅でのデンタルケアを指導する．できるだけ具体的に指導する．

抜歯後は縫合部の保護のため，その部位を避けて歯ブラシをさせるか，ジェルの塗布などのみを行わせるかを判断して，家の人に指示する．

・おもちゃ，ガム，口を使った遊びなど：□通常通り　□中止　　日間

・デンタルケア：□　　日間中止　□診察してから開始時期を指示

・デンタルケアの方法：□歯ブラシ　□デンタルジェル　□AP水　□デンタルガム　□他

再診予定日は全身状態，処置部の状態により変動します．毎回お電話などでご予約のうえご来院下さい．
下記以外でも具合が悪い場合はご来院下さい．ご不明な点はお問い合わせください．
1回目(　月　日～　月　日)　2回目(　月　日～　月　日)

＊定期的な処置や検査：　□通常は半年後　□歯石や口臭がみられたらすぐに来院

歯みがきができているか，１～２カ月後にチェックに来院してもらう．定期的な歯科予防処置は半年前後に必要に応じて行う．

抜歯の場合は，通常１～２週間後に再診に来てもらい，縫合部などのチェックを行う．

図6.26● (続き) 術後の注意点 (□は選択して指示する)

3 ホームデンタルケア

3-1 間違ったケアと正しいケア

▶ Point

・飼い主とのコミュニケーションがホームケアの第一歩.
・デンタルケアの基本は歯ブラシによるブラッシング.「硬いデンタルグッズ」は与えてはいけない.

抜歯や歯科予防処置を行った後の口腔内の衛生状態を維持するためには，ホームデンタルケアと動物病院での定期的な麻酔下でのケアが欠かせない．この項では，処置後の歯周病の進行を遅らせるためのデンタルケアを解説する．

■ 飼い主にありがちな誤解

これまでに何度も述べてきたように，「歯の汚れ」と「歯周病であるかどうか」ということには関係がない．見た目では歯がきれいであっても重度の歯周病に罹患していることはあるし，その逆もまた同様である．

しかし，飼い主は往々にして歯周病に関して誤解していることが多い．そして，同じことはホームケアについても言える．歯周病の章でも同様の内容に触れたが，改めて飼い主にありがちなデンタルケアの誤解について示しておく（**表6.5**）．飼い主とのコミュニケーションにおいて，このような誤解が見受けられた場合には，すぐに適切な指導を行う必要がある．

その際には，誤りを指摘するだけでなく，正しいデンタルケアについてしっかりと説明しておきたい．

以下の**表6.6**に正しいデンタルケアの基本を掲載した．

表6.5●飼い主にありがちなデンタルケアに関する誤解

- 歯はガーゼで磨いていれば大丈夫
- 歯が汚れていても，元気で食欲があれば病気ではない．
- 歯石除去は無麻酔で行える．
- 動物病院で歯の処置をすると，全身麻酔をされたうえに歯を抜かれる．
- 歯を抜いたら食べられなくなる．
- 市販されているデンタルグッズならどれを使っても良い．
- 歯を鍛えたり，きれいにするためには，骨，蹄，硬い皮などをあげれば良い．
- 歯が折れても痛がっていなければ大丈夫
- 乳歯は放っておけば抜ける．

表6.6●正しいデンタルケアの基本

- 「歯の汚れ」と「歯周病」とは異なる．
- 歯ブラシを用いて歯の見える部分だけでなく，歯の裏，歯間，歯周ポケットもケアする．
- 歯が汚れてきたり，口が臭いと思ったら，歯周病の可能性がある．動物病院で麻酔下での歯科治療を行う．
- デンタルケアは患者に合わせて指導する．
- ごほうびを使って犬を楽しませながら歯みがきを行う．

■「歯の汚れ」と「歯周病」とは異なる

ほとんどの家の人は，歯の汚れを気にして，歯の見える部分を磨こうとする．歯の見える部分についている歯石は，歯周病の直接の原因ではない．歯石があると歯垢が付着しやすいため，できるだけ速やかに歯石は除去した方が良いが，歯周病を直接引き起こしているのは，歯周ポケットの中の歯垢である．

したがって，見える部分の歯石だけを除去しようとしても，歯周病の予防・治療としては不十分である．

デンタルケアで重要なことは，歯の見える部分をきれいにすることだけではなく，歯周ポケットを意識したケアをすることである．

■歯ブラシを用いて，歯の見える部分だけでなく，歯の裏，歯間，歯周ポケットもケアする

歯ブラシ以外の多くのデンタル製品は，歯の見える部分の歯垢や歯石を除去することが目的であり，歯冠にのみに歯石や歯垢が付着している場合は有効である．

しかしながら，歯周病は，外から見えない歯周ポケットの中の歯周病菌によってもたらされ，顎の中で進む病気である．ガーゼなどのデンタル製品は，歯の見える部分をみがくことはできるが，**図6.27**のように歯周ポケットの中の歯垢を除去できないため，歯周病の予防にはならない．

歯周ポケットの中の歯垢歯石を除去できるものは，歯ブラシによるブラッシング以外にない（**図6.28**）．したがって，歯周炎になった場合に，一番効果的なデンタル製品は歯ブラシである．他のデンタル製品は，歯周病になっていない状態では歯みがきの補助として活用できるが，単独では効果が低い．また，犬猫では，歯と歯の間の狭い空隙にはデンタルフロスや歯間ブラシは使いづらい．

乾いた歯ブラシでの歯みがきでは，歯肉を傷めたり痛がらせたりすることもあるため，後述するデンタルペースト，デンタルジェルなどを歯ブラシにつけてみがくと良い．

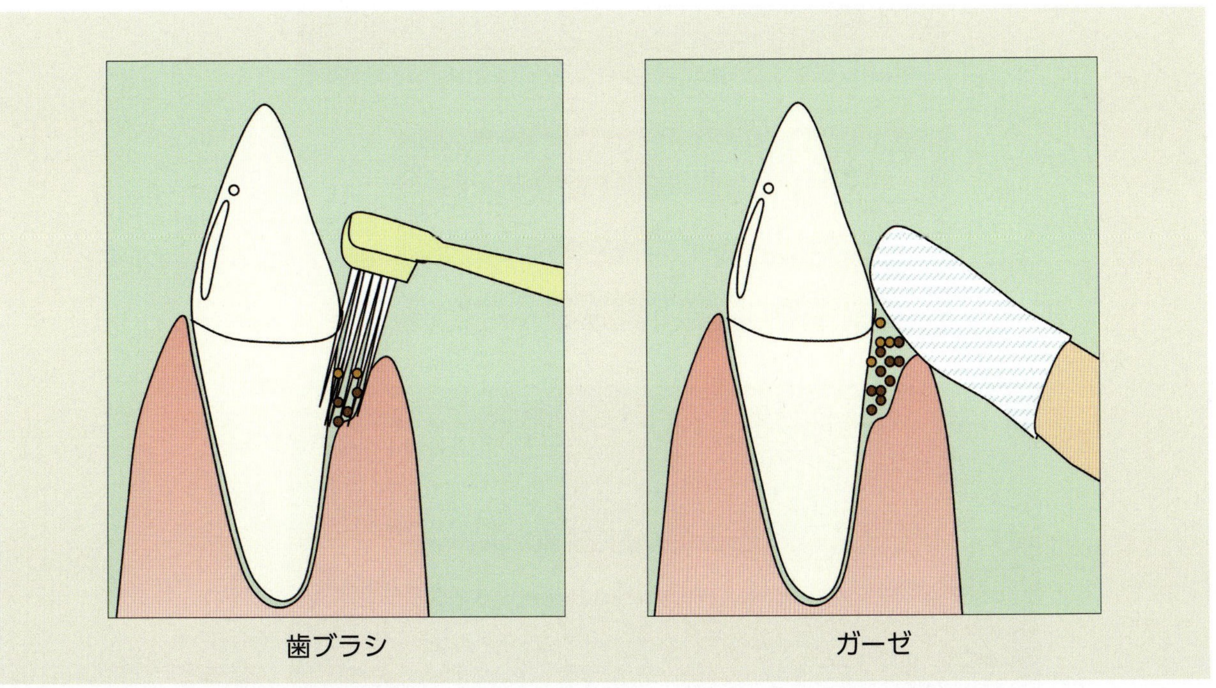

図6.27●歯ブラシの利点
歯周ポケットの中の歯垢を除去できるのはブラッシングだけである．

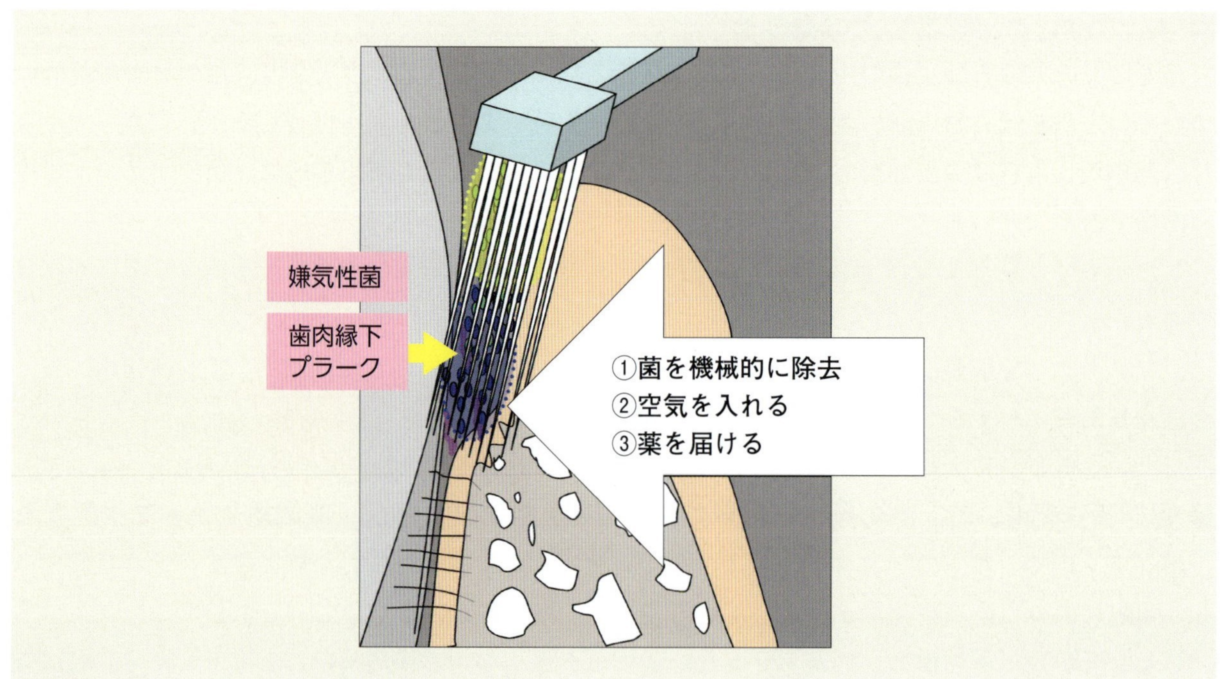

図6.28●ブラッシングの3つの効果

歯ブラシの選び方

歯ブラシには，動物用とヒト用のものがある（**図6.29，6.30**）．小型犬や猫では，通常のヒト用のものはヘッドが大きく使いづらい．また，ヒト用も動物用も，それぞれ予防用と歯周病用のものがある．ヒトの赤ちゃん用を使っている家の人も多いが，比較的毛先が太くて硬いため，犬猫には向かない．

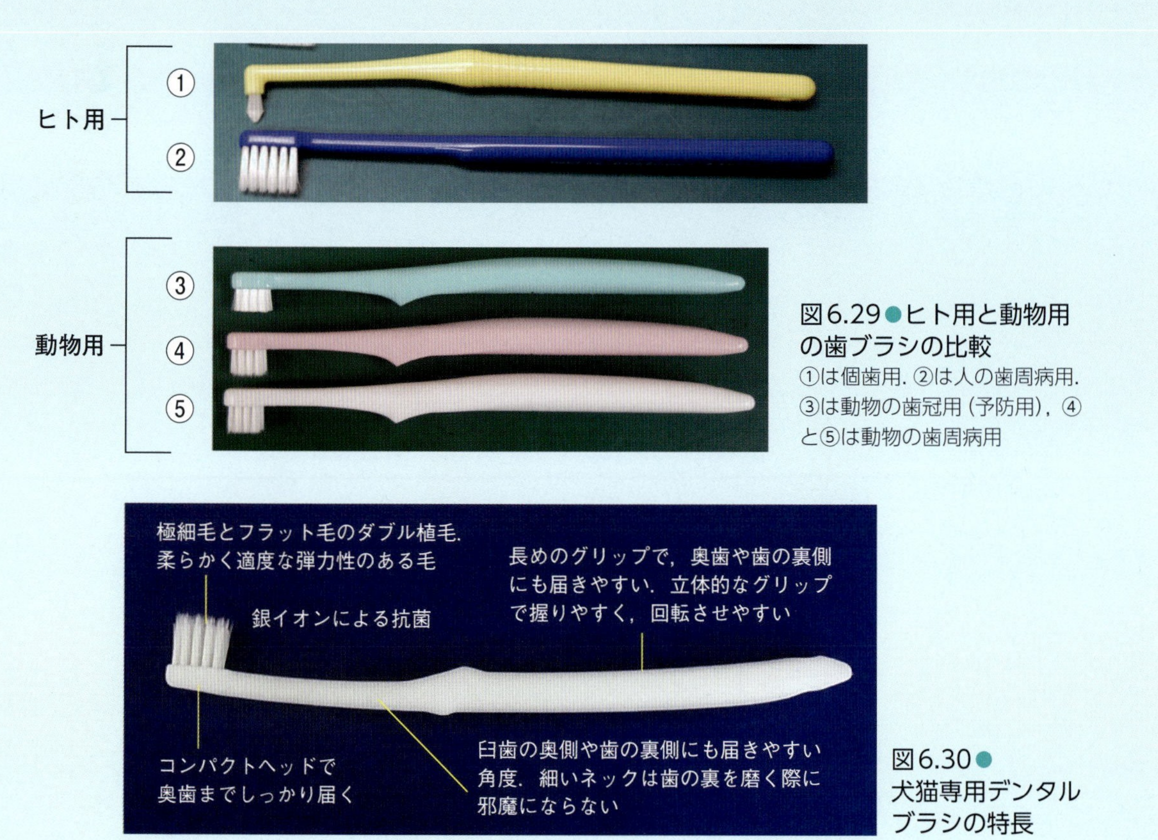

図6.29●ヒト用と動物用の歯ブラシの比較
①は個歯用．②は人の歯周病用．③は動物の歯冠用（予防用），④と⑤は動物の歯周病用

図6.30●犬猫専用デンタルブラシの特長

歯周病がない場合には，予防用の歯ブラシを，その犬猫の口や歯の大きさに合わせて選べば良い．歯周病がある場合には，歯周病用の歯ブラシを使い，歯周ポケットに歯ブラシの毛先が入るものを選ばなければならない（**図6.31，6.33**）．

予防用の歯ブラシ（**図6.32，6.33**）は毛先がフラットで，歯周ポケットには入れにくいが，歯周病用の歯ブラシは，通常毛先が徐々に極細になり（テーパー），歯周ポケットの底まで届き，歯垢を掻き出すことに適している（**図6.33**）．

360度の毛先がある歯ブラシは，歯の上の汚れを取ることができるため予防用として使えるが，歯周ポケットの中に毛先が入りにくく，歯周病用としては使いづらい．

また，口を開けて歯ブラシされることを嫌がる犬猫も多く，ヘッドが小さいヒト用のワンタフトタイプ（個歯用）は，犬歯の後ろの隙間から歯ブラシを入れやすいため，歯間部や小型犬や猫の奥歯をみがくことに適している（**図6.34**）．

①個歯用
極細毛

②歯周病用
極細テーパー

図6.31●ヒト用の歯ブラシのヘッド

③歯冠用
フラット毛

④歯冠＋歯周ポケット用
フラット＋極細テーパー毛

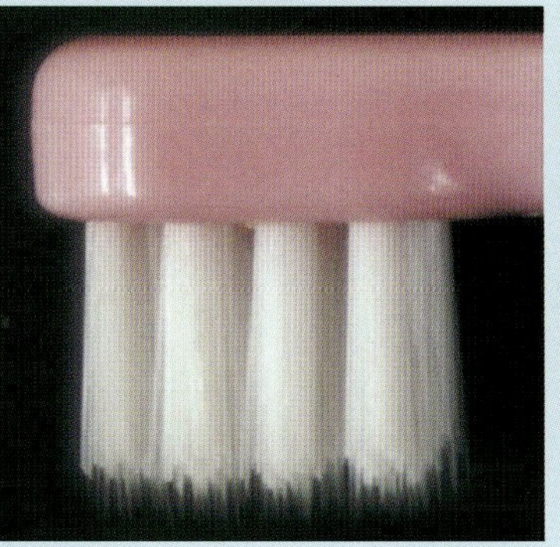

⑤歯周ポケット用
極細テーパー毛

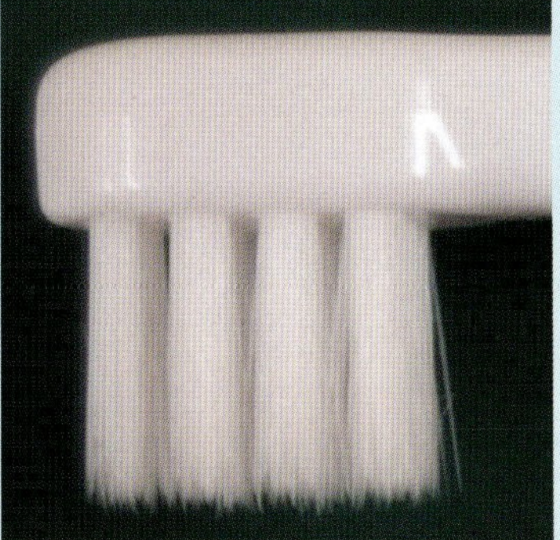

図6.32●動物用の歯ブラシのヘッド
③は予防用のフラットな毛先．④と⑤は極細テーパーな毛先を持ち，歯周病用

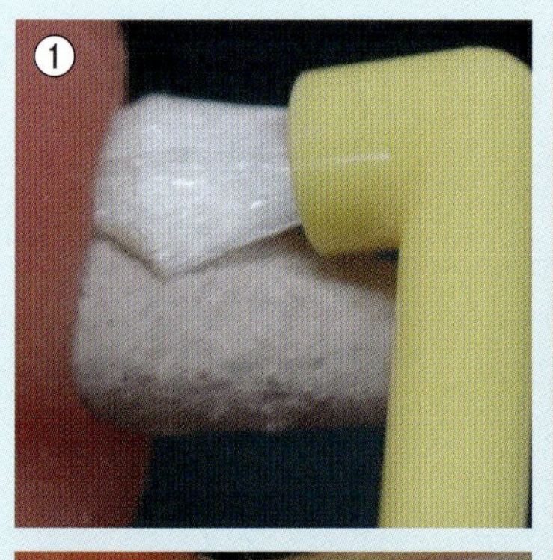
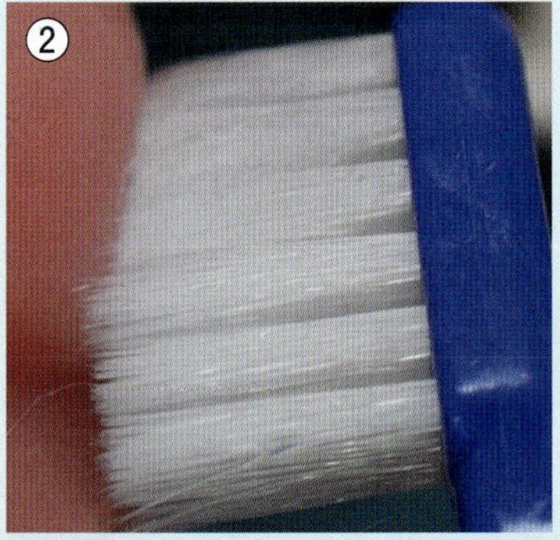
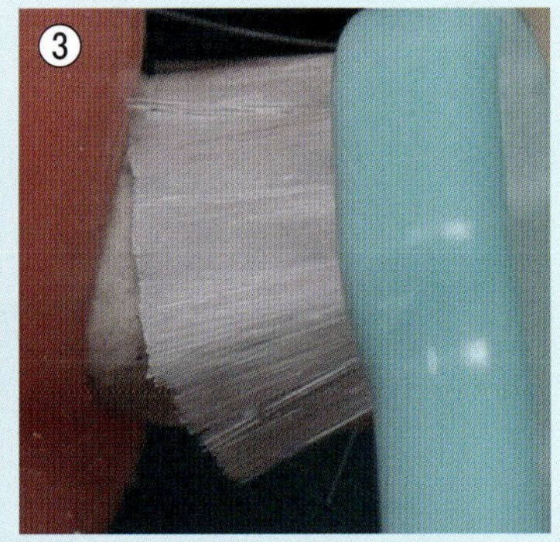
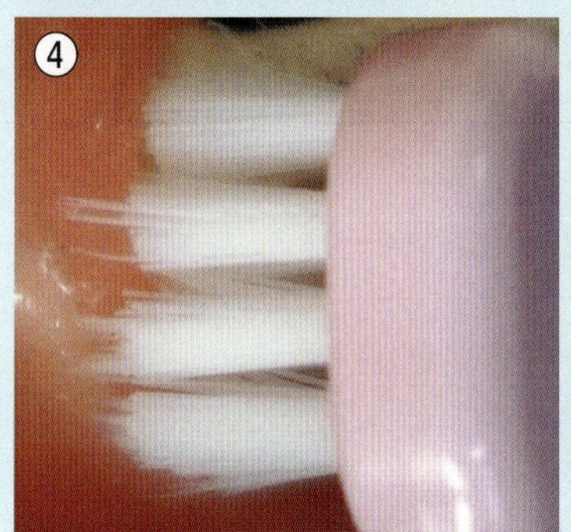
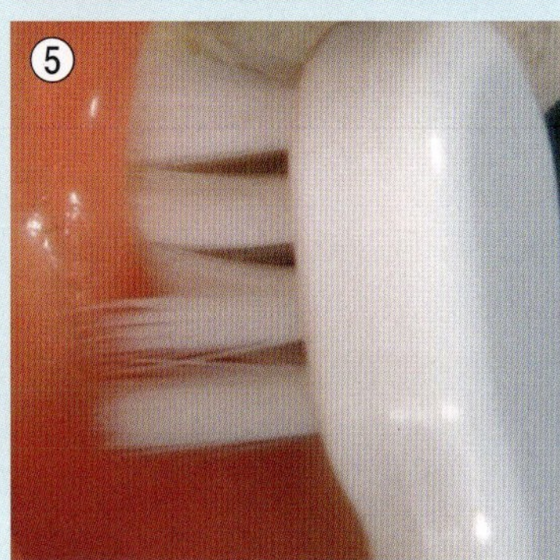

図6.33●歯周ポケットへの毛先の入り方の比較
①，②，④，⑤は歯周ポケットの中に入れやすい．

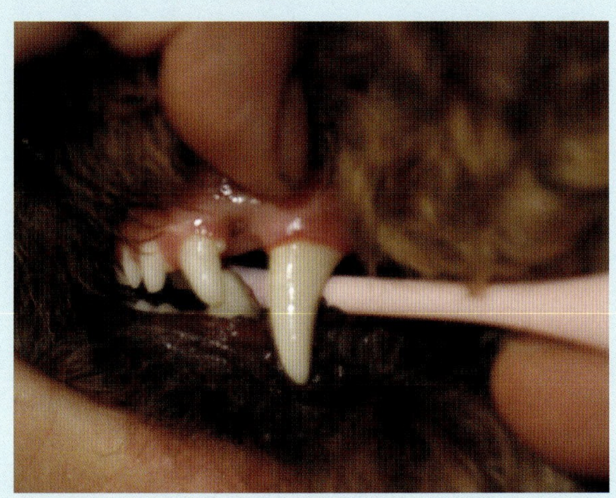

図6.34●ワンタフトタイプのブラシ
ヘッドが小さなワンタフト（個歯用）タイプは犬歯の後ろの隙間から歯の内側をブラッシングしやすい．

■ 歯が汚れてきたり，口が臭い場合は，歯周病の可能性があるため，動物病院で麻酔下での歯科治療を行う

ほとんどの家の人は麻酔を怖がる．そのため，無麻酔の歯石取りが一部で行われている．

しかしながら，無麻酔のスケーリングは危険であり，行うべきではない．麻酔をかけて正しく歯周病を評価し，歯周ポケットがある場合は正しくケアをしなければ，歯周病は悪化してしまう．

また，動物を押さえつけて歯石を除去するため，口を触ることに恐怖心をあたえてしまう．その結果，ホームケアができなくなってしまう場合がある．歯の内側がケアできないことや，歯肉や歯の表面を傷つけることもあり，歯周病が悪化する恐れもある．

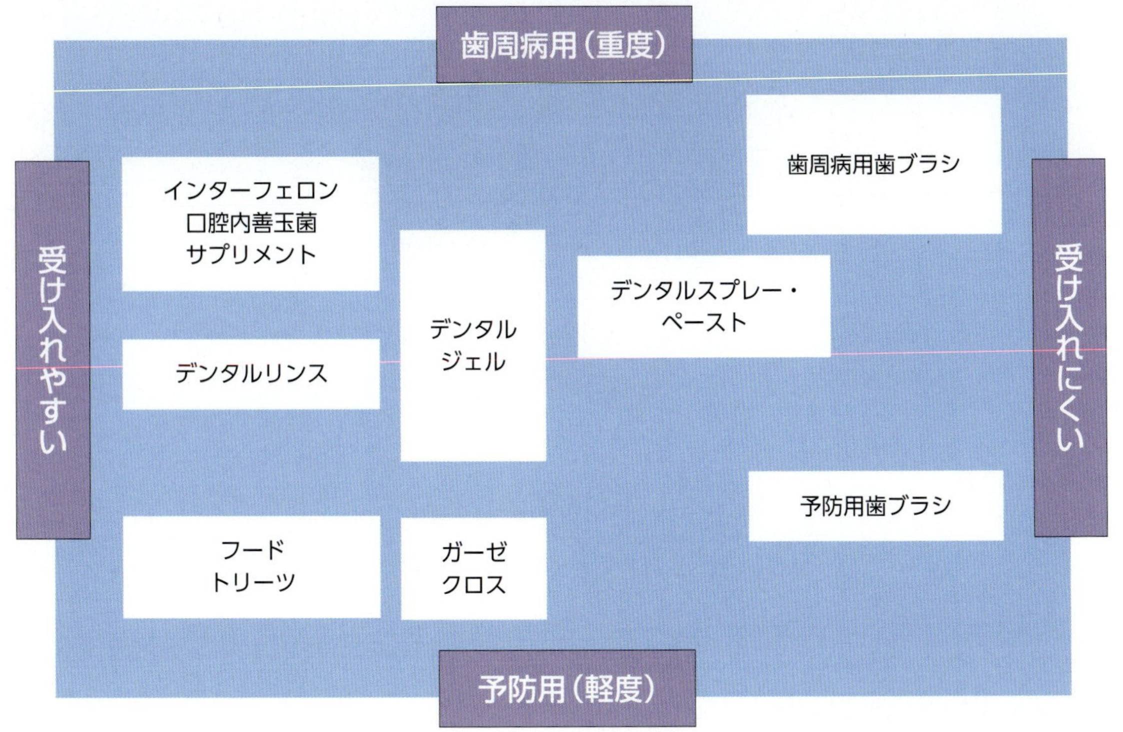

図6.35●デンタルケアのチャート
左が犬猫が受け入れやすいデンタルケア，右は受け入れにくいケア．下側が予防用のケアで上側が重度歯周炎用のケア

■ デンタルケアは患者に合わせて指導する

デンタルケア製品は，どれでも同じ効果ではないし，歯周病の程度によって必要なケアの程度も異なる．また，犬猫の性格により，どの製品を受け入れてくれるかも異なる．その犬猫の状況を総合的に判断し，できるだけ口腔内の衛生環境が保てるデンタルケアを進めるべきである．また，それらのケアがどの程度適切に行われているか数カ月ごとにでも来院してもらい，デンタルケアと口腔内の状況をチェックする必要がある．

デンタルケア製品を選ぶ際は，その犬猫の歯周病などの状態と犬猫のデンタルケアの受け入れ状態によって何が良いのか選ばなければならない（**図6.35**）．

デンタルケアはブラッシングが基本だが，ジェルや口腔内善玉菌などと併用し，セットでオーラルケアすることが良い．

例えば，若くて歯石が少しついている程度であれば，積極的に予防用歯ブラシとペーストで歯みがきのしつけを行うように指導することが良い．また，歯周炎が悪化した犬に対しては，歯ブラシを嫌がらない場合には歯周病用の歯ブラシと善玉菌とデンタルペーストの組み合わせが良い．

一方で，歯周病が悪化しているにも関わらず，歯を触らせない場合には，口腔内善玉菌やインターフェロンα（**図6.36**）などを投与してもらい，口腔内環境を改善する程度しかできない場合もある．

■ ごほうびを使って，犬を楽しませながら歯みがきを行う．

歯をガーゼなどで触る程度まではやらせてくれるが，歯ブラシは受け入れない犬猫が多い．楽しみながらでないと，犬猫のデンタルケアは続かない．

図6.36●インターフェロンα製剤（DSファーマアニマルヘルス株式会社）
歯周病菌を減少させ，歯周病の予防・治療効果が認められている製剤．歯肉炎などの症例に有効である．

口の中を触れることは，もともと嫌がるものなので，好きなことと同時に行い，陽性の条件反射をつけなければ，口を触ったり歯磨きをしたりすることは難しい．歯ブラシによる歯みがきは，食事やおやつなどを用いてほめながら楽しませながら行い，習慣にすることが重要である．

ペーストやジェルは嗜好性の高い製品も多いので，なめさせるところから導入し，無理せず徐々に歯ブラシにつけ，歯みがきができるように慣らしていくのが良い．

デンタルグッズの選び方

歯ブラシ以外のデンタル製品は，歯周ポケット内の歯垢を除去できるものは少ないものの，デンタルケアを楽しく行うための補助的な効果はある．

デンタル用のペースト，ジェル，リンスは，非常に多くの製品が市販されている．選ぶ際には，動物病院で販売されている効果のあるものを選ぶべきである．近年の製品には，歯垢の沈着予防や歯周病菌を抑える効果，炎症を改善できる効果などが期待できるものもある．

アメリカでは，VOHC（Veterinary Oral Health Council：米国獣医口腔衛生協議会）が，犬猫用のオーラルケア製品の効果を，第三者の立場で審査する機関がある．VOHCが認定した歯垢や歯石の蓄積のコントロールを助ける効果があると承認されたオーラルケア製品が多数ある．日本でも一部の製品が販売されている．犬用では，フード，ガム，トリーツ，リンス，ジェル，ペーストなどが販売されている．

一方で，市販されているデンタルグッズのうち，歯周病の予防には役立たないものもあるため，安全で効果のあるものを見極めるべきである．特に，成分にアルコールが含まれている製品は中毒を起こす可能性があるため，使うべきではない．

また，骨，蹄，硬い皮などの製品や，硬いおもちゃなどは，これらを犬が咬むことで歯が破折することが多いため，与えないように家の人に伝えておくべきである．

3-2 歯みがきトレーニングの方法

▶ **Point**

- **歯みがきトレーニングは「焦らず」「ゆっくり」と.**
- **犬と猫にとって，口の中を触られることは基本的に「嫌なこと」であることを十分認識することが重要である.**

犬や猫の歯みがきが苦手な飼い主は多い．臨床の現場では，「うちの子は歯みがきをしようとすると怒るんです」といった声を聞くことも多い．

犬や猫にとって，口の中を触れられることは不自然なことであり，基本的には「嫌がる」ものである．そのため，幼い頃から歯みがきを習慣化させておきたいところである．またできるだけ早い段階で，飼い主に対して歯みがきによる歯科予防の重要性を説明することが重要である．

しかし実際には，ある程度の年齢になった犬と猫に対して歯みがき指導を行わなければならないケースも多々あるだろう．そこで本項では，歯みがきトレーニングの具体的な方法について解説をする．

歯みがきトレーニングを成功させる最大のポイントは，犬や猫が楽しんでブラッシングできることにある．なぜなら，飼い主は犬や猫が嫌がることはやりたがらないからである．そのため歯みがきトレーニングにおいても，犬や猫が嫌がるようなことをしてはならない．少しずつステップを上げていくことで，犬や猫と飼い主との信頼関係を築くことが重要となる．

歯みがきトレーニングを成功させるための基本ルールを**表6.4**に挙げておくので，まずは飼い主とこの内容を共有することから始めてもらいたい．

また，歯みがきトレーニングは「お手」などのしつけと同様のプロセスで行う．つまり，「ごほうびを見せる」「マテ」「お手」「ごほうびをあげる」という流れと同様に行う．「お手」を「ステップ1～6（次項参照）」に置き換え，「ごほうびを見せる」「マテ」「ステップ1～6（**次頁参照**）」「ごほうびをあげる」という手順で行う（**図6.37**）.

表6.4● 歯みがきトレーニングの基本ルール

- ごほうび（おやつ，お散歩，食事）の直前か同時に行う．
- トレーニングのタイミングは食前でも食後でもかまわない．
- できなくても怒らない．
- 嫌がることはしない．嫌がる前に止めるのがコツ．
- できることから少しずつ．最初から無理に口を開かない．
- 犬や猫が喜ぶように，ペーストなどの好物を使う．
- できたら，大げさに褒めてからごほうびをあげる．
- できないときには，ごほうびをあげずに再度トライ

ごほうびを見せる
→マテ
→お手
→ごほうびをあげる

ごほうびを見せる
→マテ
→ステップ1～6
→ごほうびをあげる

図6.37● 歯みがきステップのタイミング

以下，6ステップで行う歯みがきトレーニングの方法を紹介していく．犬や猫が若い場合は，つまり理解が柔軟であれば，1ステップあたりに1週間かけるのが標準的だが，年齢を重ねた犬や猫であれば，1ステップに1カ月かけてもかまわない．とにかく犬や猫が嫌がらないように，慌てずにゆっくり行うことが肝心である．

■ 歯みがきトレーニング DVD チャプター 15

ステップ1

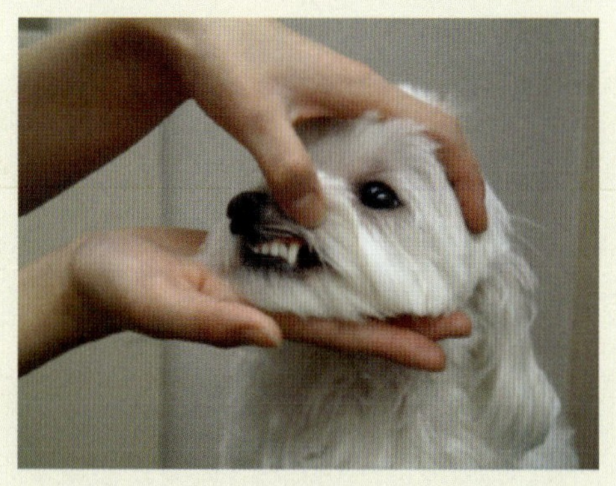

内容 口を開けずに唇をめくるか，触るだけ

手順 ごほうびを見せる→マテ→**口を触る**→褒めてごほうびをあげる．

ステップ2

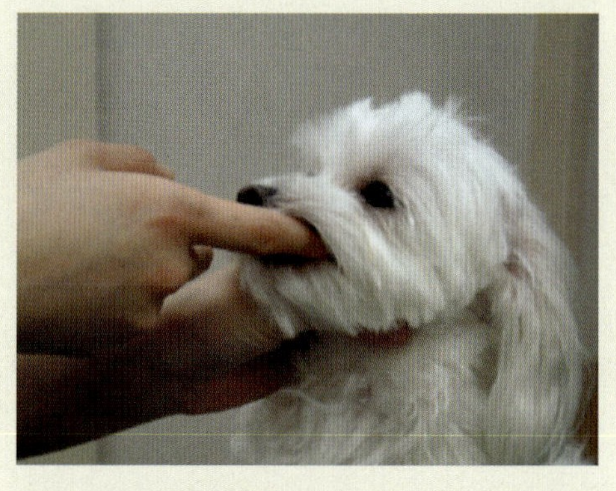

内容 指に好物の味をつけて歯に触る．

手順 ごほうびを見せる→マテ→**歯に触る**→褒めてごほうびをあげる．

注意 最初は一度のトレーニングで歯を触るのは1回だけ．その後1回ずつ触れる回数を増やし，一度に10回触れるようになれば次のステップへ

ステップ3

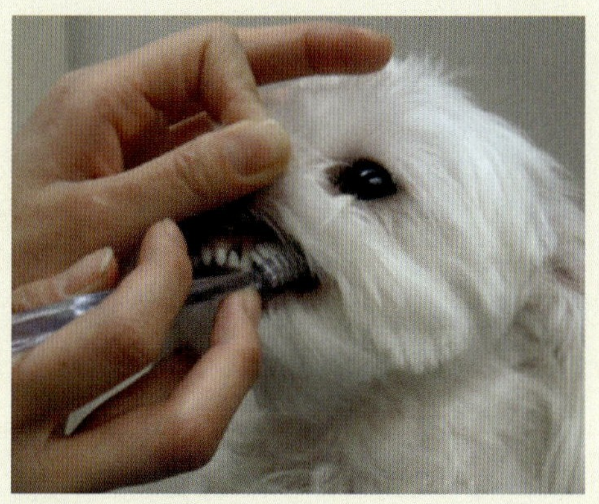

内容 濡れたガーゼか歯ブラシで1秒歯に触る．

手順 ごほうびを見せる→マテ→**濡れたガーゼか歯ブラシで1秒歯に触る**→褒めてごほうびをあげる（このステップは一度のトレーニングに1回だけで終える．繰り返さない）．

注意 このステップの目的は，歯ブラシという異物に慣れさせることである．そこで最初のうちは，歯ブラシに犬や猫が好きな味（おやつや餌などを擦り付ける）をつけて抵抗感を減らす．また，このステップでは歯に触れるだけに留めることが重要である．「できそうかもしれない」と焦ってブラッシングをすると失敗する．

6 適切な歯科予防処置とホームデンタルケア

ステップ4

内容 **口を開けずに**，切歯や犬歯を数秒ブラッシングする．徐々にブラッシングする範囲を広げる．無理に口を開けると嫌がる．

手順 ごほうびを見せる→マテ→1回につき数秒ブラッシング（嫌がらなければ歯と歯肉の境目をみがく）→褒めてごほうびをあげる→嫌がらなければ**繰り返す**.

注意 ブラッシングは「軽くなでる程度」で十分．強くみがくと痛みがあり，犬や猫も嫌がる．前のステップと同じく，「もっとできそうかも」と思っても焦らないこと．また，ここまで進んだ段階で，一度来院してもらい，現状を確認するとともに，次の指導を行うようにする．

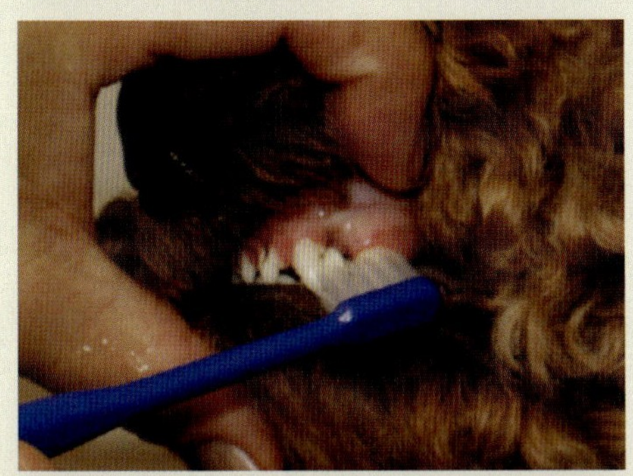

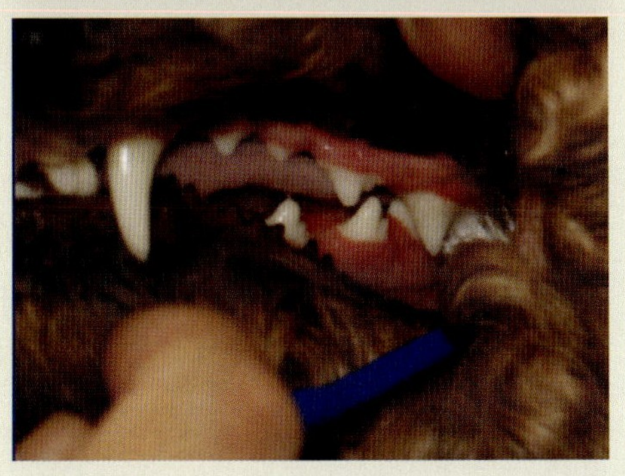

ステップ5

内容 上顎犬歯の後ろから歯ブラシを通し，**歯の内側**をブラッシングする．

手順 ごほうびを見せる→マテ→1回につき数秒ブラッシング→褒めてごほうびをあげる→嫌がらなければ**繰り返す**.

注意 下顎の奥歯の舌側はこのステップでは触れないこと．犬や猫が最も嫌がる部位である．

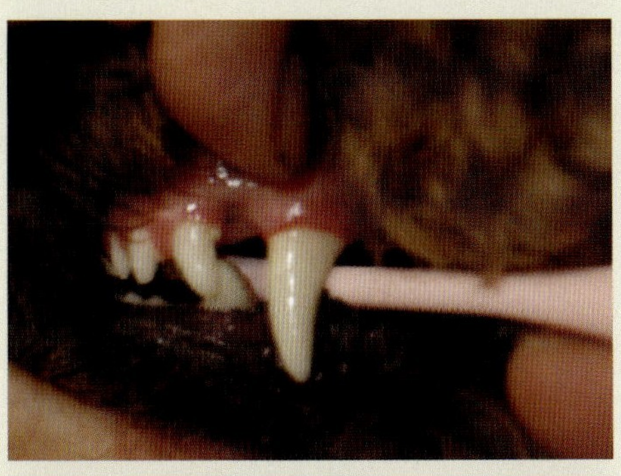

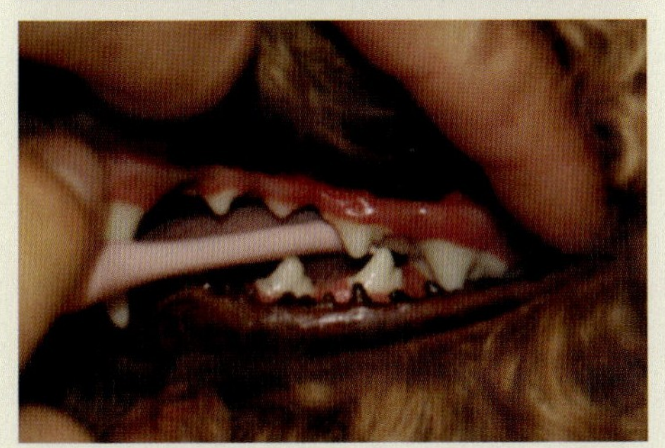

ステップ6

内容 **口を開け**，奥歯の内側までブラッシングする．

手順 ごほうびを見せる→マテ→1回につき数秒ブラッシング→褒めてごほうびをあげる→嫌がらなければ繰り返す．

注意 上唇を人の親指で口の内側に巻き込むようにして上顎をつかみ，ゆっくりと口を開く．口を開けるのはこのステップになってから．途中の段階で無理に開けようとすると，信頼感が失われてしまい，すべて台無しになってしまう．また，歯みがきトレーニングはあくまでも「できることまで」に留めておくことが重要．ホームケアで不十分なことは，動物病院でのクリーニングで補えば良い．

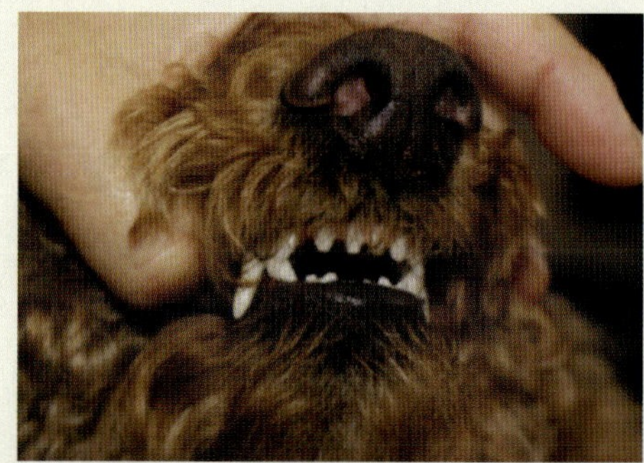

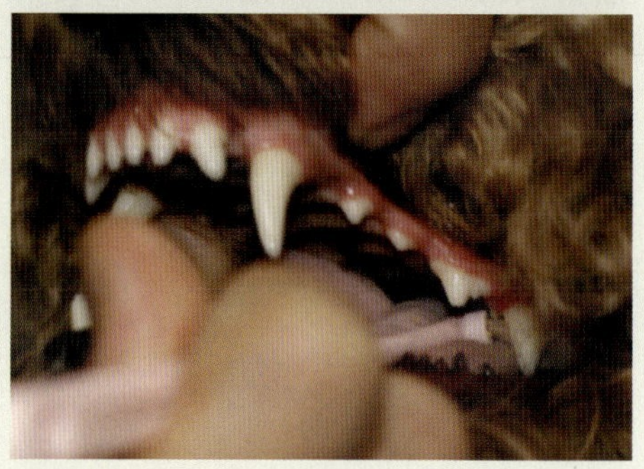

CHAPTER

7 抜 歯

歯周炎の進行などによって，残念ながら抜歯を行わなければならないことは多い．しかし犬，猫の歯科処置の現状では，正しく抜歯が行われていないケースもある．この章では，正しい抜歯の判断方法と処置方法，術後の管理方法などについて，実践的な解説をしていく．

1 正しい抜歯と正しくない抜歯

▶ Point

・ただ抜くだけが抜歯ではない．正しく診断し適切な器材と方法に則って処置を行うべきである．
・重度歯周炎の場合は，X線で評価してから抜歯すべきである．

抜歯は「歯を抜くだけ」という単純な処置ではない．すでにぐらついている歯であれば苦労することはないが，ほとんどのケースでは，「正しい方法」で行わなければ，そう簡単に抜けるものではない．また，無理に抜こうとすると，残根してしまったり，隣接する健康な歯を傷つけてしまったり，あるいは神経や血管にダメージを与えてしまったりといった事故にも繋がりかねない．

抜歯方法の詳細については後述するが，基本的な考え方として，

①事前にプロービングとX線撮影による口腔内の検査を行う
②適切な器材を使用する
③正しい方法で抜歯する
④抜歯後の処置および評価を行う

という4点を押さえておく必要がある．

例えば，抜歯に関して次のような「問題」を抱えている場合は，四つの基本に立ち返ることをお勧めする．

- 抜歯が難しい．
  →器材の選択と使い方を見直す．
- 抜歯後に何らかの問題が発生する．
  →残根の可能性あり．抜歯後には必ずX線撮影を行う．
- 乳歯を抜くときに折れてしまう．
  →処置前にX線を撮影して歯根の状態と方向を確認しておく．
- 猫口内炎の全顎抜歯の際にきちんと抜けない．処置後も痛がる．
  →犬と猫では抜歯方法が異なる．適切な方法を確認する．残根を確認する．

また，基本の4点を踏まえたうえで，抜歯に関するより実践的な重要ポイントとしては，**表7.1**の内容を挙げることができる．

表7.1●抜歯に関する重要ポイント

- 事前にプロービングとX線撮影による口腔内の検査を行う．
- 適切な器材を使用する．
- 正しい方法で抜歯する．
- 抜歯後の処置および評価を行う．
- 遺残している乳歯はすぐに抜くべきである．
- 多根歯（臼歯）の抜歯は，歯を分割して行う．
- 抜歯の際，周囲の軟組織（眼，神経，血管，唾液腺など）に十分留意する．

2 抜歯の適応

▶ Point

・抜歯は様々な場面で必要となる処置である．
・歯周病の場合の抜歯適応の判断は，飼い主のホームケアの程度によっても左右される．

抜歯が適応となるのは，次のような場合である．

①進行した歯周病罹患歯
②乳歯遺残
③抑制矯正
④叢生，過剰歯
⑤不正咬合
⑥根管治療が不可能な失活歯
⑦歯の構造的損傷や程度により修復が不可能な歯
⑧歯根の吸収がみられる歯
⑨骨折線上にある骨折治療を妨げる歯周炎罹患歯
⑩埋伏歯
⑪修復その他の処置が必要な症例だが，経済的な理由などで抜歯を選択する場合
⑫猫の歯肉口内炎

以下，それぞれの適応の概要について説明していく．

■ 進行した歯周病罹患歯

歯科予防処置では歯周炎の進行を止めることができず，患者の口腔衛生状態が改善できなかった場合，もしくは改善が期待できない場合は，抜歯を選択すべきである．

そのまま放置されたり，あるいは適切に処置が行われずに残根状態になったりした場合は，歯が完全に抜け落ちるまで歯周炎がさらに進行し，周囲の顎骨の腐敗が進行していく．

歯周炎のタイプを大別すると，辺縁性歯周炎と根尖性歯周炎の2種類が挙げられる（**図7.1**）．

辺縁性歯周炎は，いわゆる「歯槽膿漏」の歯であり，歯頸部から歯根に向かって進行する．歯冠に歯石や歯垢が蓄積し，歯周ポケットが形成されるため臨床的には認知しやすい．

一方，根尖性歯周炎は，歯根の根尖周囲に起こる歯周炎である．鈍性外傷や歯の破折を原因として，もしくは血行性による歯髄腔への細菌侵入などの原因によって歯髄壊死がもたらされ，根尖周囲から歯周炎を起こす．顎骨の内部で起こる歯周炎のため，進行した状態になるまで臨床的に認知されにくい．眼の下や下顎の一部が腫脹し，さらには排膿するまで飼い主に認知されないこともあり（**図7.2**，**図2.18**，**表3.5**参照），また，皮膚炎と勘違いされることも多い．

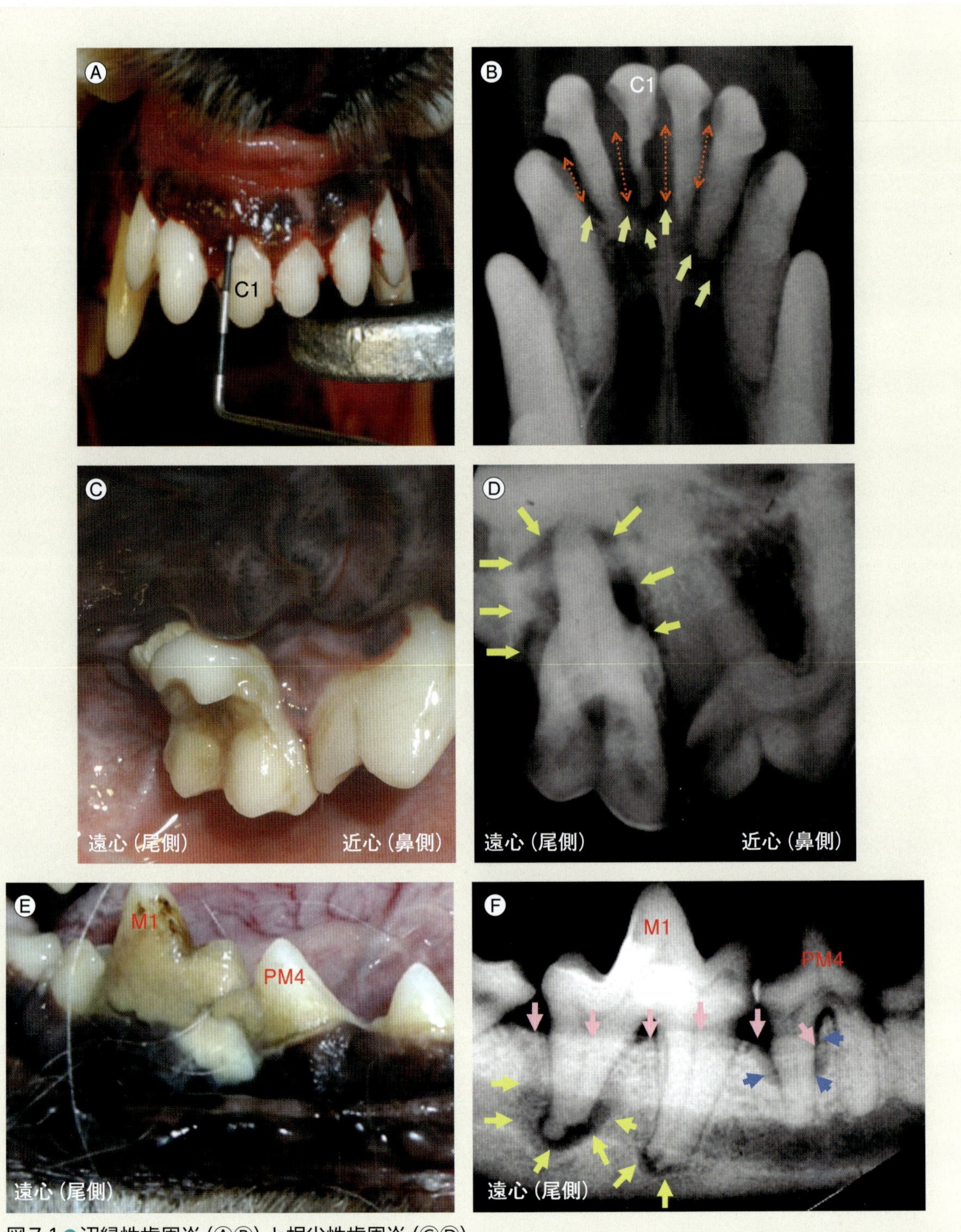

図7.1●**辺縁性歯周炎（ⒶⒷ）と根尖性歯周炎（ⒸⒹ）．**
同時に起こるケースもある（ⒺⒻ）．Ⓑ黄矢印は辺縁性歯周炎により破壊された歯槽骨，赤点線矢印はアタッチメントロス．Ⓓ黄矢印は根尖性歯周炎により破壊された歯槽骨　Ⓕピンク矢印は辺縁性歯周炎，黄矢印と青矢印は根尖性歯周炎により破壊された歯槽骨を示す．

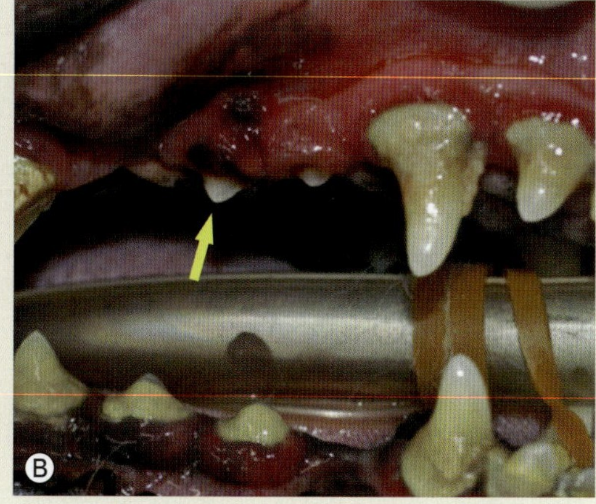
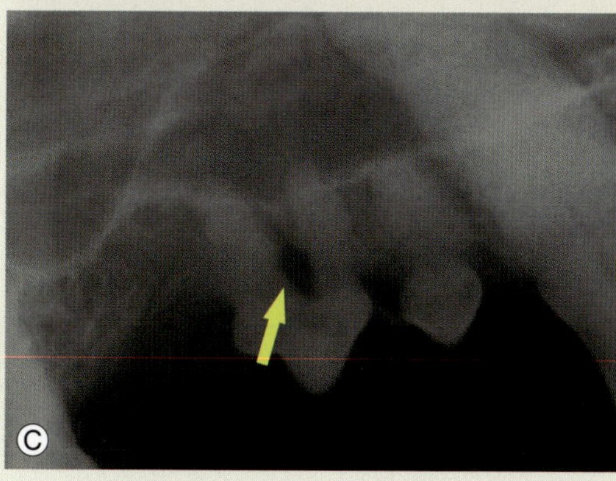

図7.2● 根尖性歯周炎の症例
飼い主は皮膚炎などと混同しやすい．Ⓐは症例の外貌．Ⓑは病変部の肉眼写真．Ⓒは同部位のX線写真．矢印は根尖性歯周炎の病巣

7 抜歯

さて，歯周病における抜歯の適応の臨床的な目安は，おおよそ次のようなものとなる．

歯周病における抜歯の適応例

- 重度歯周炎，もしくは十分なホームケアが期待できない中等度の歯周炎
- 歯が動揺するほど進行している場合
- 根尖性歯周炎を伴う場合（歯の破折による根尖性歯周炎の初期には，歯内治療や外科的根尖切除術により歯の保存が可能な場合もある）
- 切歯ではアタッチメントロスが2/3以上に進行した場合
- 犬歯では歯周外科処置を行っても維持できないと考えられる場合
- 多根歯では根分岐部[註1]に歯周炎が及んでいる場合（**図7.3**）

一般的には，軽度歯周炎までの段階であれば，抜歯ではなく歯科予防処置（**第5章**参照）を行い，自宅でデンタルケアを行うべきである．一方，アタッチメントロスが50％を超えた重度歯周炎であれば，歯周組織や全身への影響を考えると抜歯が適切だと考えられる．

▶註1　多根歯は，歯冠の下の部分で，歯根が2根もしくは3根に分かれる．根分岐部は本来，正常であれば歯槽骨の中にあるべきで，歯周病の進行に伴い，歯槽骨が破壊され，根分岐部が露出してくる．根分岐部病変の3（F3）以上になると，歯を残しておくことが難しく，歯周炎が進行してしまう可能性が高いため，通常は抜歯を選択する．F2までは歯周外科処置などで維持や再生が可能である．

判断が難しいのは，その中間の中等度歯周炎の場合である．状況により，抜歯ではなく，中等度歯周炎の歯でも維持もしくは改善することが可能である．改善するための条件としては，患者である犬，猫が協力的で，飼い主がホームケアを積極的に行うことができ，さらに歯ブラシによるデンタルケアが行いやすい歯の状況であることと，歯周外科処置により歯周組織の再生を促す処置を施せる状況であることである．

しかし中等度歯周炎であっても，飼い主がホームケアや継続的な歯科予防処置を望まない場合は，抜歯せざるを得ないことになる．

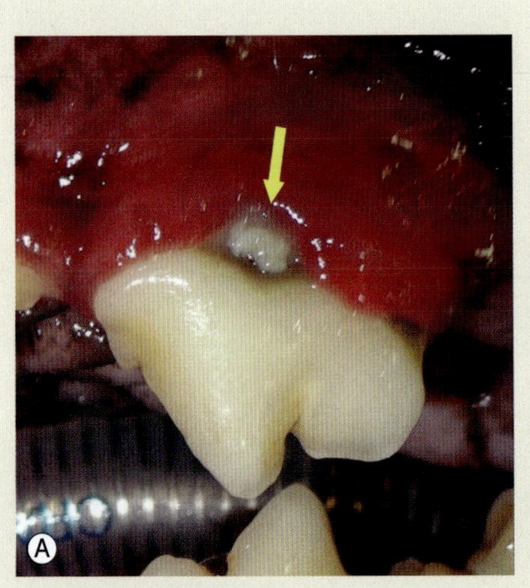

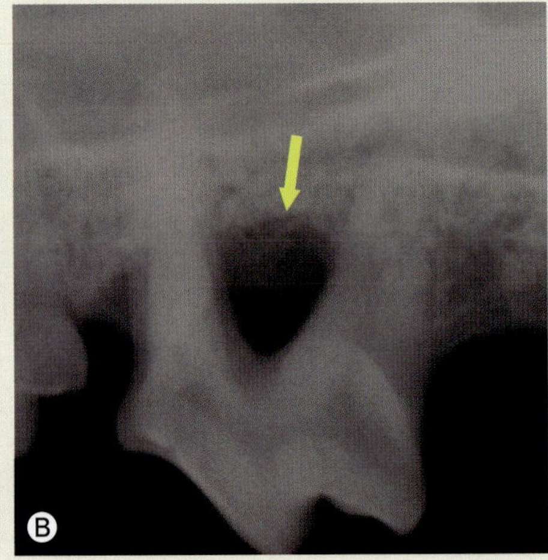

図7.3●根分岐部の症例
ミニチュア・ダックスフンド，10歳齢．左上顎第4前臼歯の根分岐部に排膿がみられたⒶ（矢印）．X線では根分岐部病変がみられたⒷ（矢印）．

❷ 乳歯遺残

犬，猫では，本来は生後約4～6カ月齢の間に，乳歯と永久歯が自然と抜け替わる．言い換えれば，その時期になると乳歯歯根が吸収され，乳歯があった位置に順次永久歯が萌出してくるはずである．できれば，口腔内に乳歯と永久歯が同時に存在せず，交換することが正常である．

しかし乳歯が自然に脱落しない場合は乳歯遺残となり（**図7.4**），永久歯の萌出に次のような支障をきたす場合がある．

- 永久歯が萌出できず顎内にとどまり，埋伏歯となる場合がある．
- 永久歯が本来の位置に萌出できず，乳歯の脇の異常な位置に萌出する．そのことで不正咬合の原因となる場合もある．

このように，乳歯遺残は不正咬合や歯周病をもたらす危険が高くなるため，できるだけ早期に抜去すべきである．また，永久歯が萌出すべき時期になっても乳歯との交換が終わっていない場合は，口腔内X線で顎内の乳歯と永久歯の状態を把握すべきである．

ただし，永久歯が欠歯で，なおかつその乳歯が機能歯である場合はその乳歯を抜歯しないこともある．このような例は小型犬の前臼歯部で時折みられる．

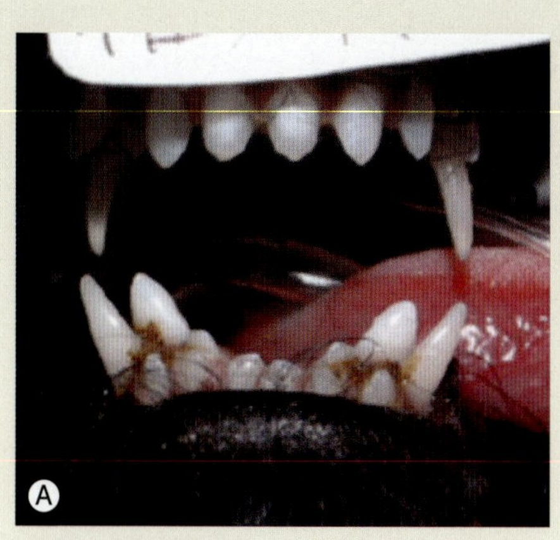

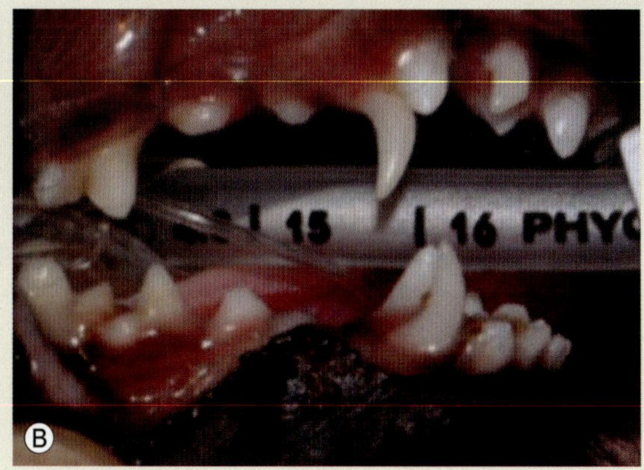

図7.4●乳歯遺残
乳歯遺残による不正咬合の例．Ⓐは正面から，Ⓑは右側面から見た図

❸ 抑制矯正

抑制矯正とは，成長期の矯正治療の一つで，不正咬合の原因・誘因となる要因を見つけ出して不正咬合を抑制する矯正治療のことをいう．不正咬合になる要因を抑制することで，より良い，正しい咬合へと誘導することが目的である．例えばアンダーショットの症例で，下顎犬歯が上顎第3切歯に当たっている場合に，上顎第3切歯を抜歯して咬合を改善する場合などが抑制矯正に該当する．

❹ 叢生(そうせい)，過剰歯

叢生している歯は互いの歯の間隙が狭く，歯垢・歯石などの機械的除去が難しいため歯周病を起こしやすい（**図7.5**）．さらに歯周組織が少ないため，いったん歯周炎になると進行が早い．歯や歯周組織の間隙を増やす意味で，必要に応じて抜歯を行う．抜歯しない場合は，通常以上に予防（定期的な歯科予防処置とホームケア）をすべきである．また，過剰歯はしばしば叢生をもたらす（**図7.6**）．

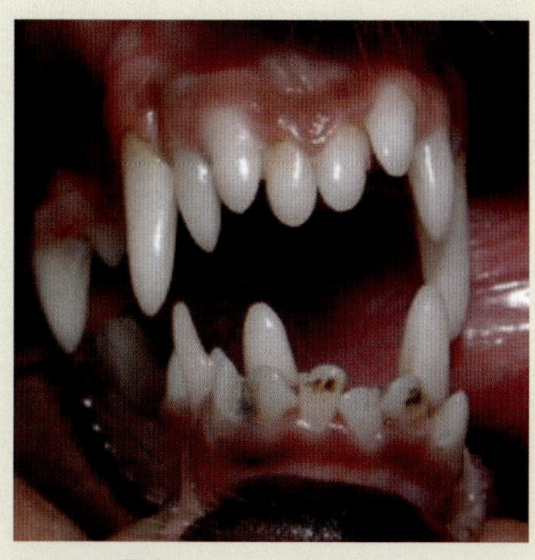

図7.5●叢生
上下の切歯が密に萌出し，歯周病になりやすい状態になっている．

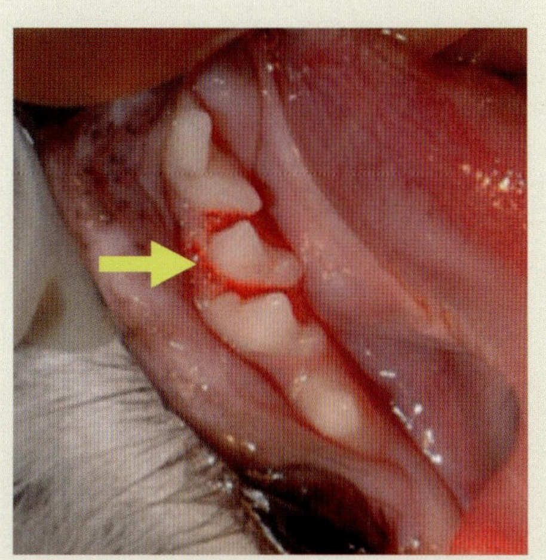

図7.6●猫の過剰歯
過剰歯はしばしば叢生（矢印）をもたらす．

❺ 萌出位置や萌出方向の異常な歯

これらの歯で，歯周病進行のリスクが高い場合や歯科矯正が適応できない場合，あるいは歯周組織に支障をきたすなどの場合には，抜歯を行う．

❻ 根管治療が不可能な失活歯

破折などで失活（歯髄壊死）した歯のうち，根管治療が不可能な歯の場合や，根尖周囲病巣を伴う場合には抜歯を行う．

❼ 歯の構造的損傷や程度により修復が不可能な歯

例えば歯根に至る破折（歯冠側1/3以上の歯根破折もしくは多根歯の根分岐部を越えた歯根破折）の場合は抜歯を行う（図7.7）．

❽ 歯根の吸収がみられる歯

歯周炎や吸収病巣（第5章参照）などの影響で，歯根の吸収がみられる場合は抜歯を行う（図7.8）．

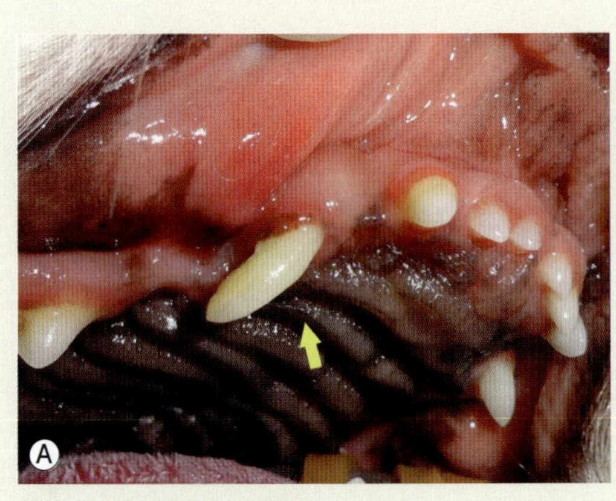

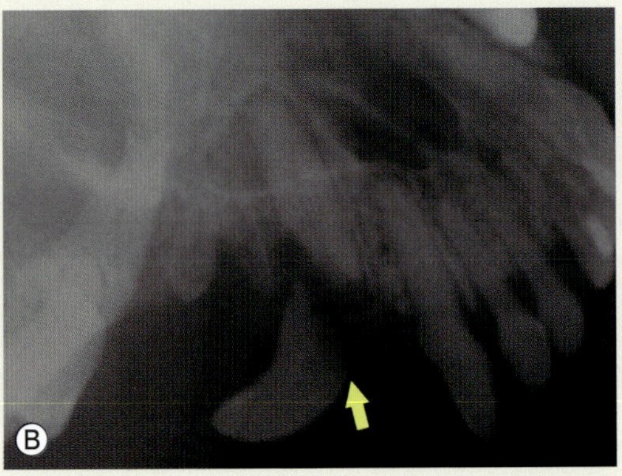

図7.7●歯根に至る破折
チワワ．硬いものを噛んでいた．歯根が完全に破折（矢印）してしまっている．

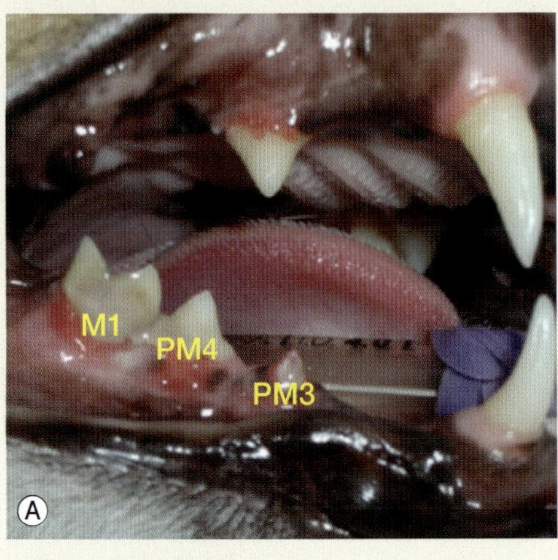

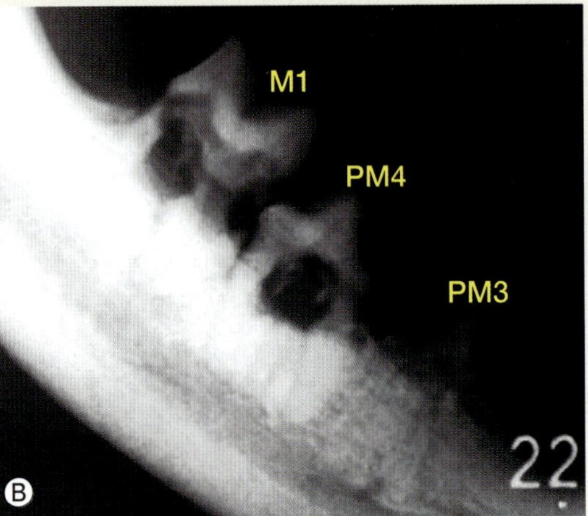

図7.8●歯根の吸収
下顎臼歯が吸収病巣と重度歯周病を併発した症例．Ⓐは肉眼写真，ⒷはX線写真．PM3は歯冠が少し残っているが歯根は吸収されている．PM4とM1では歯頸部に歯周病と吸収がみられる．

⑨ 骨折線上にある骨折治癒を妨げる歯周炎罹患歯

歯周炎に罹患していない歯は，骨折の支持として利用できる．しかし骨折縁の歯の歯周炎が進行している場合は，歯周炎が感染源となって骨折の治癒に支障となるため抜歯を行う．また，抜歯窩の不良組織は除去する．

⑩ 埋伏歯

埋伏歯は，周囲に嚢胞が形成されることによって顎骨にも炎症を引き起こす危険がある．また，隣接歯の根を圧迫し，転位や根の吸収を起こさせることもある．そのため埋伏歯で，萌出方向が矯正できない歯は抜歯を行う．

⑪ 修復その他の処置が必要な症例だが，経済的な理由などで抜歯を選択する場合

根管充填や矯正処置などの処置は，複数回の麻酔が必要となり費用が高額になるため，飼い主の希望によっては治療ではなく抜歯を選択する場合がある．

⑫ 猫の尾側口内炎（歯肉口内炎）（第５章参照）

重度の口内炎を呈する，いわゆる猫の尾側口内炎（歯肉口内炎）においては，現在のところ最も効果的な治療は全臼歯抜歯や全顎抜歯である．

7 抜歯

3 抜歯に必要な器具

▶ Point

- 抜歯においては，器具の選択が処置に大きく影響する．
- 良い器材をそろえる．抜歯にはハイスピードハンドピースが適している．

抜歯に必要な主な器具を下記に列記する．全般的に言えることだが，特に抜歯用エレベーターなどは適切な器具を使わなければ抜けるものも抜けなくなってしまうため，厳密な選択を行いたい．

■ メス

メスは先が小さい #15，メス柄はストレートなタイプの #3が抜歯には使いやすい（図7.9）．

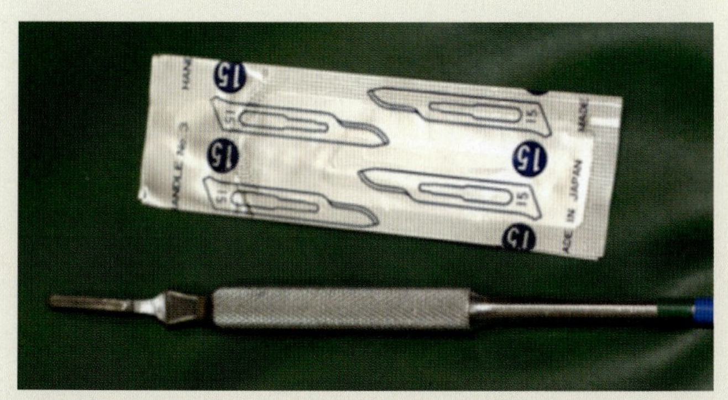

図7.9● メス

■ エレベーター

歯根膜を切り離す器具である．歯の種類に合わせて，数種類のサイズを用意しておく（**図7.10**）．刃先が厚いものは歯根膜に入っていかないため使えない．なお，抜歯用エレベーターは刃物であり定期的に砥ぐ必要がある．

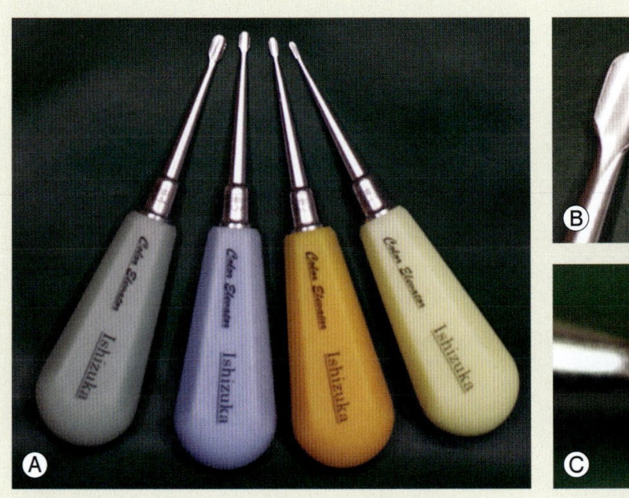

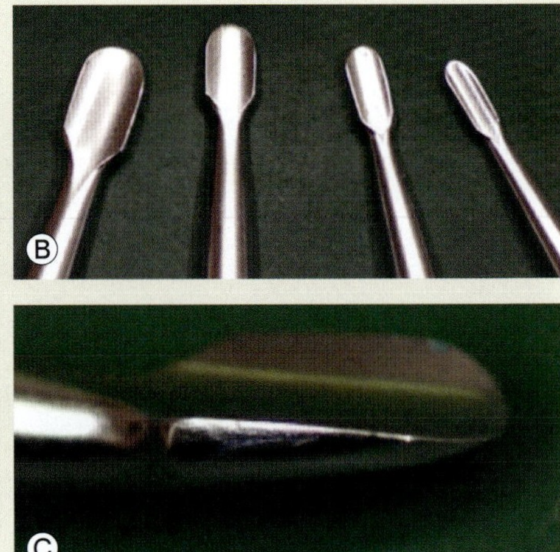

図7.10●エレベーター（ウィングタイプ）
Ⓐは全体図，Ⓑは先端部の拡大図，Ⓒは刃先の拡大図である．

■ 抜歯鉗子

全長12〜13cmの小ぶりでまっすぐなタイプが良い．また，嘴部の内側にミゾが入っているものは，歯を把持しやすく使いやすい．大きかったり先端が直角に曲がっているものは，細かなコントロールが利かず，先端に力が入りすぎて抜歯時に歯を折ってしまい残根しやすい（**図7.11**）．

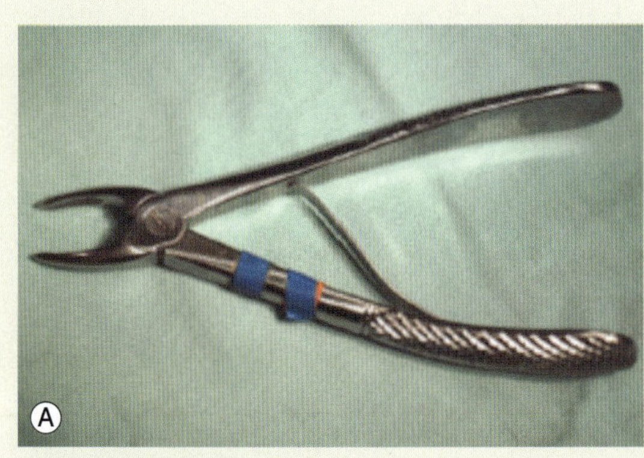

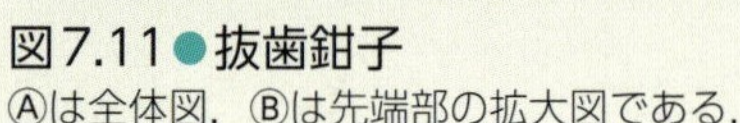

図7.11●抜歯鉗子
Ⓐは全体図，Ⓑは先端部の拡大図である．

■ 骨膜剥離子（骨膜起子，チゼル）

骨と粘膜を剥離する器具である．先端が丸く，3～5mm程度のものが使いやすい（図7.12）．

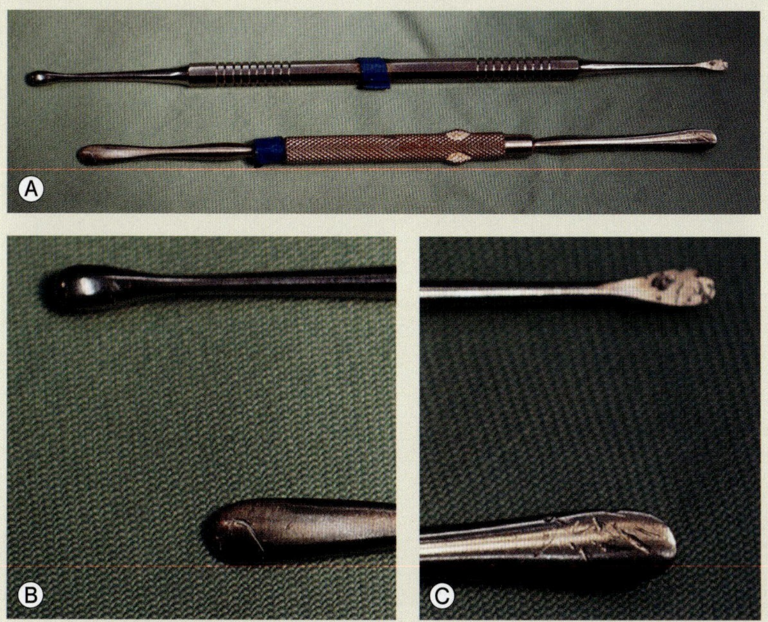

図7.12● 骨膜剥離子（骨膜起子，チゼル）
Ⓐは全体図，ⒷおよびⒸは先端部の拡大図である．

■ 眼科鋏

歯肉の切除に使う．歯肉鋏もあるが，眼科鋏の方が細かい作業が行いやすい（図7.13）．

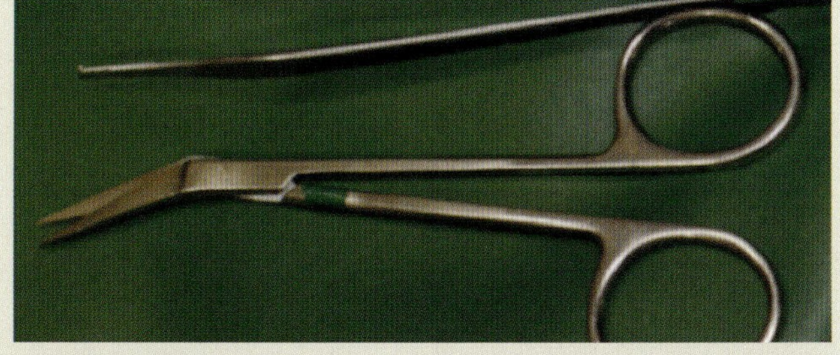

図7.13● 眼科鋏

■ 把針器，鑷子

把針器はヘッドが小さく，全長10～13cm程度のものが使いやすい（図7.14）．

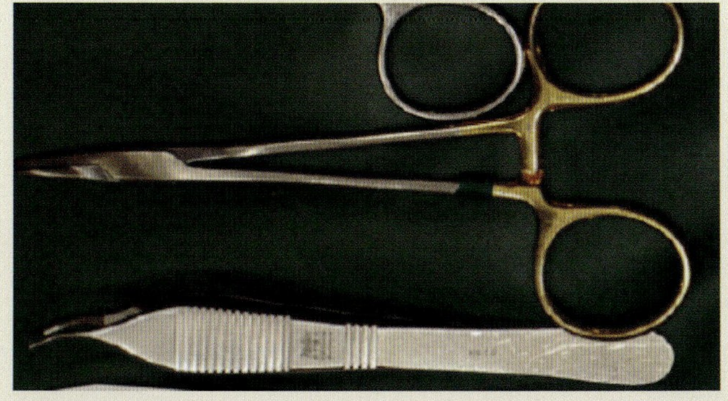

図7.14● 把針器，鑷子

7 抜歯

■ 合成吸収糸

歯肉や口腔粘膜は皮膚より薄く裂けやすいため，細い針と糸で丁寧に縫合する．糸は角針付きモノフィラメントの4-0～5-0吸収糸が使いやすい．ETHICON社製のPDFII®やMONOCRYL®をお勧めする（図7.15）．

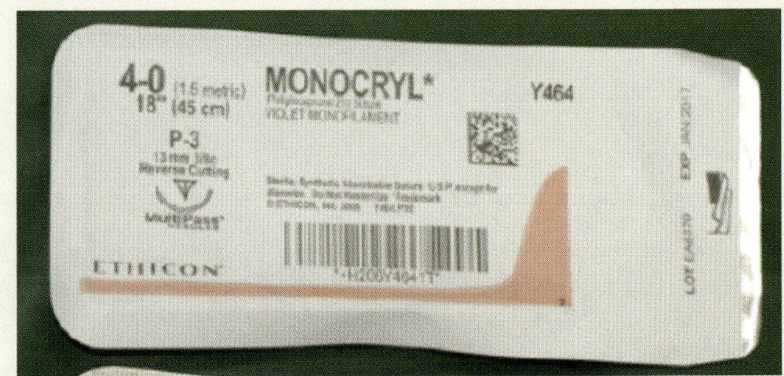

図7.15●合成吸収糸

■ 洗浄用針

抜歯窩を抗菌薬入りの生理食塩水などで洗浄する際に使用する．

■ 骨補填材

抜歯窩に充填する歯科材料．海外からの取り寄せになるが，Osteoallgraft®やConsil®が使いやすい（図7.16）．

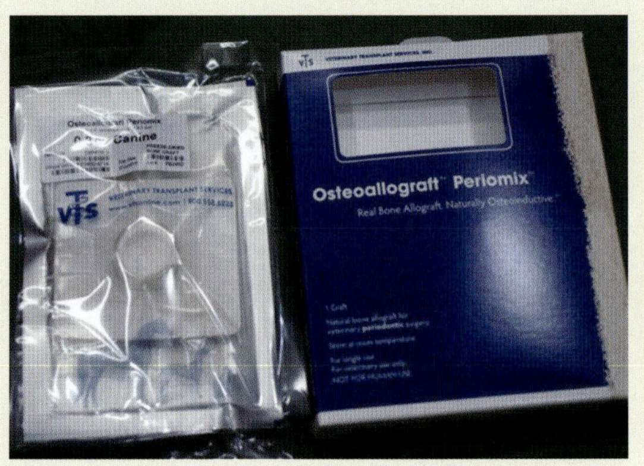

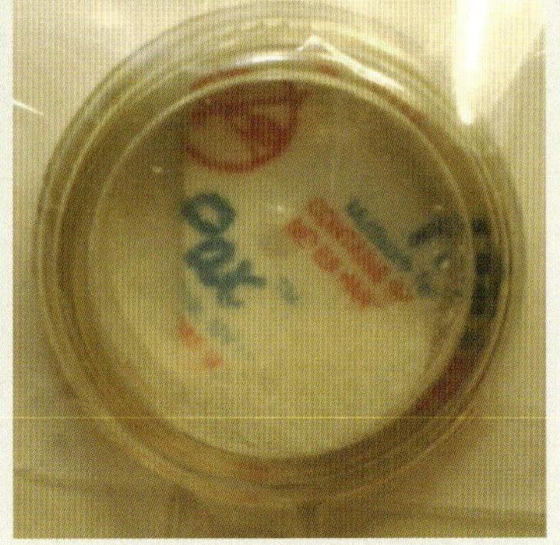

図7.16●骨補填材

■ マイクロエンジンとRAバー

ホワイトポイント（矢印），カーバイトバーのフィッシャーバー，クロスカットバー，ラウンドバー，ダイヤモンドポイントのラウンドバーなどを装着して，高回転で歯や歯槽骨を切削する．ただし，より高回転のエアタービンの方が作業効率が高い（図7.17）．

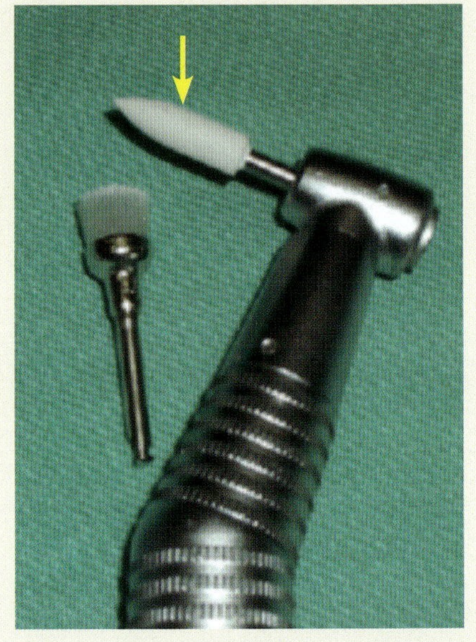

図7.17●マイクロエンジンとRAバー
矢印はホワイトポイント

■ エアタービンとFGバー

エアタービンは，トルクはないが高回転（約40万回転）で歯や歯槽骨などを切削でき，抜歯などの歯科処置には非常に有用な器具である（**図7.18**）．歯の切削には，刃物でできているカーバイトバーのフィッシャーバー，クロスカットバーなどを使用し，歯槽骨の切削や形成には2，1，1/2，1/4のラウンドバーなどを使用する．また，歯の修復や抜歯窩の棘をスムーズにするためにはダイヤモンドポイントのラウンドバー，シリンダーバーなどを使う（**図7.19**）．

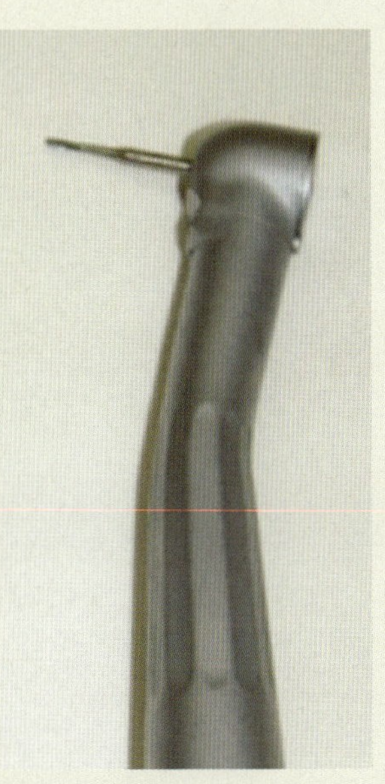

図7.18●エアタービン

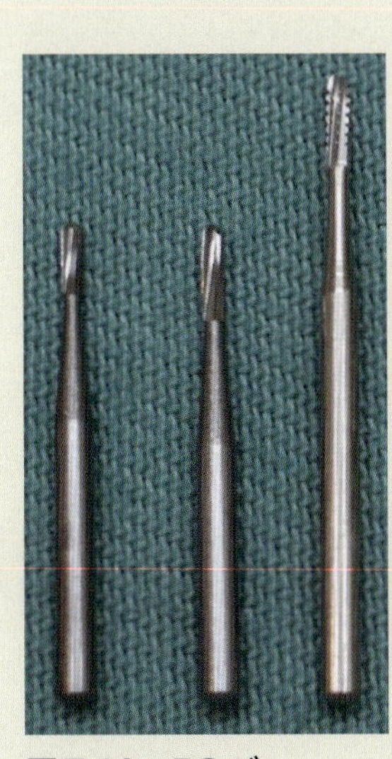
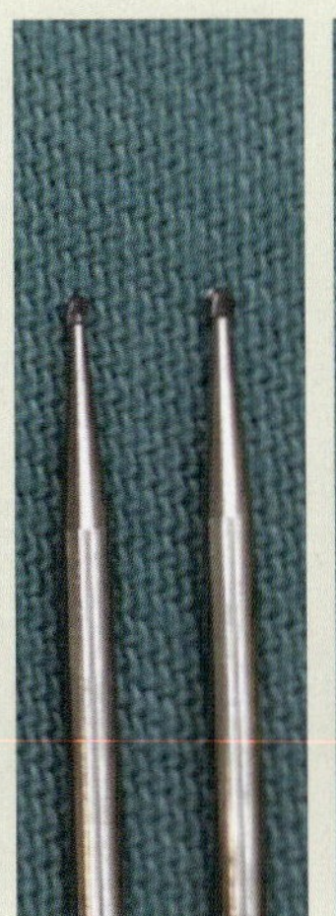
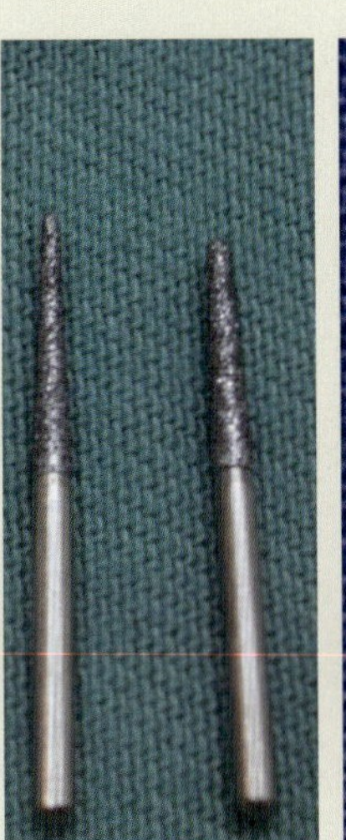
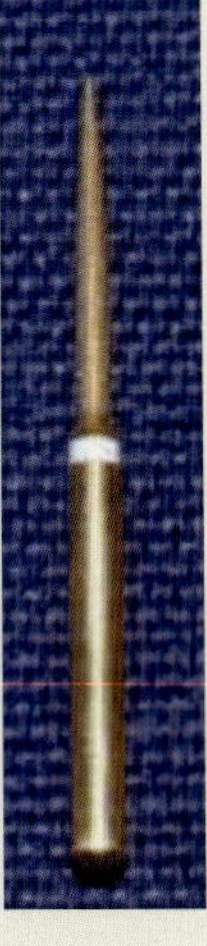

図7.19●FGバー

■ 滅菌済みの器材一覧

最後に当院で使用している歯科処置用器材の一式を示す（**図7.20**）．

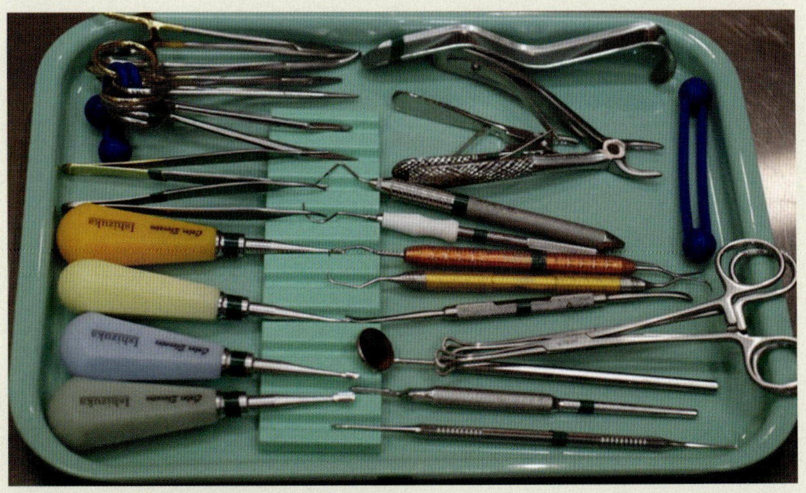

図7.20●滅菌済みの器材一式をのせたトレー

■ 口腔内X線装置

適切な歯科処置のためには，口腔内専用のX線装置が不可欠である．機材などの詳細については**第3章**を参照

4 犬の抜歯方法

▶ Point

- **抜歯は，基本的にフラップを形成して行う．**
- **エレベーターで歯根膜を切り，歯槽骨から剥がすことによって歯を脱臼させる．抜歯鉗子は「取り出す」だけ．**

抜歯の方法は歯の種類によって異なり，また犬と猫でも細かな違いがある．そうした各論について述べる前に，基本的な抜歯の流れを説明しておく（**表7.2**）．

まず，抜歯処置は全身麻酔下で行うことが前提となる．そして，事前にプロービングや口腔内X線撮影によって，歯根の状態や歯周組織の評価を行い，診断する．その後，診断に基づいた処置を行う．例えば，歯周炎の場合は歯垢・歯石を抜歯鉗子やスケーラーで取り去り，口腔内を洗浄することで抜歯の準備が整うことになる．こうした流れにおける注意点などはすでに口腔内診断の章で述べているため，そちらを参照されたい（**第2章**参照）．

抜歯の処置は，まずはじめに，歯肉縁から上皮付着をメスで切開する．そして，基本的にはフラップを形成する．フラップは骨の上に縫合線がくるように広く切開し，骨膜起子などで粘膜を剥離しておく（詳細は後述する）．抜歯窩の上に縫合線がくると術創が付きにくく，また，進行した歯周炎などでは不良な歯槽骨などの組織を除去する必要があるため，フラップを形成してからの方が処置が行いやすいからである．

次に，エレベーターを手の平全体で包むようにして持ち（**図7.21**），人差し指で歯などに支点をとったうえで，抜歯する歯に沿って歯根膜を切り開くようなイメージでゆっくりと垂直に挿入していく．

エレベーターをできるだけ奥に挿入した後は，そのままの位置で，時計回りもしくは反時計回りにエレベーターをゆっくりと少しだけ回転させ，そのまま10秒ほど保持する．この操作によって，歯根膜を歯槽骨から剥がすことができる．

表7.2●抜歯の手順

A　口腔内検査（視診，触診，プロービング，口腔内X線）
B　診断，治療方針決定
C　抜歯準備（局所麻酔，口腔洗浄など）
D　抜歯 D-1　歯肉切開，粘膜剥離，フラップ準備 D-2　歯槽骨の切削 D-3　エレベーター，抜歯鉗子で抜歯 D-4　抜歯窩の処理 D-5　フラップ形成，歯肉縁処理，剥離，縫合

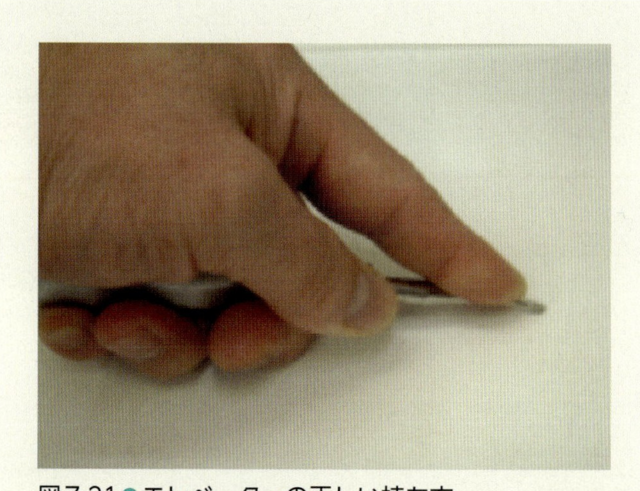

図7.21●エレベーターの正しい持ち方
エレベーターを手の平全体で包むようにして持つ．

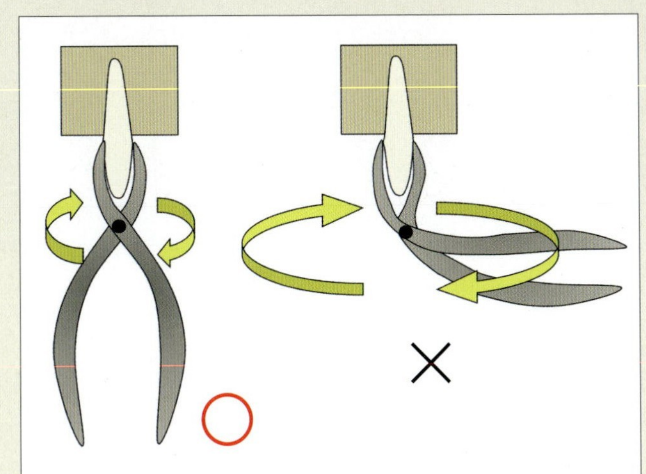

図7.22●抜歯鉗子の使い方
抜歯鉗子で歯を回転させるようにしてゆっくり抜歯する．左の鉗子は長軸回転しやすく，良い鉗子．右は歯を折りやすい鉗子

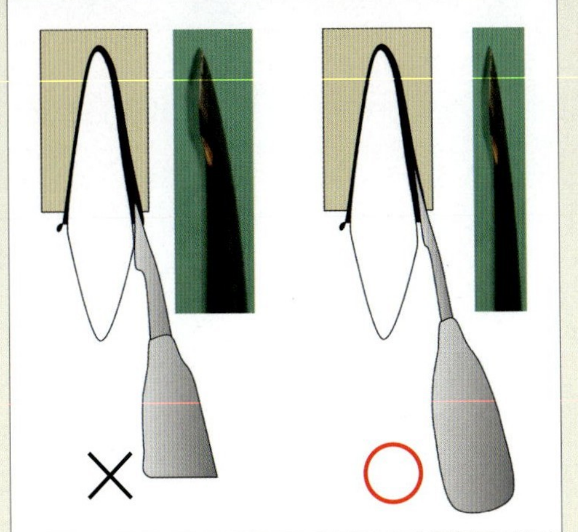

図7.23●エレベーターのサイズ
エレベーターは，なるべく1回で根尖部まで「切る」(右)．「ねじ込む」(左) 感触がある場合は，エレベーターの刃先が厚すぎるかサイズが大きすぎる．

この二つの操作を，歯の全周にわたって行う．一部でも歯根膜が残っていると，たとえ歯が動揺していても抜歯することはできない．根の先端まで丁寧に歯を脱臼させることが重要である．

次に抜歯鉗子を用いて長軸方向に回転させるようにしてゆっくり抜歯する (**図7.22**)．ここで重要な点は，抜歯鉗子はあくまでも十分に脱臼した歯を「取り出す」ために使うのであって，これ自体で抜歯をするのではない，ということである．

十分に歯を動揺させていない場合や，曲げて抜歯した場合，あるいは剥離が不十分なまま抜歯鉗子で無理に抜歯しようとすると，歯根が折れて，残根させてしまうことになる．

スムーズに抜けない場合は，歯根膜の剥離が十分に行われていない可能性があるため，再度，エレベーターの挿入を歯の全周に行わなければならない．

エレベーターを使用する際は，挿入時も回転時も，とにかくゆっくりと，強い力をかけずにじっくりと操作することが重要である．腕だけで操作するのではなく，脇をしっかりと締めて，自身の身体ごと押すようにすると良い．

無理に押し込むような動作をすると，エレベーターの貫入により眼球，神経，血管などを傷つけてしまう．特に上顎第4前臼歯や第1後臼歯は眼窩下管に近く，下顎第1後臼歯の根尖は下顎管の神経・血管に近いため，十分な注意が必要である．また，小型犬や猫は骨が薄いため，より慎重な操作が求められる．

なお，強い力をかけなければエレベーターを挿入できない場合は，エレベーターの刃先が厚いか，サイズが大きすぎる可能性が高い (**図7.23**)．エレベーターのサイズは，歯冠部ではなく歯根の先端のサイズを想定して選択すべきである．

4-1 単根歯の抜歯

▶ **Point**

- **上下犬歯は周囲の歯槽骨を切削して歯根を露出させ，側方から抜歯する方法をとる．**
- **上下犬歯とも舌側の骨が薄いため，注意が必要である．**

単根歯には，犬では切歯，犬歯，第1前臼歯，下顎第3後臼歯がある．犬歯以外の単根歯は根尖に向けて徐々に細くなっており，比較的抜歯しやすい．前項で解説した基本的な抜歯方法に従えば特に問題はないはずである．ここでは，上下犬歯の抜歯における特徴と注意点を解説する．

■ 上顎犬歯の抜歯 DVD チャプター17

犬の上顎犬歯では歯根の中腹の幅が歯冠部よりも広いため，重度歯周炎以外ではエレベーターを適切に挿入できず抜歯は難しい．そこで，犬歯の入っているソケットからまっすぐに抜く方法ではなく，犬歯を包んでいる歯根部周囲の骨を切削することで歯根を露出させ，側方から抜歯する方法が良い．

まずは準備段階として，歯肉粘膜を切開する必要がある（＝歯肉粘膜フラップ）．犬歯抜歯のための切開線は**図7.24**Ⓑのように広くとる．このラインは，処置後の縫合線が骨の上になることを想定したものである．フラップが小さいと抜歯しにくいだけでなく，抜歯後の縫合も行いにくい．また，縫合線が抜歯窩の上にきてしまうと離開する可能性が高いため，注意しなければならない．

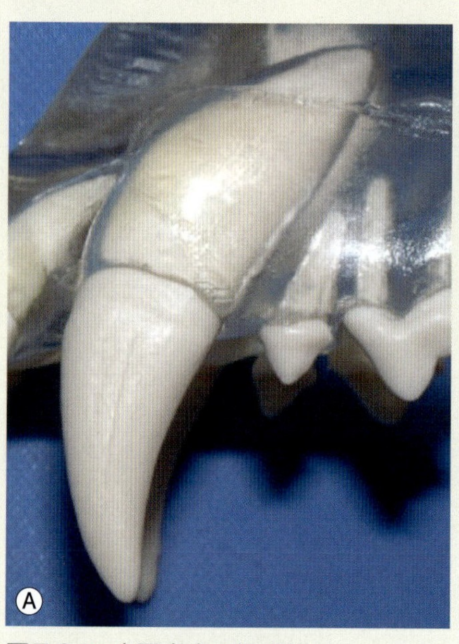

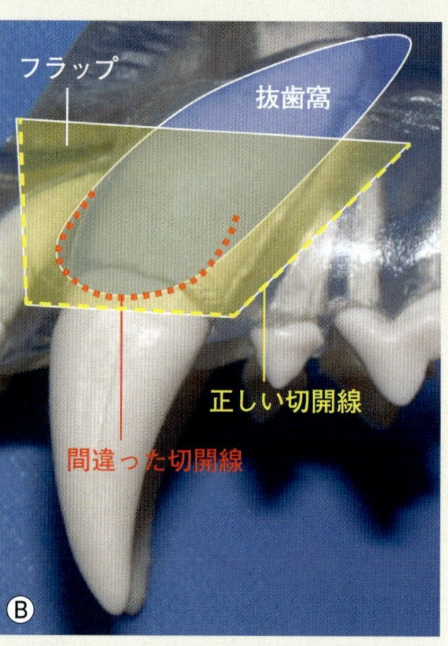

図7.24● 上顎犬歯の切開線
フラップは広くとることが基本．ただし深く切ると神経に触れるため注意する．Ⓐは上顎犬歯のモデル，Ⓑは上顎犬歯抜歯のための正しい切開線の模式図である．

具体的には，犬歯歯頸部から第2前臼歯背側のラインと，犬歯の鼻側の粘膜をメスで切開した後に(**図7.25**)，犬歯周囲の粘膜を骨膜起子などで鈍性剥離し，歯根部周囲の骨を露出させ，フラップを作る．

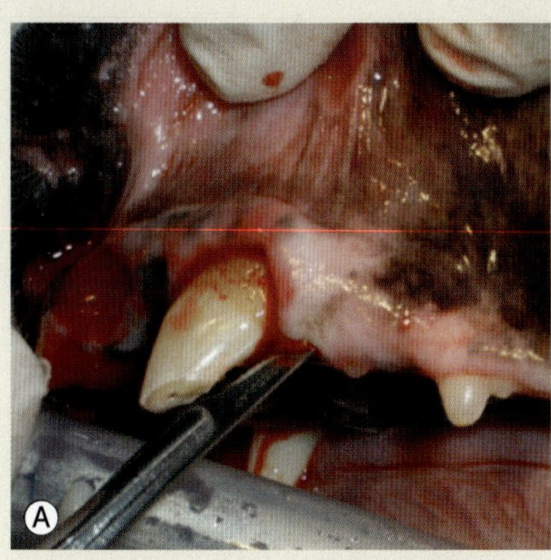

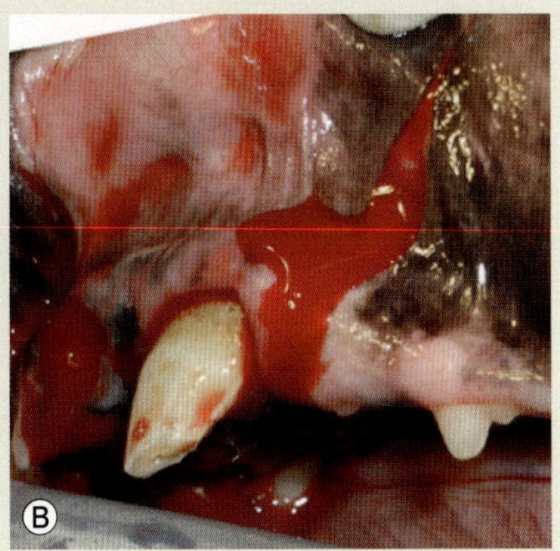

図7.25●上顎犬歯の歯肉の切開
歯肉と口腔粘膜を切開した後に(Ⓐ)，第一前臼歯横からメスを入れて広く切開する(Ⓑ)．

次に，犬歯骨膜隆起(犬歯の頬側の骨が盛り上がっている部分)の輪郭に沿って，高速ハンドピース(エアタービン)の切削用のカーバイトラウンドバーなどで歯根の頬側周囲の骨を切削し，犬歯歯根を露出させる(**図7.26**)．

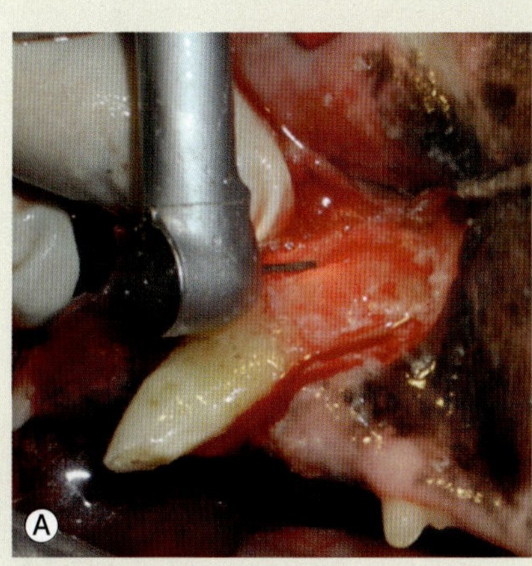

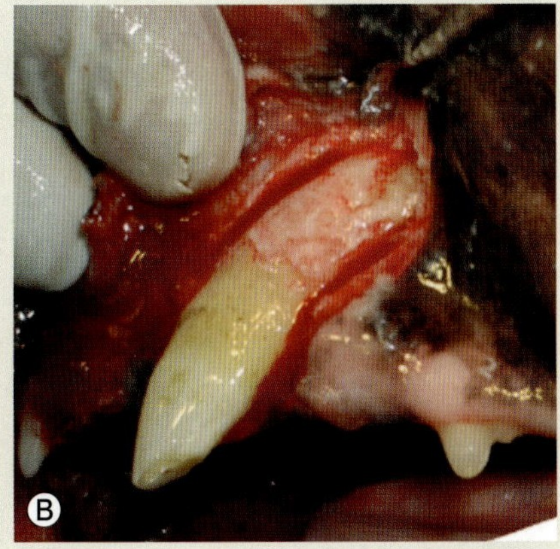

図7.26●上顎犬歯の歯槽骨の切削
形成したフラップをめくり，バーを用いて犬歯のすぐ上の歯槽骨を削る．Ⓐが切除中の様子，Ⓑは切除後の様子である．

その後，犬歯の口蓋側(鼻側)に根尖部までしっかりとエレベーターを挿入して歯根膜を切り，歯軸に沿ってじっくり回転させて歯根膜を剥がし，ゆっくりと犬歯を頬側に脱臼させる(**図7.27**)．犬歯が十分に緩んでから，抜歯鉗子を用いて左右に少しずつ回転させ，抜歯する．

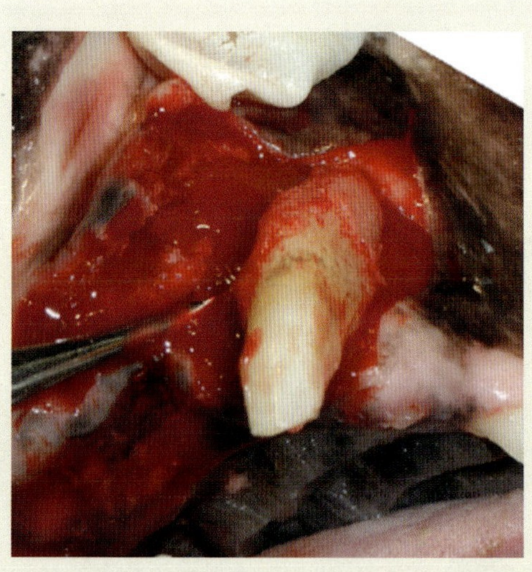

図7.27●上顎犬歯の抜歯
丁寧にエレベーターを使って抜歯する.

なお，上顎犬歯歯根の鼻側の歯槽骨は正常でも1mm程度の厚さしかなく，十分に剥離・脱臼をさせていない犬歯歯冠を頬側に持ち上げて無理に抜歯すると，鼻腔側の歯槽骨を破壊することになる．歯周炎が進行している症例などでは，すでにこの部分の歯槽骨が融解している場合もあり，十分な注意が必要となる．抜歯後は，後述の「抜歯後の処置」を行う．

■ 下顎犬歯の抜歯 DVD チャプター18

下顎犬歯の抜歯についても，おおむね上顎犬歯の方法に準ずる．ただし，下顎犬歯の舌側（内側）は上顎犬歯同様に骨が薄い．無理な抜歯を行うと，下顎骨結合部付近の骨を破壊し，下顎骨骨折を起こす危険性がある．

下顎犬歯の抜歯では，最初にメスを用いて，下顎犬歯と切歯の間から下顎骨の下縁に向かって歯肉を切開する．次に切歯と犬歯の間から第1前臼歯の前まで，口唇側の歯肉を切開する．そして，歯と歯槽骨の間隙にメスを挿入し，力を込めてゆっくりと歯根膜を切っていく（**図7.28**）．この時，下顎先端周囲をタオルや数枚のガーゼで囲み，メスが誤って滑った時に，患者の軟組織と獣医師自身の指を傷つけないように守っておく．

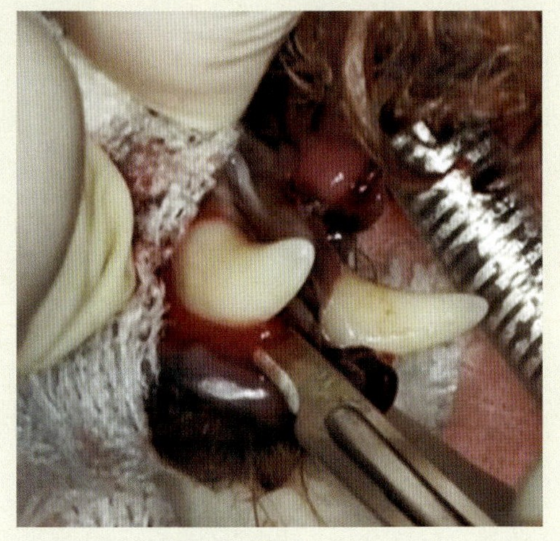

図7.28●歯根膜の切除
下顎犬歯の内側に＃15の刃のメスを入れ，歯根膜を切る．顎と指の保護のため，ガーゼやタオルで巻く．

次に，切歯と犬歯の間からエレベーターやチゼルを用いて犬歯外側の歯肉を剝離し，歯槽骨を露出させる（**図7.29，7.30**）．その後，上顎犬歯と同様に歯根の外側の歯槽骨を切削用のバーで除去し（**図7.31**），できるだけしっかりと歯根を露出させる（**図7.32**）．

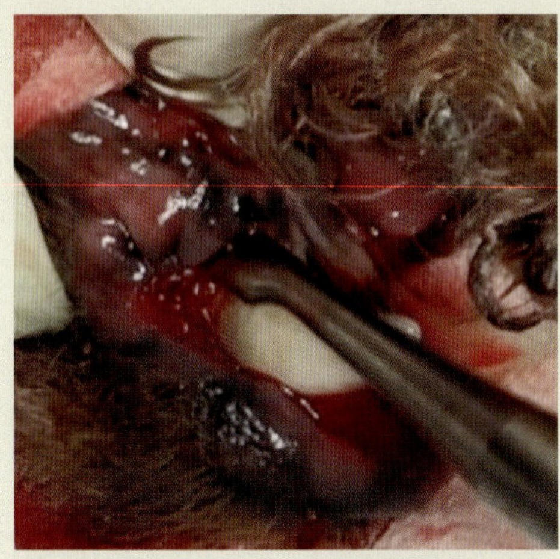

図7.29●エレベーターによる歯肉の剝離
エレベーターで犬歯外側の歯肉を剝がす．

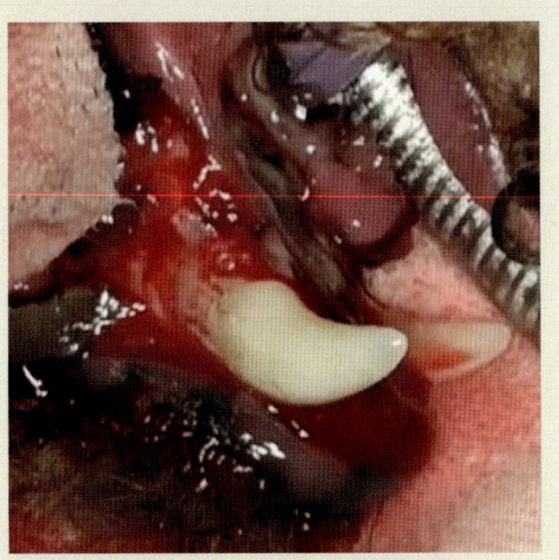

図7.30●チゼルによる歯肉の剝離
チゼルで歯肉を剝がし，歯槽骨を露出する．

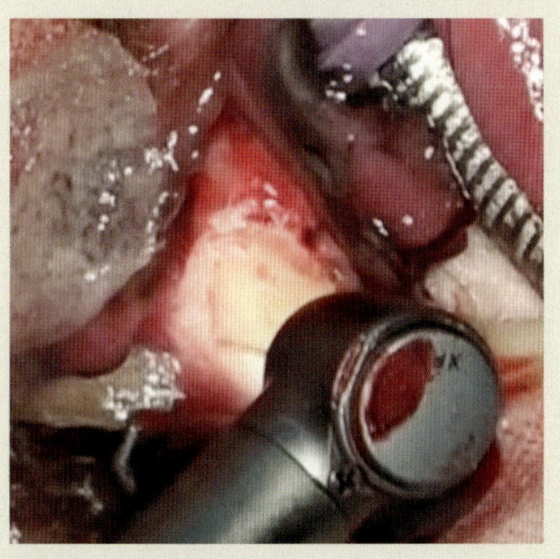

図7.31●歯槽骨の切削
バーを用いて犬歯周囲の歯槽骨を削る．

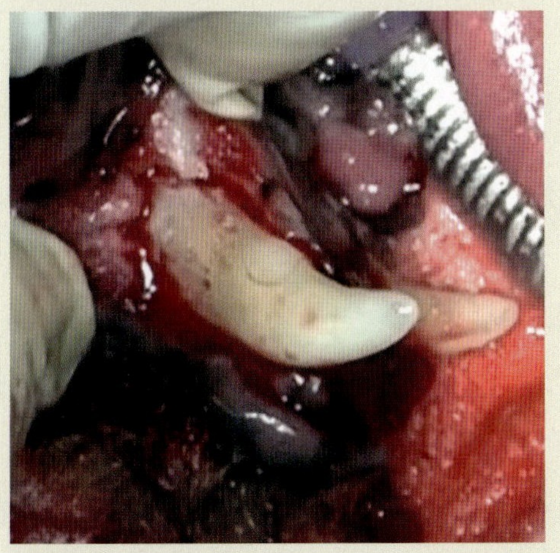

図7.32●歯根の露出
歯根膜に沿って削り終ったところ

続いて犬歯の舌側の歯肉を剝離する．犬歯の舌側と歯槽骨の間は非常に狭いため，下顎犬歯舌側の歯根膜の切断にはエレベーターよりもメスが使いやすい．メスを用いて，上記と同様に犬歯の舌側半周の歯根膜を切断していく．なお，舌下の正中に舌下小丘と呼ばれる隆起がある．これは唾液腺の開口部であり，傷つけないように注意しなければならない．

犬歯の内側半周の歯根膜をメスで切り，犬歯がぐらついてきたら歯根の幅に合わせた抜歯用エレベーターをゆっくりと挿入し，唇側に起こすようにして犬歯を脱臼させていく（**図7.33**）．

歯が完全に脱臼したら，最後に抜歯鉗子やエレベーターの刃の横側を使って抜き取る（**図7.34**）．

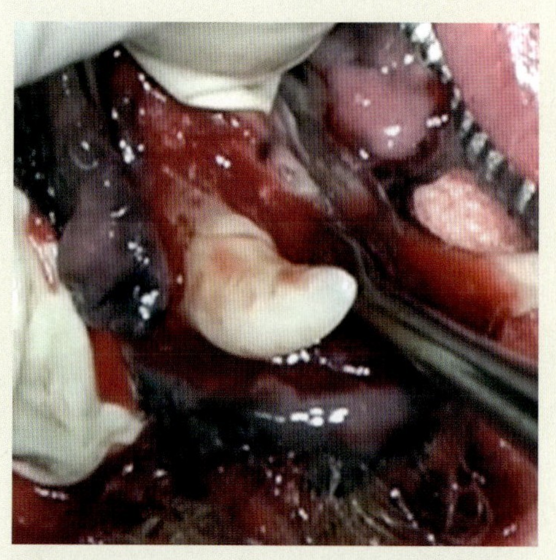

図7.33●エレベーターによる犬歯の脱臼
エレベーターを用いて，そっと掘り起こす．

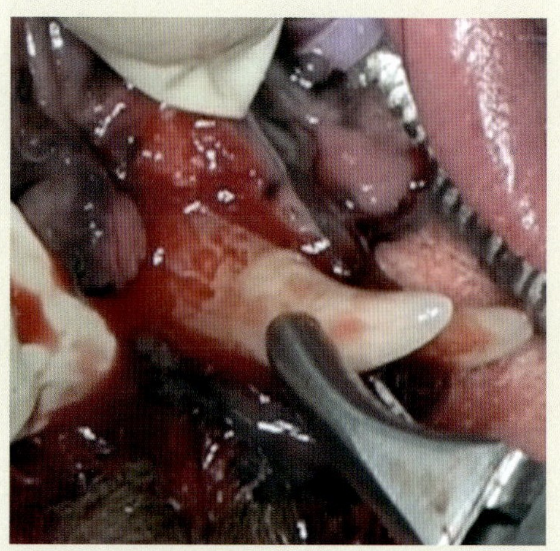

図7.34●犬歯の抜歯
抜歯鉗子で長軸方向に回転させながら引き抜く．

その後は抜歯窩の処置をするが，詳細は，後述の「**5 抜歯後の処置**」で説明する．ここでは，下顎犬歯に特有の注意事項のみ記載する．

下顎犬歯周囲の歯肉縁は上皮があり，そのままでは抜歯窩の縫合が付かないため，歯肉鋏（もしくは眼科鋏）で新鮮創にする必要がある（**図7.35**）．しかし，他の部分に比べ，下顎犬歯の舌側は歯肉が薄くて硬く，骨から歯が剥がしにくいうえに，縫い代が取りにくい（**図7.36**）．そのため，下顎犬歯の縫合部は離開しやすく，より一層の慎重さが求められる．

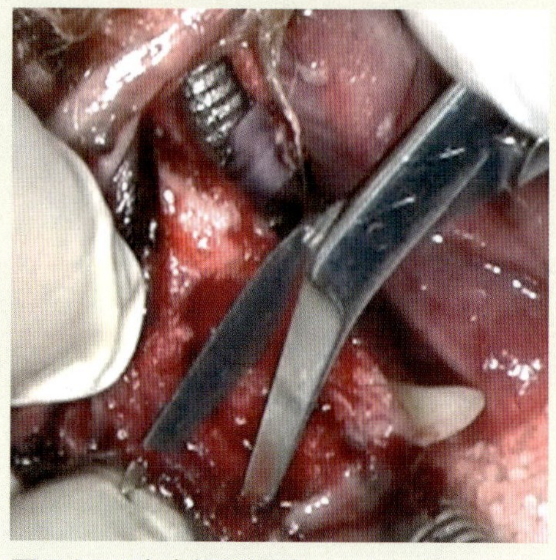

図7.35●歯肉縁の切除
歯肉縁を1mmほどを鋏で切除し新鮮創にする．歯肉フラップを作るため鈍性剥離する．

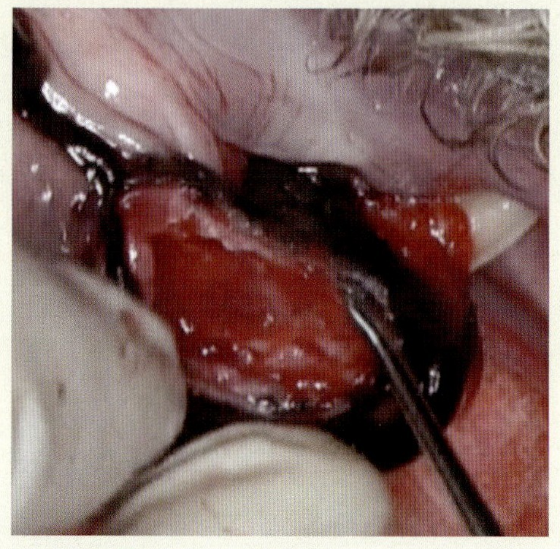

図7.36●フラップの形成
内側の歯肉縁をチゼルで2mmほど剥がし，縫い代を作る．

フラップはテンションがかからないように，口唇の縁に向かって鋏で鈍性剥離する．テンションがかからないように十分にフラップを形成したら（**図7.37**），フラップの縁をそのまま縫合するのではなく，縫合部に均一に力がかかるようにフラップをトリミングしてから縫合する（**図7.38**）．

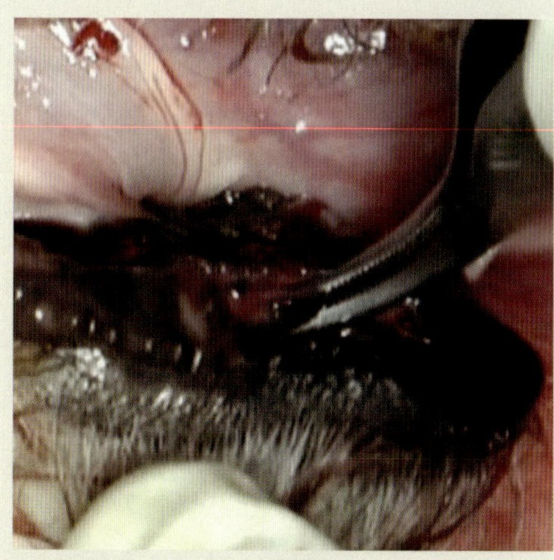

図7.37● フラップの確認
フラップ縁にテンションがかからずに縫合できることを確認する．

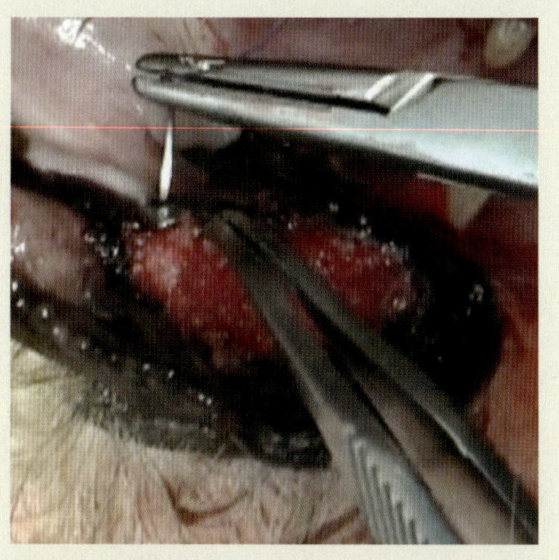

図7.38● 縫合
4-0角針付きモノフィラメントで縫合する．

また，必要があれば，骨補填材を抜歯窩に充填したうえで縫合する．縫合後は，上顎犬歯などに抜歯部位が当たらないか確認する（**図7.39**）．

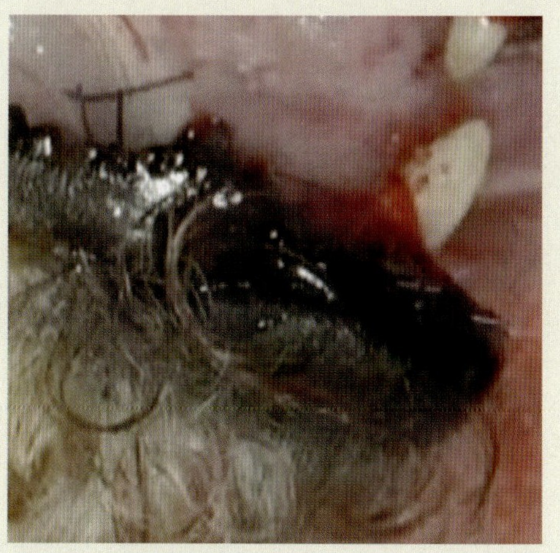

図7.39● 縫合後の確認
縫合後，上顎犬歯などに当たらないか確認する．

4-2 多根歯の抜歯

▶ Point

・多根歯は根ごとに分割してから抜歯する．動揺している歯こそ注意が必要！
・切削用のバーによる歯の分割は，必ず根分岐部から歯冠に向けて行う．

臼歯の多くは多根歯（2根もしくは3根）であるため，そのままの状態では抜歯できない．そこで2根歯は2分割に，3根歯は3分割にして，単根歯と同じような状態にしてから，分割した歯を一つずつ抜歯するのが適切な方法となる（図7.40）．

まずはじめに，メスや骨膜起子で歯肉を骨から剥離し，根分岐部を露出する．上顎第1，第2後臼歯以外は，根分岐部の位置は，おおよそ歯冠の頂点の真下にある．

歯の分割は，エアタービン（図7.41）に，カーバイトバーなどの切削用のバーを装着し，必ず根分岐部から歯冠に向けて行う．この際，歯冠を切る方向は，エレベーターを挿入しやすい方向を考慮して決める（図7.40）．

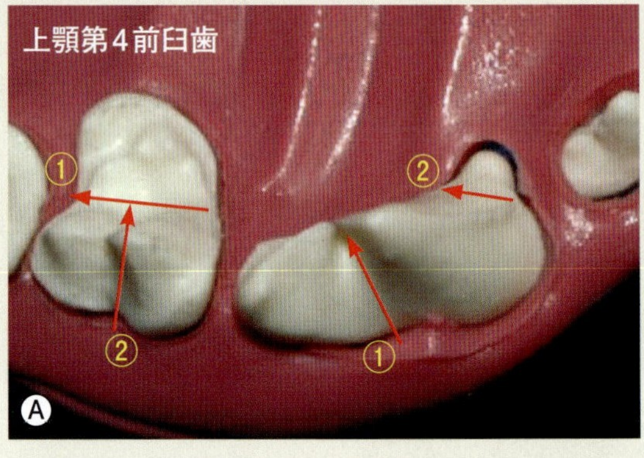

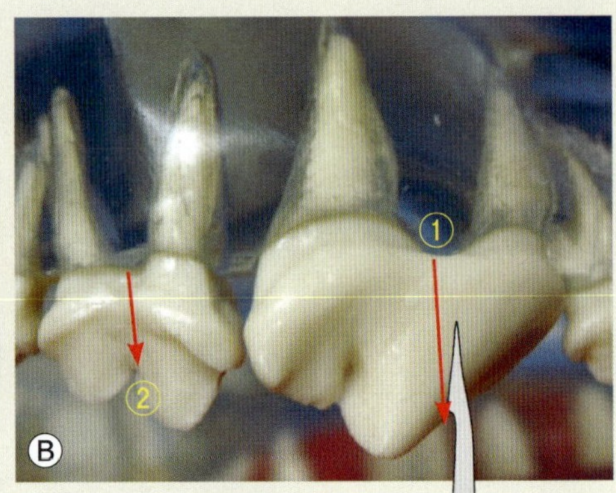

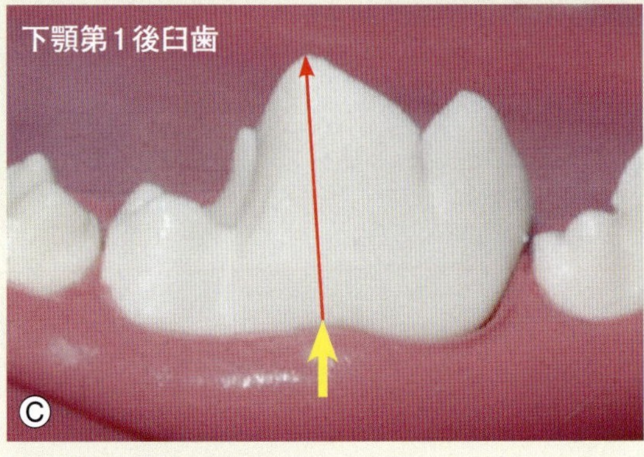

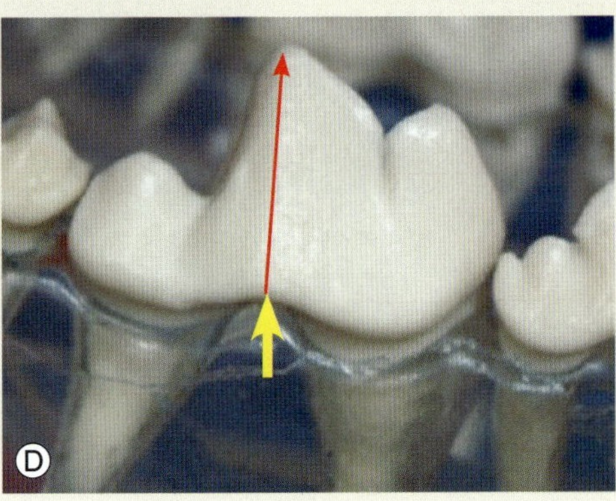

図7.40●多根歯の分割
上顎の多根歯の分割方法（ⒶⒷ）．下顎も同様に分割する（ⒸⒹ）．いずれもエレベーターを挿入する角度を想定したうえで分割を行う．赤矢印は分割の方向と位置を示す．黄矢印は根分岐部

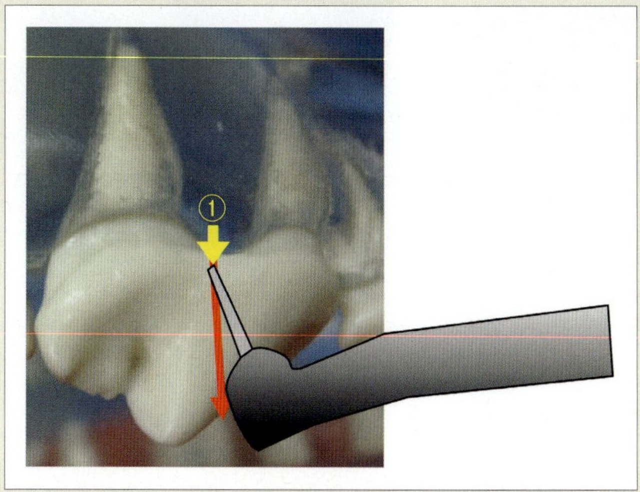

図7.41●ハイスピードハンドピースの使い方
根分岐部（①黄矢印）から切り始め，歯冠頂に向かって切る．一定方向（赤矢印）に一定の力で切り続ける．切る前からエアタービンを回転させ，切り終わってから止める．切っている途中では止めない．

上顎第4前臼歯や下顎第1後臼歯などは，隣接する歯との間が狭く，エレベーターが挿入できない場合がある．その際には，切削用のバーなどで，抜歯する歯の歯頸部をエレベーターが挿入できる程度に軽く切削すると良い．また犬歯と同様に，必要に応じて歯根周囲の唇側の歯槽骨を切削し，歯根をできるだけ露出させてからエレベーターを挿入すると抜歯しやすい．

歯の分割後は，分割した部位に歯根の太さに合わせた幅のエレベーターを根尖に向けてまっすぐに挿入する（**図7.42**）．エレベーターをできるだけ根尖まで届くようにしっかりと挿入する．挿入した部位でエレベーターをしっかりと数秒保持し，歯根膜が剥がれてくるのを待つ．その後，少しだけ軸回転させるつもりで，力を入れたまま保持する．このようにして歯根膜を切るように剥がし，歯を少しずつ動揺させていく．次に，隣接する歯との間に挿入して，歯根膜を切る操作を歯根全周に行い，歯を脱臼させる（**図7.43**）．

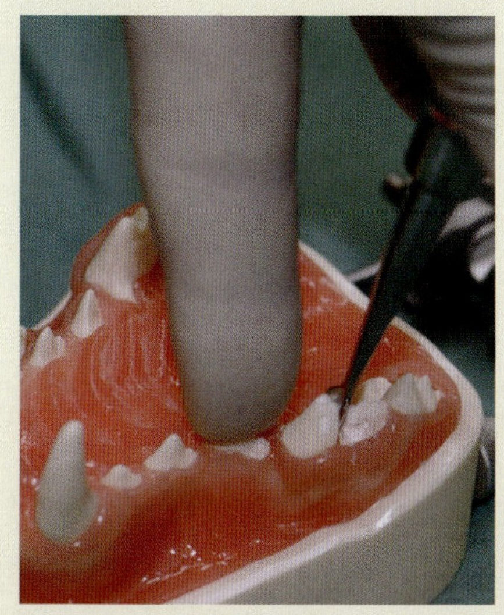
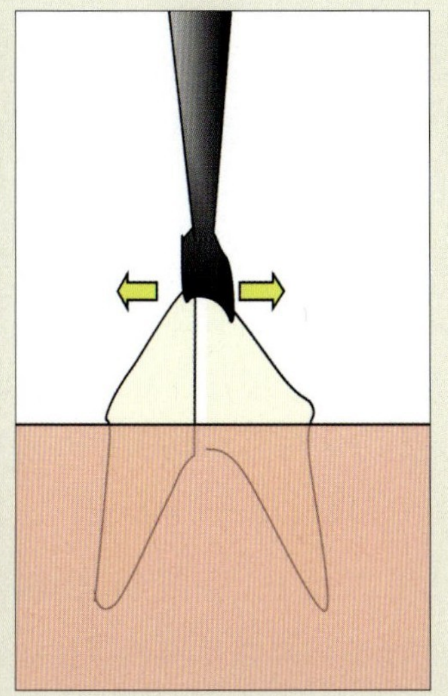

図7.42●多根歯の抜歯①
エレベーターは，まず分割した部位に挿入し，じっくりとひねる（黄矢印）．

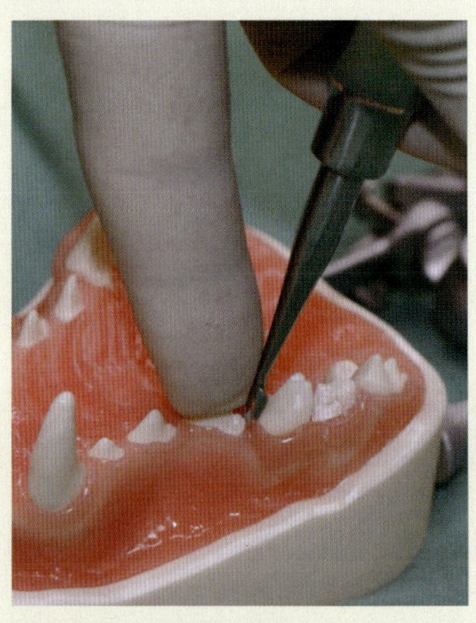
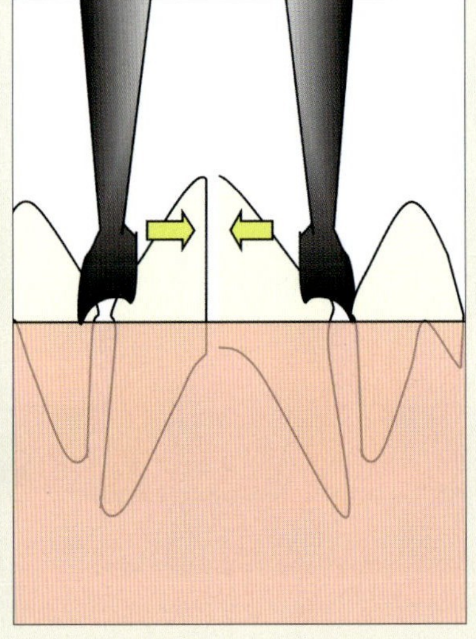
図7.43●多根歯の抜歯②
次に，隣接する歯との間に挿入してひねる（黄矢印）．健常な歯にダメージを与えないように注意する．

7
抜歯

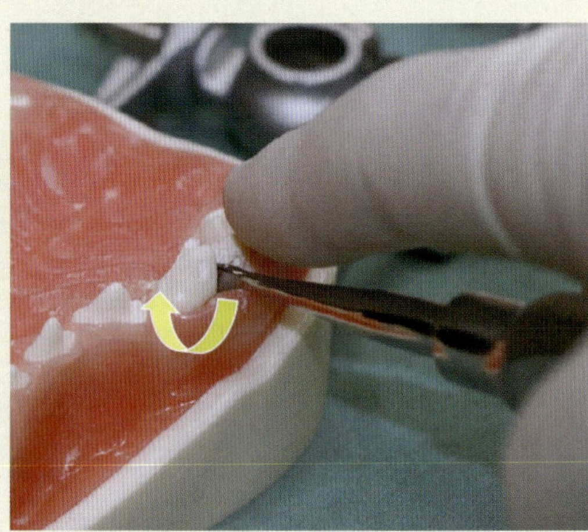
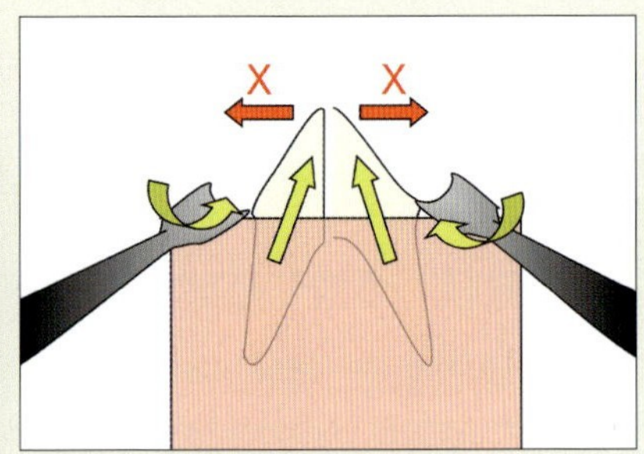

図7.44 ●多根歯の抜歯③
ブレード側部を使ってテコの原理で歯を引き起こす（黄矢印）．赤矢印のように無理に横方向にひねってはいけない．

十分に脱臼をさせたら，エレベーターを横向きにして，ブレード側部の羽の部分でねじるようにしてじっくり歯を歯槽骨から浮かすように使うと，歯根がぐっと抜けてくる（**図7.44**）．脱臼が不完全なときに無理して抜歯鉗子で抜歯しようとしたり，エレベーターを横方向に無理にひねったりすると歯を折ってしまい，残根させてしまうので（**図7.44**），完全に脱臼するまで，十分に歯根膜を切って動揺させる必要がある．

なお分割した歯は，1根だけを先に抜いてしまうと，残りの根を抜く際に指の支点をとる場所がなくなってしまい，他の根を抜きにくくなるため，すべての根の歯根膜を同時に切りながら脱臼させていった方が良い．

なお注意点としては，上顎第4前臼歯の口蓋根が細長く，斜めに植わっているため抜歯しにくい．事前にX線画像で根の状態を確認するとともに，透明な頭蓋モデルで根の形状を参考にしてエレベーターを挿入する角度を決めることをお勧めする．

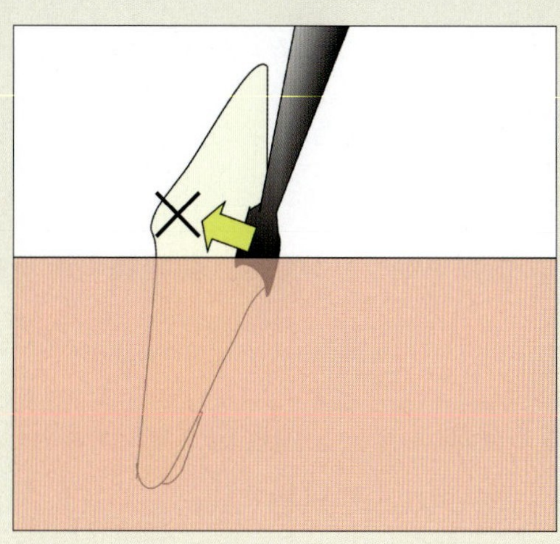

図7.45●多根歯の抜歯④
歯根が折れる方向に力を入れてはいけない．抜く方向にのみ力を入れるべき．

さらに，上顎第4前臼歯，第1後臼歯，下顎第1後臼歯などの根尖周囲は，鼻腔や神経血管があるため，慎重に操作をすべきである．

また，下顎の第1後臼歯は歯根が下顎骨の下縁近くまで伸びているため，小型犬の重度歯周病の抜歯時に医原性の骨折を引き起こす可能性がある．こちらも慎重な操作が求められる．

4-3 重度歯周炎の抜歯 

▶Point

- **重度歯周炎の場合は，抜歯だけでなく，歯根周囲の不良組織の除去を行う．**
- **歯周組織がすでに脆くなっているため，慎重さが求められる．**

重度歯周炎の歯であっても基本的な抜歯方法は変わらないが，次のような点が通常とは異なる．

まず，進行した歯周炎の歯の周囲の顎骨は，吸収されて脆くなっており，歯根を支える組織が少ないため，抜歯自体は比較的行いやすい．しかしながら，歯根周囲の組織（歯槽骨など）が広範囲に感染している状態であるため，抜歯するだけでなく，歯根周囲の不良組織の除去や，全身への細菌の波及などに対する対処が必要である．と同時に，歯周組織が脆く，血管・神経に障害を与える可能性が高いため，後述する抜歯に伴う併発症に十分注意する必要がある．

重度歯周炎の代表的な例としては，上顎犬歯の重度歯周炎の結果，口鼻瘻を起こしているものが挙げられる．このケースでは，最初はくしゃみや鼻汁などの症状を主訴として来院することが多い．上顎の犬歯から第4前臼歯までの5歯のいずれでも，上顎骨の薄い壁を隔てて鼻腔に接しているため，それらの歯周炎が進行して内側の隔壁が壊れ，歯周ポケットが鼻腔に通じる瘻孔となることによって引き起こされている．

また，重度の歯周炎は，単独の歯の歯周炎ではなく，連続する複数の歯の歯周炎の結果として発

生する場合が多い．

そこで下記では，連続する複数の歯をまとめて抜歯する場合の方法について説明する．

■ 重度歯周炎の臼歯をまとめて抜歯する場合

上顎下顎ともに，重度歯周炎で数本連続して抜歯する場合は，一塊として一度に切開して同時に抜歯を行うと効率的で，縫合部をきれいに処置することができ，処置後の治りも良い．

はじめに，#15のメスで歯の外側の歯肉ポケット付近を一気に切開する（図7.46Ⓐ）．この際，明らかに不良な歯肉の炎症があれば，この段階で切除してしまう．

続いて，骨膜起子を用いて骨から歯肉粘膜を丁寧に剥離し（図7.46Ⓑ），根分岐部および歯槽骨を露出させる（図7.47）．

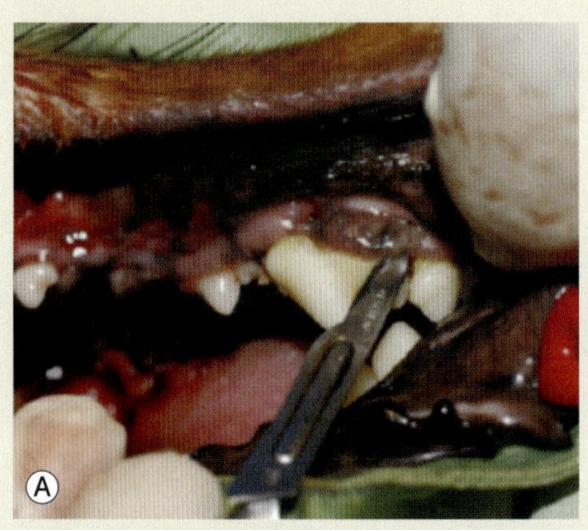

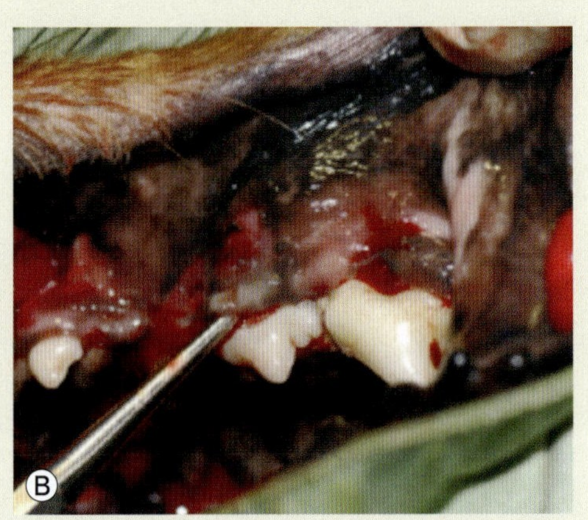

図7.46●歯肉の切開
メスで歯肉を切開しⒶ，骨膜起子を挿入するⒷ．

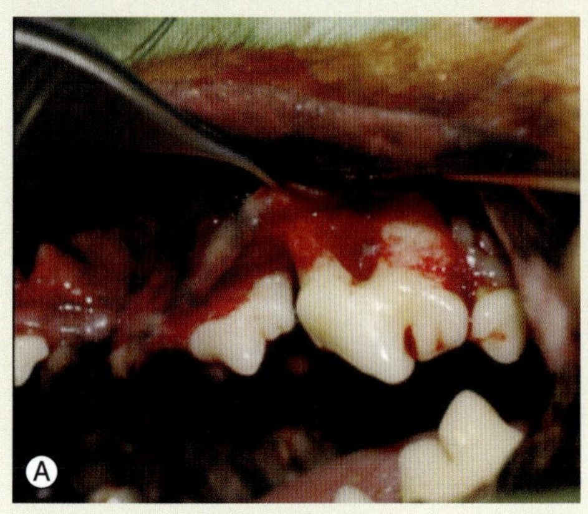

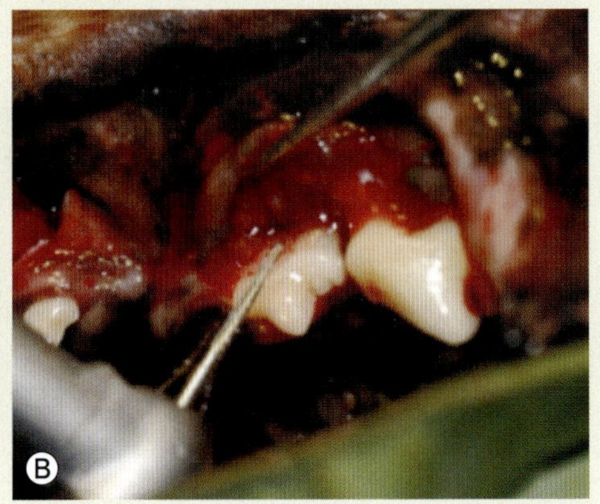

図7.47●歯肉粘膜の剥離
根分岐部Ⓐおよび歯槽骨Ⓑを露出させる．

次に，前述した多根歯の抜歯と同様に，切削用バー（1／2カーバイトラウンドバーなど）を用いて，根分岐部から多根歯を分割し，それぞれを抜歯していく（図7.48）．手荒な動作で病的骨折を起こすことがあるため，慎重に抜歯していく．

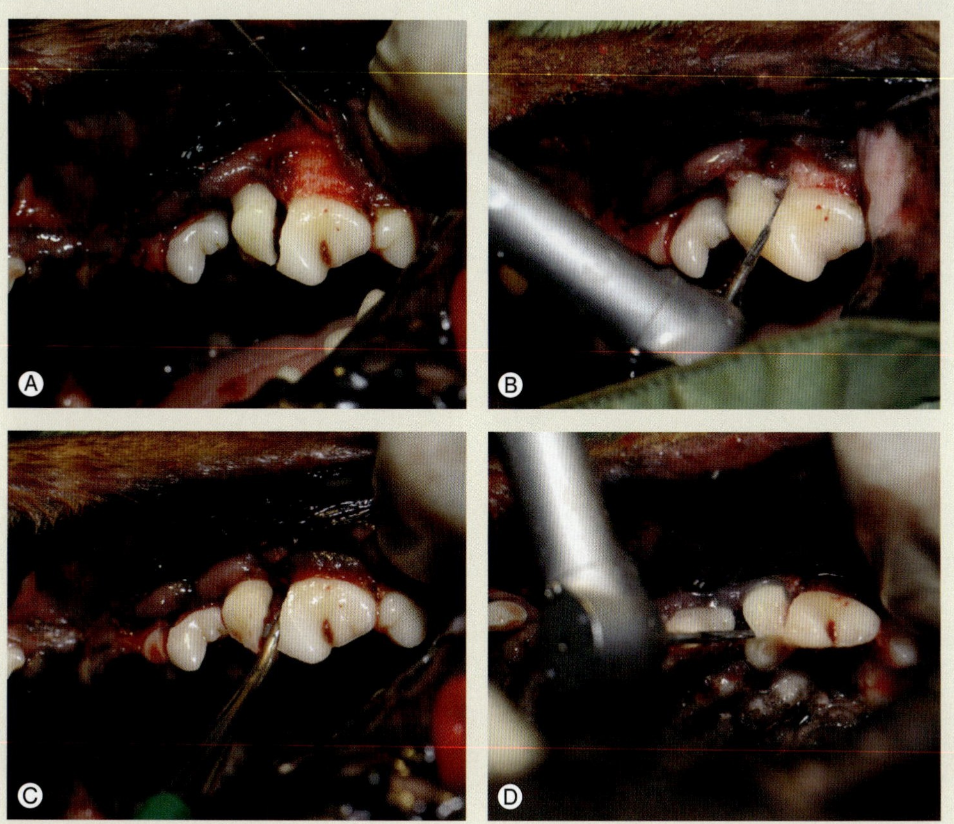

図7.48●多根歯の分割
多根歯を分割した後（Ⓐ～Ⓓ），分割した歯を一つずつ抜歯していく．

その後，抜歯窩付近の不良組織を，根尖部周囲の神経血管を傷つけないように注意しながら，通常鑷子などで丁寧に除去していく（**図7.49**）．重度歯周炎の際は，歯周囲の血管，神経などの近くまで，不良組織が及んでいることが多いため，デブライドメントの際は十分に注意する．抜歯窩にある不良組織を丁寧に除去する．その後，十分に剥離し，フラップの準備を行う．

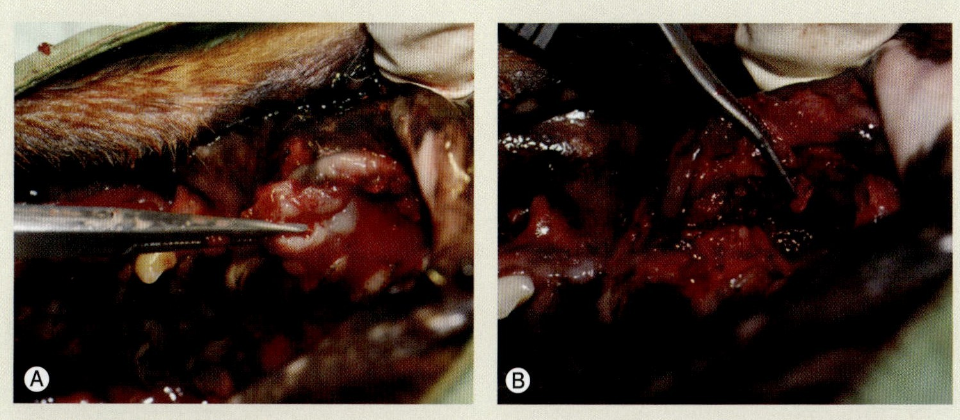

図7.49●不良組織の除去
抜歯窩の不良組織を除去する（Ⓐ）．Ⓑでは鼻腔が見えている．

4-5 乳犬歯の抜歯

▶ **Point**

・乳犬歯の抜歯にはフラップを作る方法と作らない方法がある.
・いずれの方法でも，すぐ隣にある永久歯歯胚を傷つけないように十分注意する必要がある.

■ クローズドテクニックによる乳犬歯の抜歯

抜歯前に必ず口腔内X線撮影を行い，乳犬歯の歯根の状態を確認しておく（**図7.50**）．歯根が一部吸収されている場合は歯根が割れやすく，非常に抜歯しにくい．また，すでに歯根のほとんどが吸収されているのであれば，抜歯の必要がないと判断することもできる．

乳犬歯は，歯冠は曲がっているものの，歯根はほとんどまっすぐであり，口蓋との角度はおよそ45度である．歯根長は歯冠長の2倍近くあり，小型犬でも2cmほどある．

乳歯の抜歯には，乳歯の歯根幅に合わせたエレベーターを用いる．小型犬の乳犬歯では，通常2～3mm程度の幅のエレベーターが使いやすい．

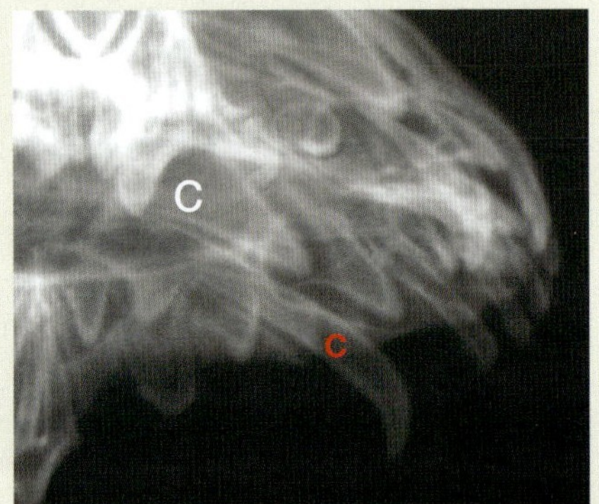

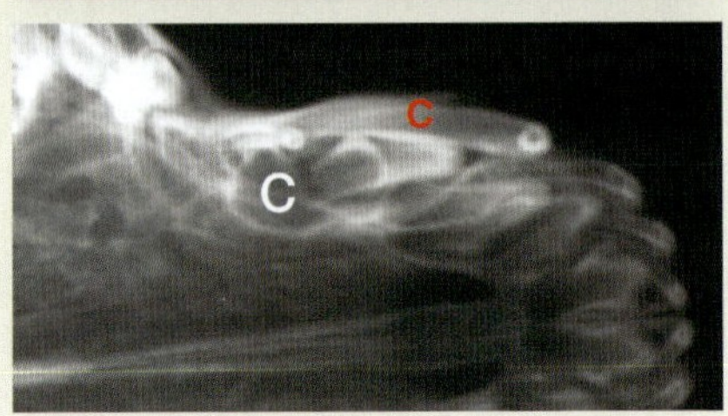

図7.50●乳犬歯の歯根のX線写真
X線で乳犬歯歯根と永久歯を確認し，永久歯歯杯を傷つけないように注意する．犬歯の歯杯（C）は乳犬歯（c）歯根の口蓋側遠心に位置する．

クローズドテクニックの処置としては，まずはメスで歯頸部の歯肉付着部を切り，エレベーターを挿入しやすくする（**図7.51**）．上顎の永久犬歯は乳犬歯の背側に位置し，鼻側に萌出してくる．したがってエレベーターは，永久歯側の反対側から挿入することになる．

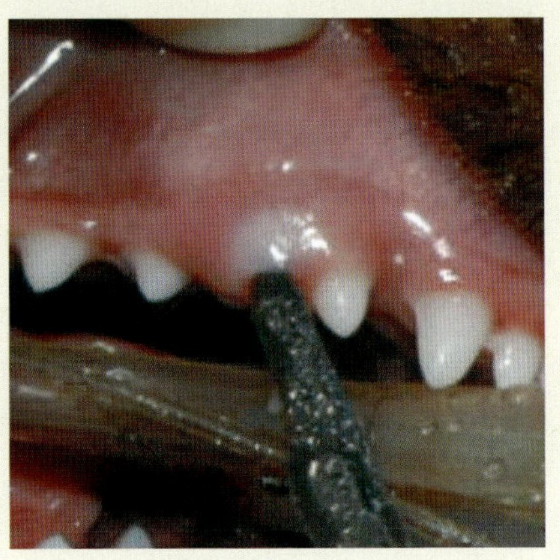

図7.51●クローズドテクニック①
メスで歯肉付着部を切り離す.

7 抜歯

まず尾側面から歯根に添ってゆっくりと根尖に向かって挿入する．この際，エレベーターを途中で止めずに，一度で根尖まで挿入することがコツである（**図7.52**）．歯根膜を切るような感覚でエレベーターを挿入する．エレベーターを曲げたり，ひねったりせず，まっすぐに挿入し，抜き取るという作業のみを行う．続けて，唇側も同様に歯頸部から根尖までエレベーターをまっすぐに挿入する．

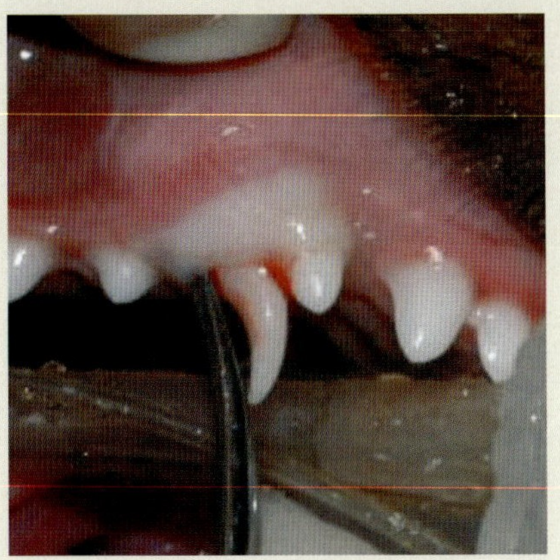

図7.52●クローズドテクニック②
永久歯歯胚を傷つけないように，尾側からエレベーターを根尖まで歯根膜を切るように挿入していく．次に唇側も同様に挿入する．

次に，エレベーターを乳犬歯の鼻側と内側（口蓋側）に挿入するが，隣り合って存在している永久犬歯を傷つけないように，慎重に操作を行う（**図7.53**）．

下顎では，乳犬歯の舌側に永久犬歯が位置する．上顎と同様に，永久犬歯を傷つけないように注意してエレベーターの挿入を行う．

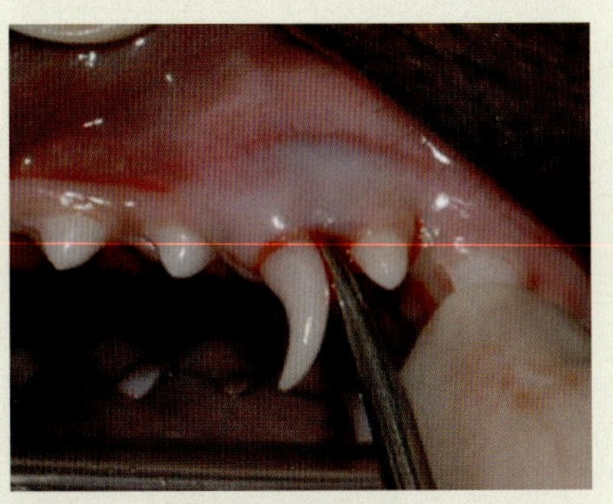

図7.53●クローズドテクニック③
その後，鼻側にもエレベーターを丁寧に挿入していく．こちら側はあまり無理をしないこと．次に口蓋側に挿入する．このとき，すでに動揺しているようであれば，根尖まで挿入しない．動揺がない場合は丁寧に根尖まで挿入する．

上顎，下顎ともに，エレベーター挿入は乳犬歯が回転するようになるまで丁寧にゆっくり行うのがコツである．十分に動揺してきたら，抜歯鉗子で回転させながら引き抜く（**図7.54**）．抜歯後はX線で残根の有無を確認し，問題がなければ抜歯部を吸収糸で縫合する．

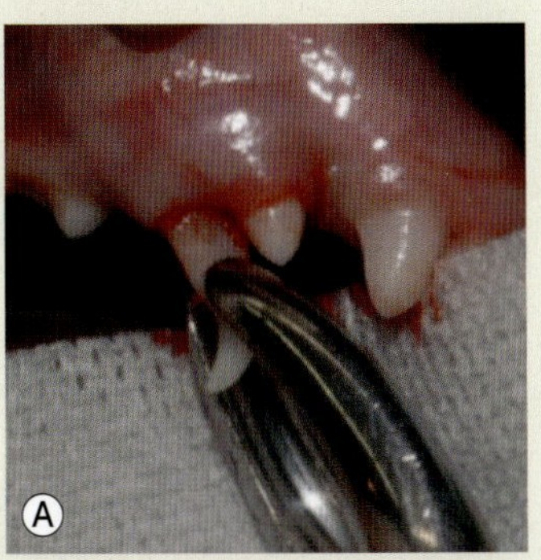

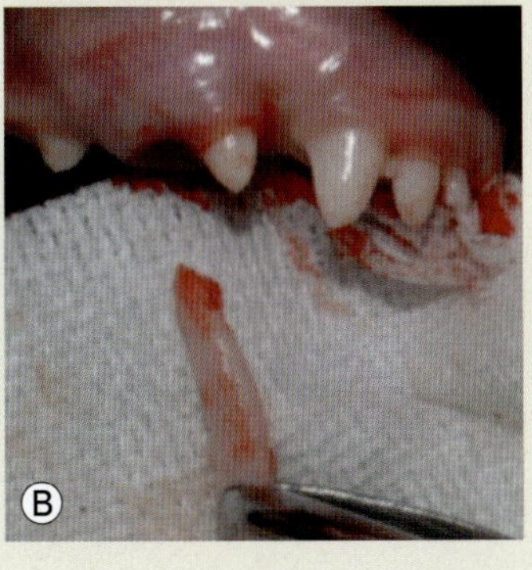

図7.54●クローズドテクニック④
乳歯が十分に動揺し，回転するようになるまでゆっくり行う（Ⓐ）．十分に動揺してきたら抜歯鉗子で抜歯する（Ⓑ）．

■ オープンテクニックによる乳犬歯の抜歯

オープンテクニックは，永久犬歯の抜歯と同様に，歯肉粘膜を切開してフラップを作り，歯根周囲の歯槽骨をバーで削って歯根部を露出した後に抜歯する方法である．フラップ作成の分だけ手間はかかるが，目視で歯根を確認できるため，永久歯歯杯を傷つけにくいというメリットがある．また，歯根が吸収されかけて脆い場合なども，残根を残さずに処置しやすい．

オープンテクニックでも，まずは口腔内X線撮影を行い，歯根の状態や永久歯の位置を確認する．

次に，乳犬歯の歯根の口唇側の直上をメスで根尖まで切開し（**図7.55**），歯根周囲の歯根膜を剥がす．歯根部周囲の歯槽骨をダイヤモンドバーで切削し，歯根を露出させる（**図7.56**）．

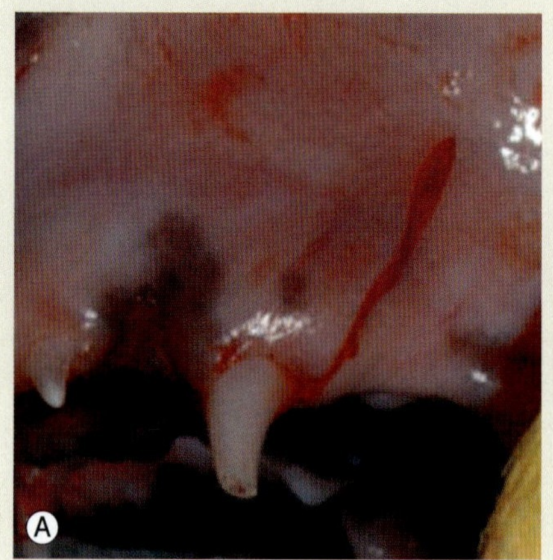
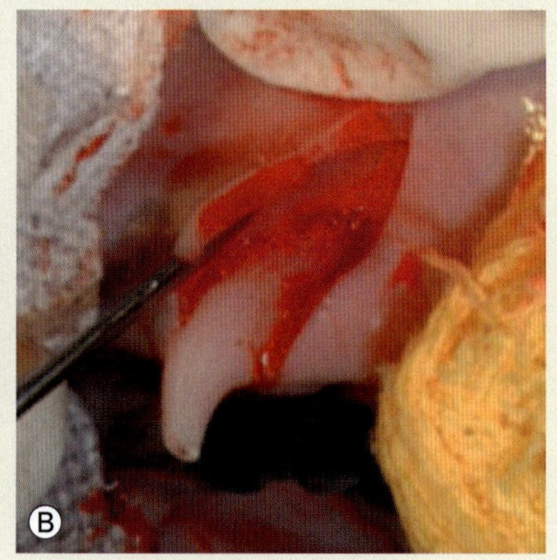

図7.55●オープンテクニック①
乳犬歯の歯根に沿って切開し（Ⓐ），丁寧に歯肉粘膜を剥離し歯根を露出させる（Ⓑ）．

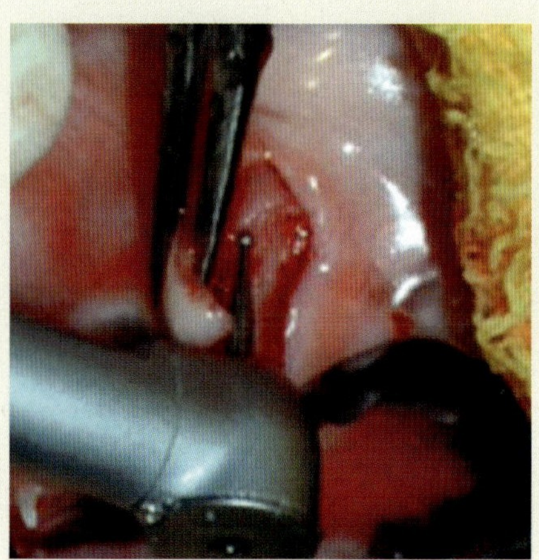

図7.56●オープンテクニック②
歯根部周囲の歯槽骨をダイヤモンドポイントのラウンドバーで削り，歯根を露出させる．

その後は，目視下で乳犬歯の歯根を確認しながら，上記の乳犬歯の抜歯の要領でエレベーターを用いて丁寧に乳犬歯を掘り起こすように抜歯する（**図7.57**）．

抜歯後の処置も同様で，X線で残根の有無を確認した後に，歯肉粘膜を吸収糸で縫合する．

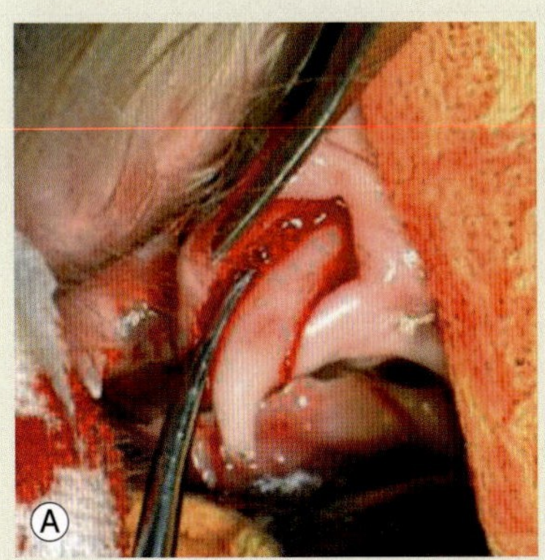
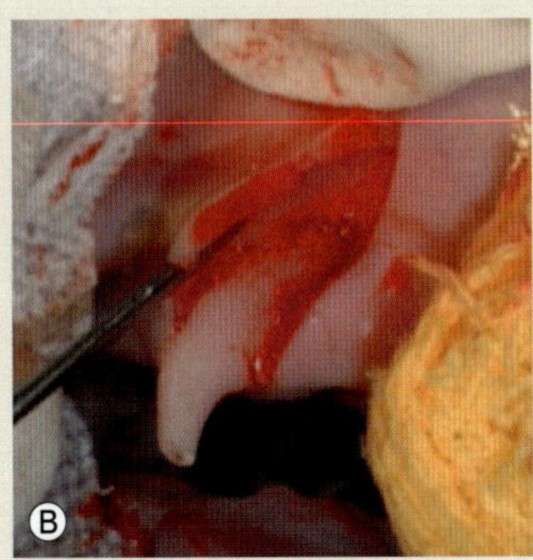
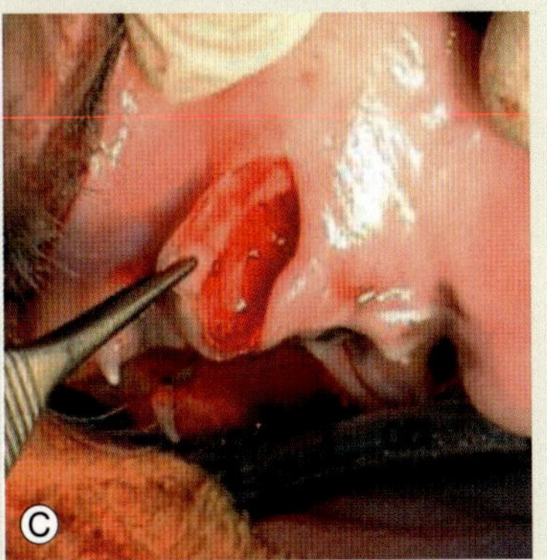

図7.57●オープンテクニック③
乳歯用のエレベーターを挿入し，歯根膜を切っていく（Ⓐ）．歯を脱臼させ鉗子で抜去する（ⒷⒸ）．

5 抜歯後の処置

5-1 残根の処置

▶ Point

- **抜歯後には必ずX線による残根の評価を行う．**
- **特に歯周病を伴う歯根の場合は，必ず残根を抜去しなければならない．**

抜歯処置においては，事前だけでなく抜歯後にも必ずX線撮影によって評価をしなければならない．残根が確認できた場合は，後述する猫の吸収病巣などの場合を除けば，原則的に残根を抜去すべきである（**図7.58**）．特に歯周病を伴う歯根の場合は，必ず抜去する．

残根の処置の方法としては，残根が目視できる状態であれば，歯根の幅に合わせたエレベーターで再度歯根を除去すれば良い．

残根が目視できない場合は，根尖の状態によって次の二つの方法により対処する．

まず，テーパーシリンダー型（尖に向けて細くなっている棒状の形状）のダイヤモンドポイントバー（エアタービンに装着するFGバー）で残根周囲を丁寧に削る（**図7.59**）．バーで切削する感覚が異なり，歯根は比較的硬いが，その周囲の歯槽骨は硬くなく粗な組織である．その後，歯根との境目をエレベーターや超音波スケーラーを用いて，目視とX線で評価をしながら丁寧に除去していく（**図7.60**）．深追いしすぎないように慎重に作業を進めて，歯根の根尖部まで除去する．

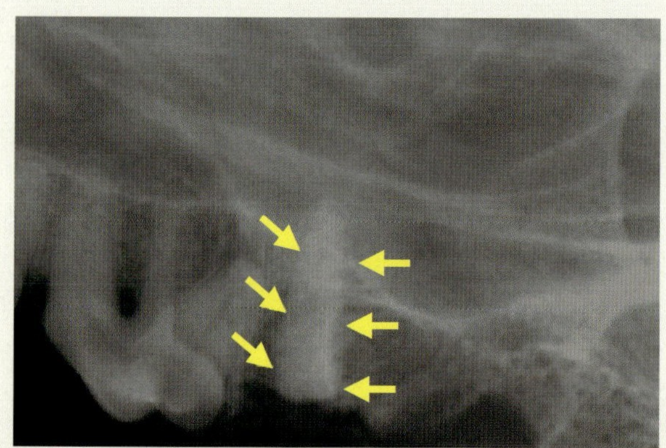

図7.58●残根のＸ線画像
Ｘ線で残根を確認する．矢印の部分が残根

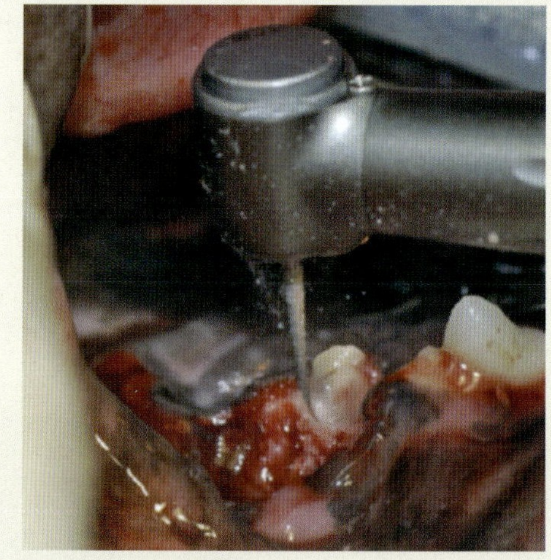

図7.59●残根処置①
エアタービンにテーパーシリンダー型のダイヤモンドポイントバーを装着し，残根周囲を切削し，エレベーターを挿入するきっかけを作る．

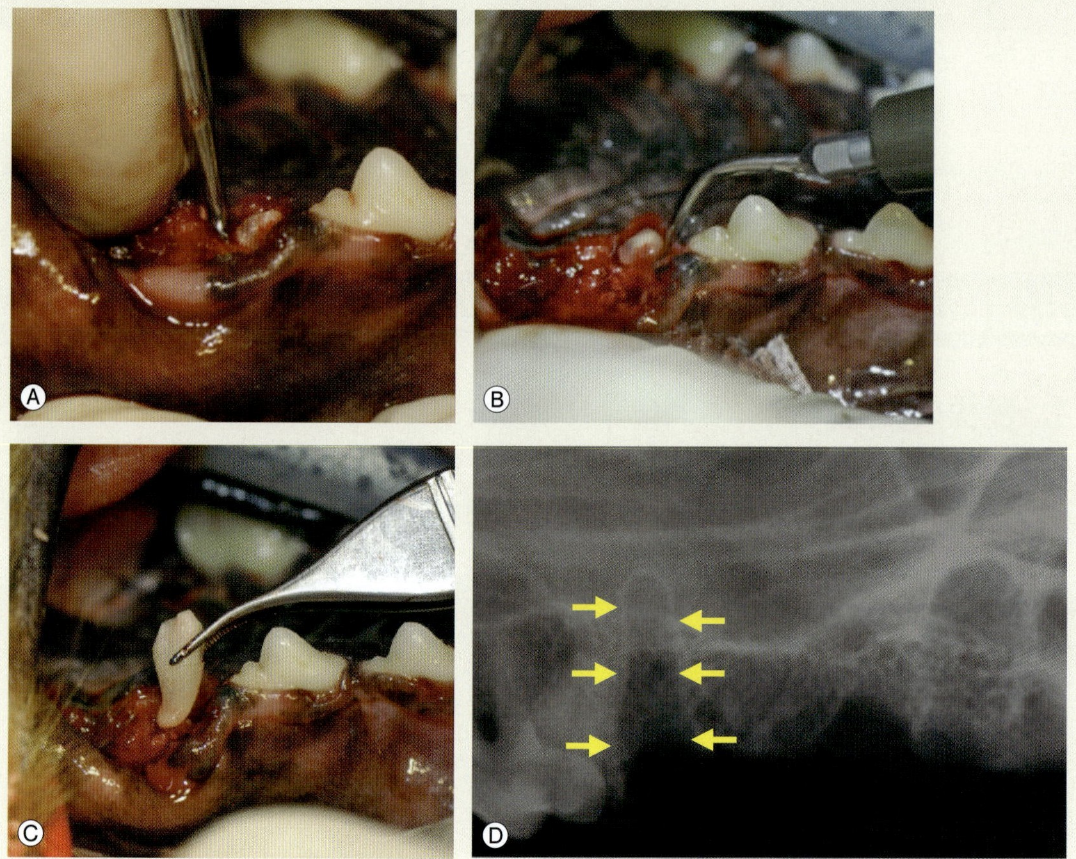

図7.60●残根処置②
エレベーターを歯根膜の位置に挿入する（Ⓐ）．あるいは，超音波スケーラーのチップを歯根膜に挿入し，残根を動揺させて除去しやすくする（Ⓑ）．残根処置後のＸ線画像（Ⓓ）．矢印が抜歯窩

それでも残根が見えない場合は，周囲の骨組織をダイヤモンドバーで切削して残根を完全に露出させたうえで，鉗子などでつまんで除去する．ただし歯根周囲には血管や神経が存在することもあるため，局所解剖に留意し不用意に切削しないように注意する．さらに，根尖周囲の組織は脆いため，不意に器具が上顎骨や眼窩下管に入り込まないように慎重に操作を行う．

5-2 抜歯窩の処置

▶ **Point**

・抜歯後の抜歯窩の処置が重要である.
・抜歯窩の不良物の除去，抜歯窩縁の処理などを行う必要がある.
・歯周炎で抜歯した場合は，抜歯窩の不良物も取り除く.

抜歯処置は，抜歯しただけでは不十分である．抜歯後には，抜歯窩の歯槽骨の突起などを滑らかに形成する作業を行わなければならない.

抜歯窩の歯槽骨が棘状の状態で歯肉フラップを縫合すると，棘の上に歯肉が乗るため，患者が食事のたびに痛い思いをすることになってしまう.

その「棘」が軟組織に刺さらないように，研磨用バー（ダイヤモンドシリンダーバー）などで，「棘」となる部位や不良骨組織を削り，スムーズにする（**図7.61**）．この際，単に目で確認するのではなく，手術用手袋をした指で抜歯窩をなぞり，引っかからない程度まで滑らかにすることが重要である.

また，歯周炎で抜歯した場合などは，抜歯窩や歯周ポケットの部分に，汚染物や不良肉芽や上皮が窩の内部にまで入り込んでいるため，それらを取り除く必要がある（**図7.62**）．ただし上顎第4前臼歯～第2後臼歯，下顎第1～第3後臼歯では，神経・血管などに及ばないように根尖部での不良肉芽除去の際は通常鑷子などで丁寧に除去する.

その後，抗菌薬入りの生理食塩水や殺菌作用のある塩素系の中性水などで十分に洗浄し，閉創する.

なお，通常の抜歯窩では術後約3週間で歯槽中の肉芽組織に新生骨が形成され始めるので，特に骨補填材を必要とはしない．しかし抜歯窩が大きく病的骨折の危険が高い場合や，隣接歯を保存するうえで必要となる場合には，抜歯窩に骨補填材を用いる場合がある（**図7.63**）．ただし，口鼻瘻

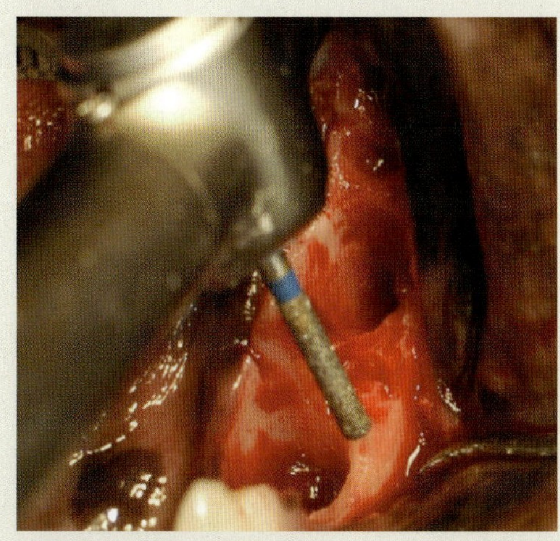

図7.61●抜歯窩の研磨
抜歯窩の「棘」を研磨用バーで削って滑らかにする.

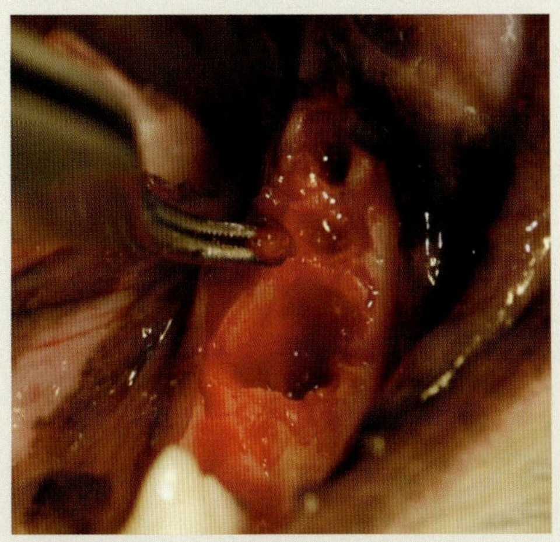

図7.62●不良組織の除去
抜歯窩の内部の不良組織は摂子や鉗子で除去する.

孔は鼻腔内に漏れてしまうため使用できない．

さらに，抜歯窩の感染が重度な場合は，骨補填材を使用しないかあるいは，ペリオクリン®などの局所充填抗菌薬と混ぜて使用し，全身性の抗菌薬を2週間以上投与する．

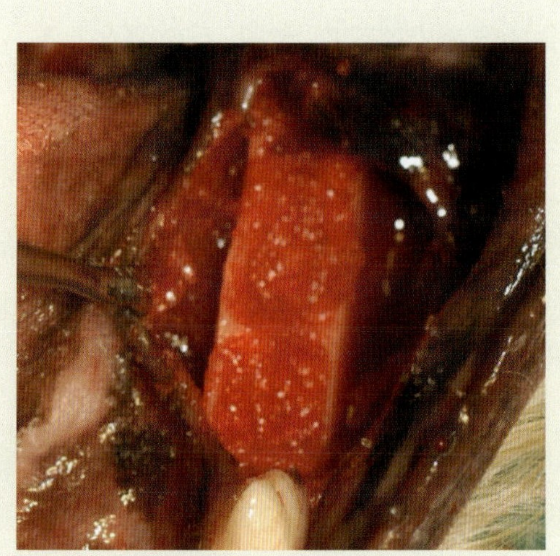

図7.63● 骨補填材の充填
必要に応じて，抜歯窩に骨補填剤を充填する．

7 抜歯

5-3 フラップによる抜歯窩の縫合

▶ Point

- **抜歯窩を覆う歯肉粘膜フラップはなるべく骨の上で台型に大きく形成する．**
- **縫合面は新鮮創にし，フラップは十分剥離し，減張してから縫合すること．**

歯肉や粘膜の縫合方法は，皮膚の縫合の方法とは大きく異なる．すでに述べたことの繰り返しになるが，歯肉粘膜フラップは，縫合線が抜歯窩の上ではなく骨の上にくるように，大きめに作ることがポイントである．

歯肉粘膜フラップを小さく作ると，縫合部にテンションがかかり，その部位の血行が悪くなることで縫合部が1週間後に離開してしまうことがある．縫合部が壊れ離開してしまうと，骨が感染し腐骨となり治りにくくなるため，再縫合が必要となる．そのため，抜歯窩を覆うフラップは大きく作ること，そして十分に剥離し，減張してから縫合することがポイントである．

縫合時の手順は，下記のようなものとなる（図7.64～図7.68）．

まずフラップの縁を新鮮創にし，フラップと抜歯窩反対側の粘膜断面同士を合わせて縫合できるようにトリミングする．このとき，歯肉鋏か眼科鋏で縁を極力，残すようにする．

次に，歯肉粘膜フラップが抜歯窩を十分に覆えるように，またテンションがかからない程度まで，フラップの先の粘膜を十分に剥離することが重要である．その際には，血管神経などの軟組織に注

意して作業を行う．

そして，フラップと対岸の歯肉・粘膜を4-0もしくは5-0の角針付き吸収糸で縫合し，抜歯窩を閉創する．

■ 縫合時の手順（続く）

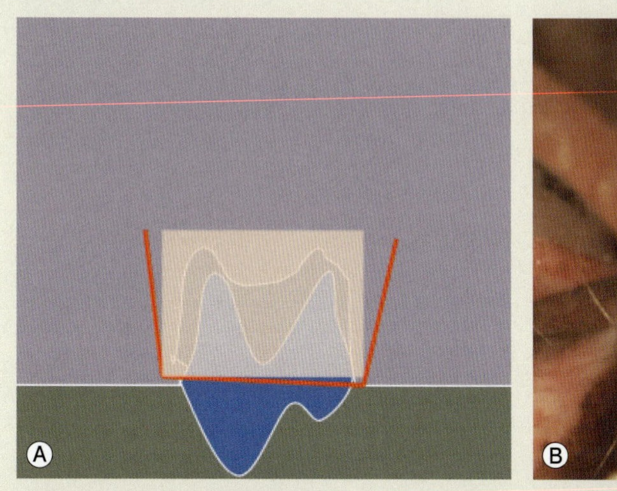

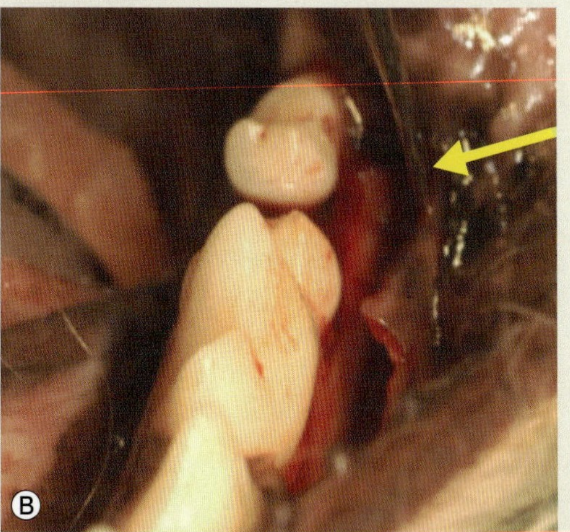

図7.64●フラップの作成①
メスで台形にⒶ歯肉粘膜を切開する．歯肉縁をメスで切り，歯槽骨から歯肉を剥がす（Ⓑ矢印）．

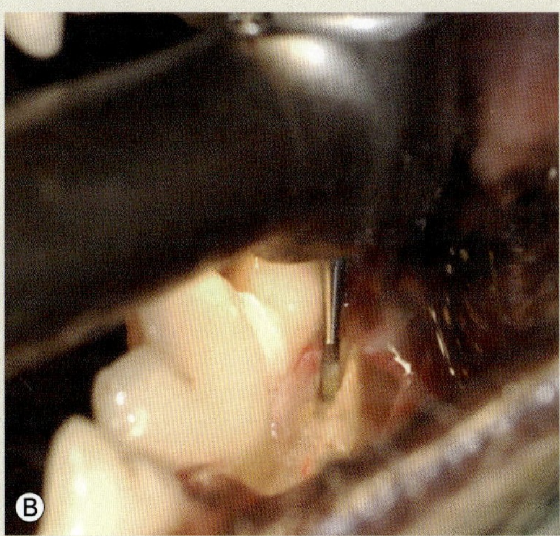

図7.65●フラップの作成②
患歯の周囲の歯槽骨を歯のラインに沿ってエアタービンラウンドバー No.1 ～ 2を用いて切削する．多根歯の場合は根分岐部から歯を分割する．歯をエレベーターで横から歯根をめくるように起こし抜歯する（Ⓐ，Ⓑ）．

■（続き）縫合時の手順

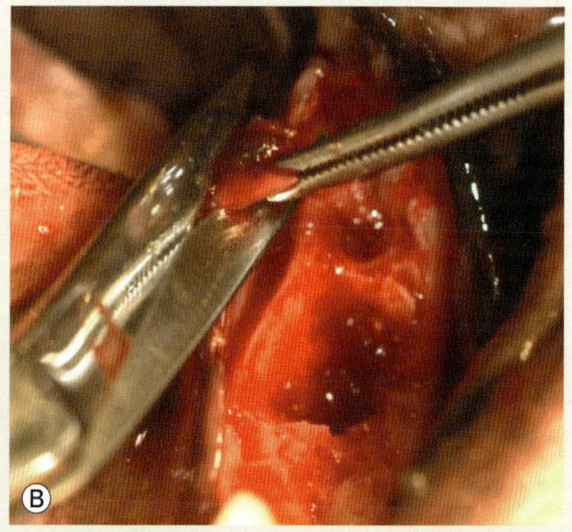

図7.66●フラップの作成③
歯肉の内側の骨膜にメスで横に線を引くようにして切れ目を入れると歯肉粘膜が伸びる（Ⓐ）．フラップの縁を新鮮創にするため縁を1mm程度切除する（Ⓑ）．

図7.67●フラップの作成④
フラップを持ち上げ歯肉粘膜の内側を矢印のように鋏で鈍性剥離する．ポイントは粘膜フラップの2倍以上の広い範囲を剥がすこと．骨の上を剥がすのではなく唇の縁に向かって口腔粘膜の内側を剥がす．骨の上を剥がしてもフラップにはならない．

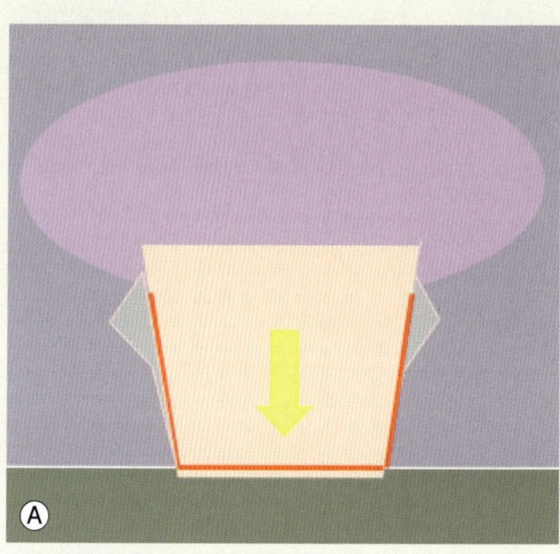
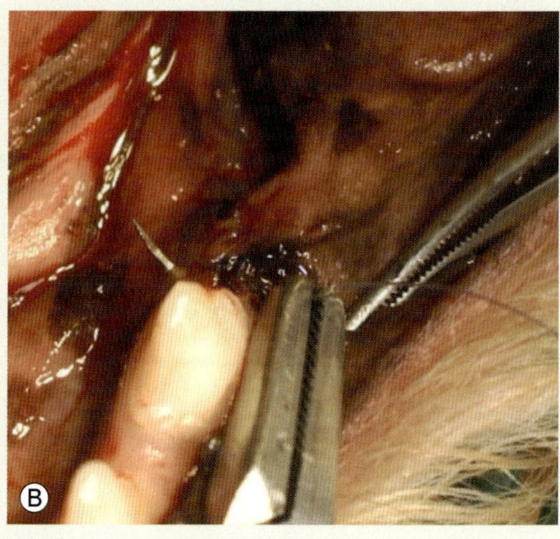

図7.68●フラップの作成⑤
十分に鈍性剥離した後にテンションがかからずに創をふさぐことができるのを確認して（Ⓐ），隅から4-0，5-0の吸収糸を用いて縫合する（Ⓑ）．

6 猫の抜歯

▶ **Point**

- **猫の抜歯は，犬の抜歯とかなり異なる．フラップは丁寧に扱う．**
- **猫の臼歯は残根になりやすいので，横方向に取り出す方法が残根になりにくい．**

犬に比べて，猫の抜歯は難易度が高い．というのも，口腔粘膜が薄く剝離しにくいうえに，傷んだり切れたりしやすく，縫合時にも裂けやすいからである．また口腔粘膜の面積が狭いため，フラップも作りにくい．猫の抜歯では，とにかく丁寧に処置を進めることが重要である．

猫の抜歯の詳しい内容をここですべて解説することはできないが，特徴的な点を下記に簡単にまとめておく．

■ 抜歯の適応

抜歯する原因疾患は，猫でも歯周炎が一番多い．しかし，犬と異なる点として，猫では歯肉口内炎や吸収病巣（TR）の治療として抜歯を行うことも多い．

■ 猫の抜歯方法のポイント

猫の抜歯方法は，犬と異なるところが多い．猫の抜歯の全般的なポイントとしては以下のようなものがある．

①歯がなくてもX線を撮る
②炎症を起こしている歯根は除去する
③抜歯窩は滑らかに仕上げる
④残根に注意→口内炎や疼痛が持続してしまう

以下，それぞれについて解説していく．

①**歯がなくてもX線を撮る**――TRは歯根にのみ発生することもあるため，歯冠が正常に見えてもX線を撮る．また，歯がなくてもX線を撮るべきである．

②**炎症を起こしている歯根は除去する**――歯周病を伴う歯根は除去する．炎症や歯周病を伴う歯根を残すと，炎症や顎骨の感染が持続することになる．

③**抜歯窩は滑らかに仕上げる**――抜歯窩の歯槽骨の「棘」を残すと，縫合時に上にかぶせた歯肉にその棘があたり，採食時に痛みをもたらすことになる．抜歯窩周囲の歯槽骨は，ダイヤモンドポイントの太目のシリンダーバーやラウンドバーなどで棘をとり，滑らかに仕上げてから縫合することが重要である．

④**残根に注意**――猫の歯は犬に比べて脆く，抜歯鉗子などでつかむと割れやすい．抜歯する歯が十分に脱臼されていない場合，歯が割れて残根になりやすい．抜歯後はX線で残根がないことを

確認すべきである.

残根を除去することは難しい場合も多いため,残根させないように丁寧に抜歯する必要がある.また,下顎管などにある血管神経を傷つけたり,さらに抜歯窩の奥まで残根が入り込んだりすることもある.

下顎の臼歯などは,エレベーターで掘り下げるような抜歯方法よりも,ダイヤモンドバーで歯根に沿って外側の歯槽骨を切削し,歯根を露出して,エレベーターや抜歯鉗子で口唇側(外側)にずらすように抜歯する方法が良い(**DVD参照**).残根させないように抜歯する方が結局は時間の短縮になる.

■ 切歯の抜歯

猫の切歯は非常に小さいため,乳歯抜歯用のものよりもさらに細いエレベーター(**図7.57**)でなければ抜きにくい場合がある.歯根は切歯に限らず犬歯以外はどの歯の歯根も細いため,抜歯の際に歯根を折らないように注意して行う.重度の歯周病でない限り,猫の切歯は抜歯後の縫合をしなくても済むことが多い.

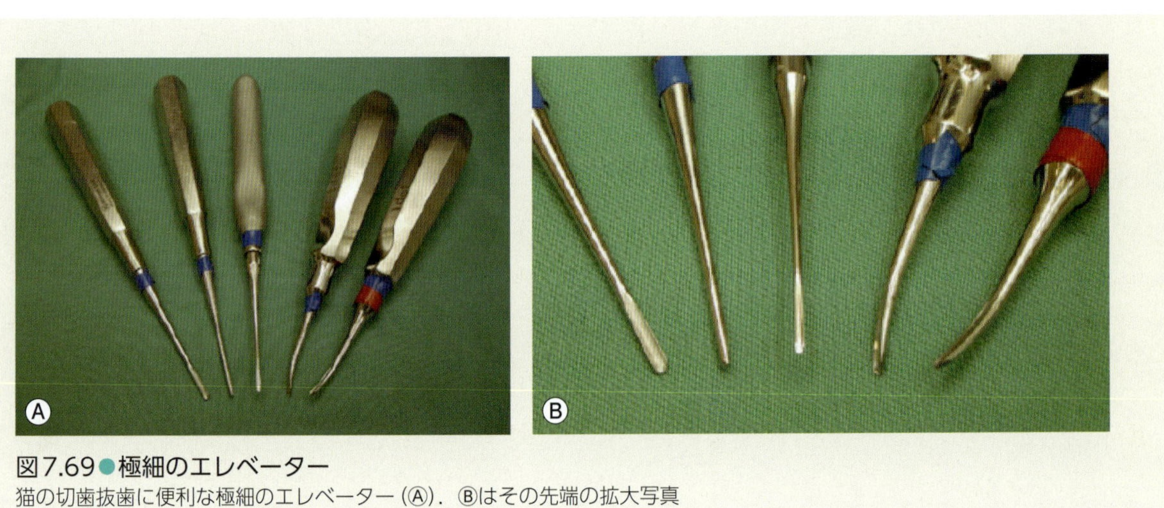

図7.69●極細のエレベーター
猫の切歯抜歯に便利な極細のエレベーター(Ⓐ).Ⓑはその先端の拡大写真

■犬歯の抜歯 DVD チャプター22

猫の犬歯の抜歯は,一般的に上顎下顎とも犬より難しい手技である.犬歯周囲は他の歯に比べ歯槽骨の厚みがあり,犬歯を抜いた後の歯槽骨の処理が難しい.また,犬歯周囲の歯肉は薄く脆いため,剥離時に歯肉フラップが裂けやすい.フラップ形成は慎重かつ丁寧に行う必要がある.

犬歯抜歯の手順として,まず犬歯のすぐ内側(切歯側)にメスを入れ,歯根膜を切る要領でできるだけ深く挿入する.その際に,上下犬歯とも,切歯側の歯肉粘膜境まで歯肉を同時に切る方が良い(**図7.70**).後でフラップを作る際に歯肉粘膜が裂けるのを避けるためである.歯肉炎が重度の場合は,不良な歯肉を避けて切開する.フラップは抜歯窩よりも広めに,三日月型になるように作成することがポイントである.

次に,歯肉と口腔粘膜を歯牙と歯槽骨から分離する.先端が丸く幅が3mmほどの骨膜起子やチゼルで,薄い歯肉を切開縁から丁寧に犬歯の歯槽骨から剥がす.このときにこの歯肉を破ってしまうとフラップを形成しづらくなるため,丁寧に剥がすのがコツである(**図7.71**).

この後は犬と同様である.歯肉粘膜のフラップをめくり,ダイヤモンドのシリンダーバーなどで,

歯根に沿って歯槽骨を削り，犬歯の歯根を露出する（**図7.72**）．犬歯歯根周囲の歯槽骨は，球状に歯根を取り巻き，厚みが増していることがある．その削った溝や犬歯の内側にエレベーターを挿入し，歯槽骨より剥がし，抜歯鉗子で抜く（**図7.73**）．

その後ダイヤモンドのラウンドバーなどで歯槽骨の尖ったところを削り，滑らかにする（**図7.74**）．抜歯窩に不良な組織や上皮が陥入している場合には鑷子などで除去する．

歯肉フラップを歯肉鋏やメスを用いてさらに鈍性剥離し，フラップを対岸の縫合部にあわせ，抜

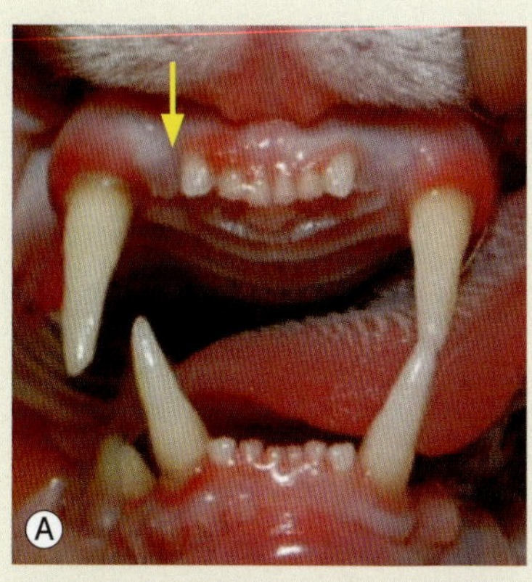

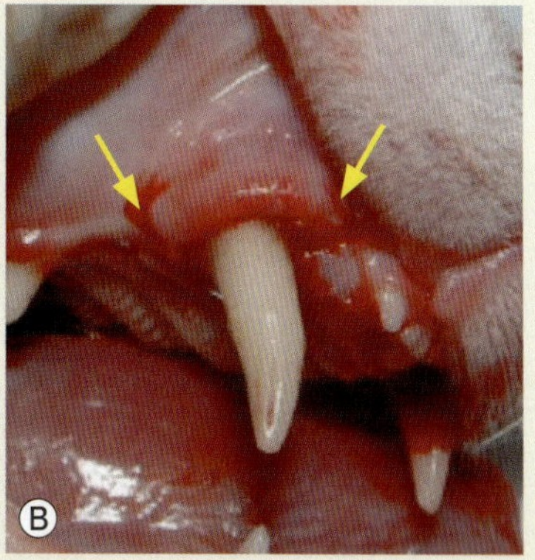

図7.70● 上顎犬歯の歯肉の切開
犬歯のすぐ内側にメスを入れる．Ⓐは前方から，Ⓑは右側から見た図．矢印はメスの切開部位

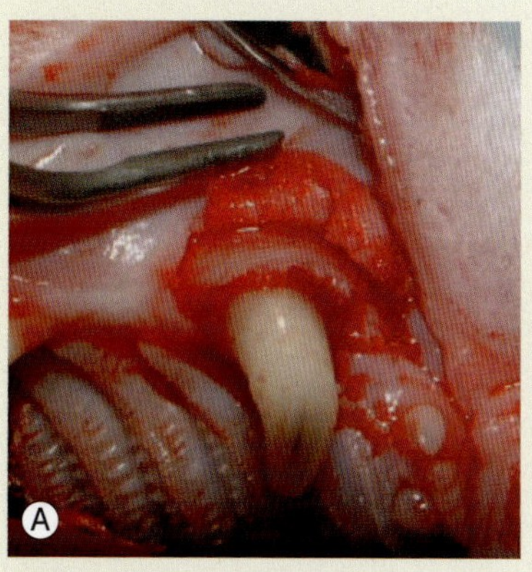

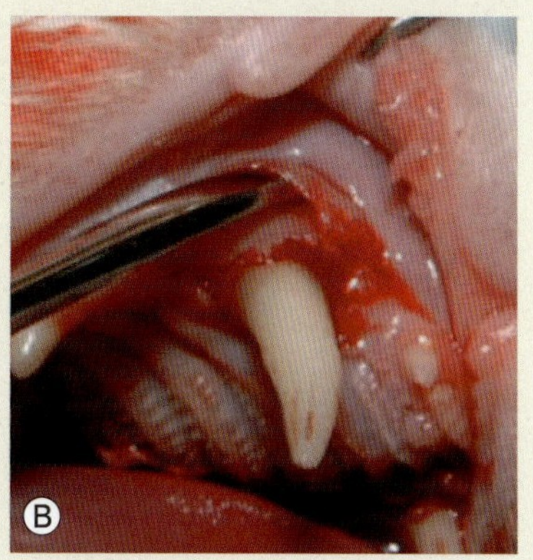

図7.71● 歯肉の剥離
骨膜起子やチゼルで，薄い歯肉（Ⓐ）を丁寧に犬歯の歯槽骨から剥がす（Ⓑ）．

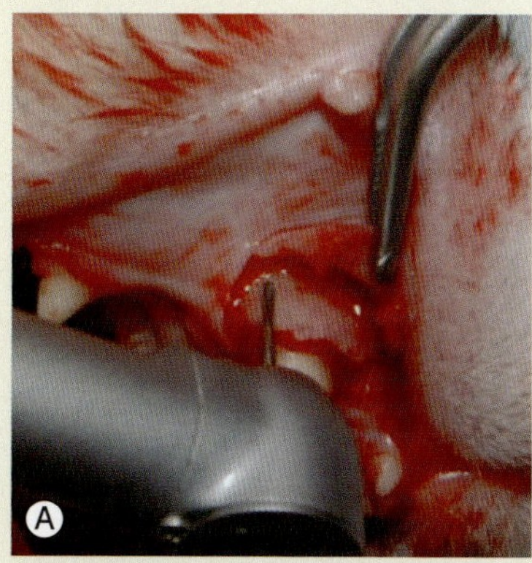

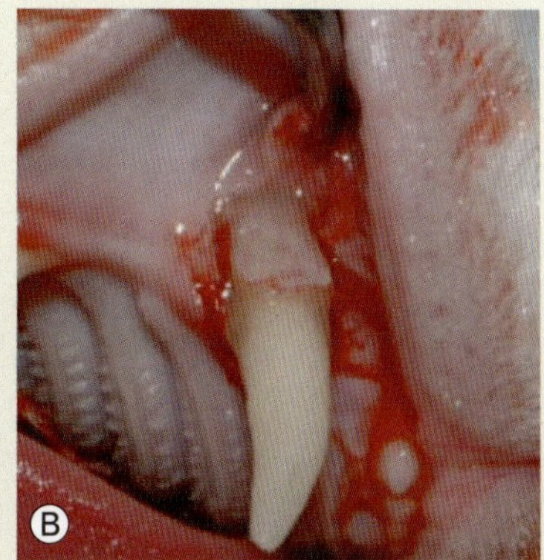

図7.72● 歯根の露出
歯肉粘膜のフラップをめくり，歯根に沿って歯槽骨を削って犬歯の歯根を露出させる（Ⓐ）．Ⓑは切削後

歯窩を覆うことができるか確認する（図7.75）．縫合の際に決してテンションがかからない程度まで減張しておくことが重要である．また縫合線の下には空洞があっては縫合部がつきにくいため，縫合線は抜歯窩の上でなく骨の上に来るようにあらかじめ広めに切開する（図7.75）．

最後に，犬歯歯肉縁を新鮮創にし，縫合する．縫合には，感染予防とプラークが付着しにくいためモノフィラメントの吸収糸が良い．また溶解期間の短いものが良いため，モノクリルなどの角針付き4-0もしくは5-0が良い．

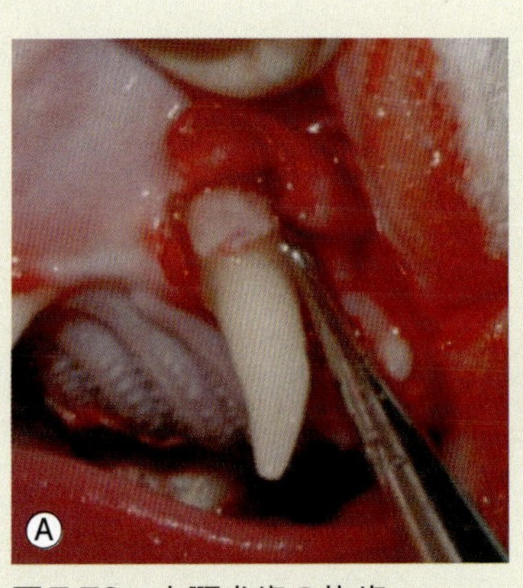

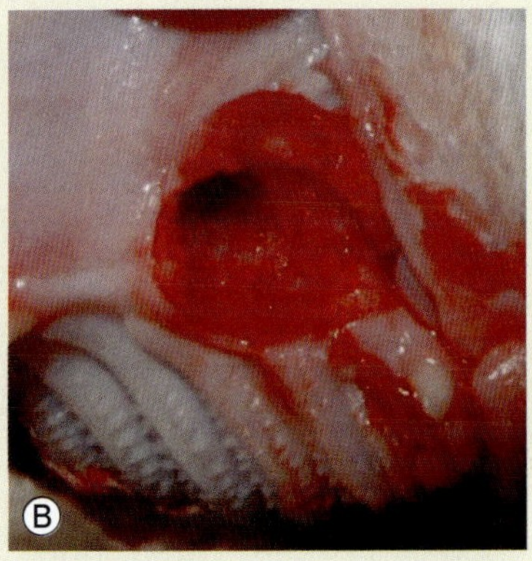

図7.73●上顎犬歯の抜歯
エレベーターでじっくり歯根膜を剥がし（Ⓐ），犬歯を脱臼させ，抜歯鉗子で抜く（Ⓑ）．

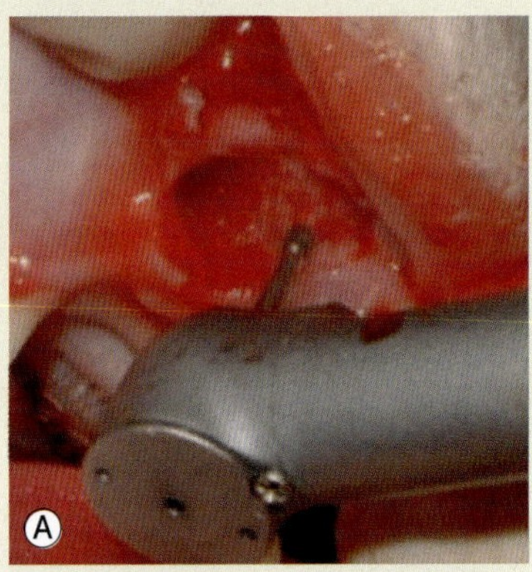

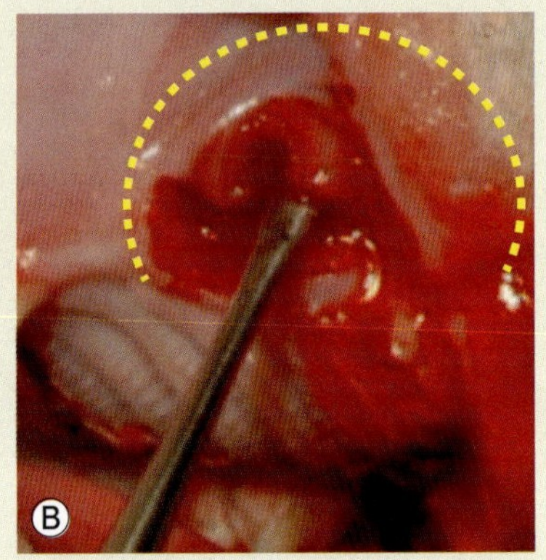

図7.74●粘膜フラップの作成
抜歯後は抜歯窩の不良組織を取り去り，歯槽骨をラウンドバーで滑らかにする（Ⓐ）．チゼルやメス等で粘膜フラップを骨から剥がす（Ⓑ）．点線のあたりまで広く剥離する．

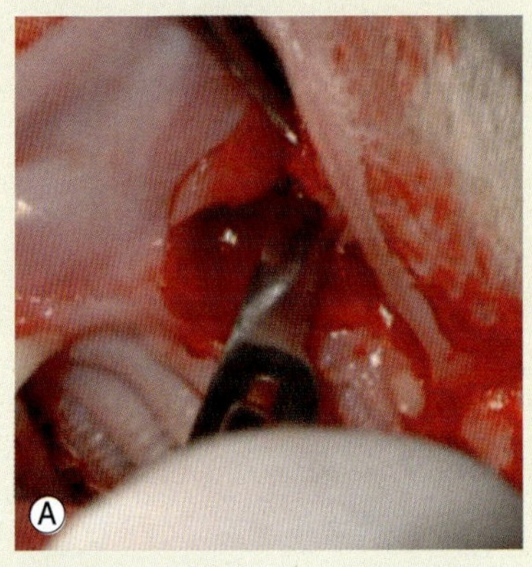

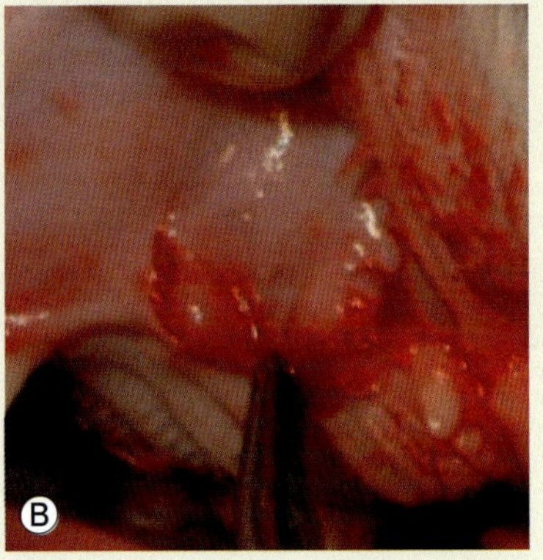

図7.75●粘膜フラップの作成
歯肉縁を新鮮創にし（Ⓐ），フラップを対岸の結合部に合わせ，テンションがかからないことを確認する（Ⓑ）．モノクリル角針4-0もしくは5-0で縫合する．

■ 臼歯の抜歯 DVD チャプター23

重度の歯肉炎などの治療の際には，一度に全顎抜歯や全臼歯抜歯を行うこともある．しかし，猫の臼歯は，犬に比べて歯が小さく脆いため，注意が必要である．

臼歯を抜歯するにあたり，歯根膜が確認できる歯は，犬の時と同様に分割して容易に抜歯することができる．しかしX線で歯根膜が確認できないときや，片側の前臼歯，臼歯を全部同時に抜歯する際には，残根させないよう，慎重に処置を行わなければならない．詳細な方法については後述する．

また，縫合時には，歯肉が薄く幅も狭いため，歯肉を用いたフラップが形成しづらいという問題がある．そこで粘膜のフラップを用いることが多いが，口腔粘膜もやはり犬より少ないため，技術的に難度が高く，フラップ形成に苦労することもしばしばである．剝離や歯肉縁の処理などは丁寧に行う必要がある．

なお，上顎の第4前臼歯や後臼歯の抜歯の際には，眼窩との距離が見た目よりもかなり近いため（図7.76），エレベーターを誤って深く挿入すると眼球や神経に損傷を与える可能性がある．深く挿入しすぎないように指をエレベーターに添えるなどして，注意深く使用する必要がある．

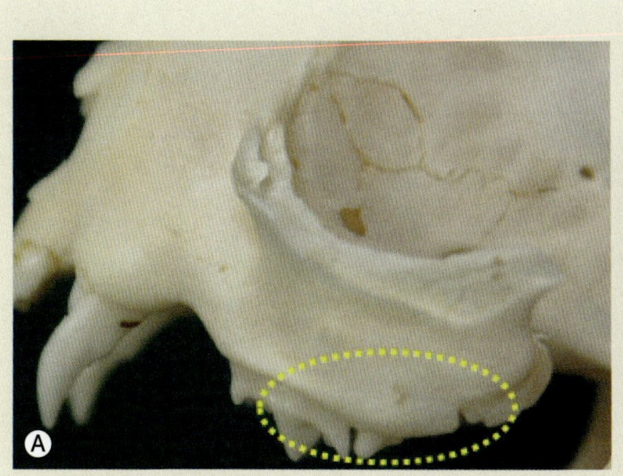

側 面

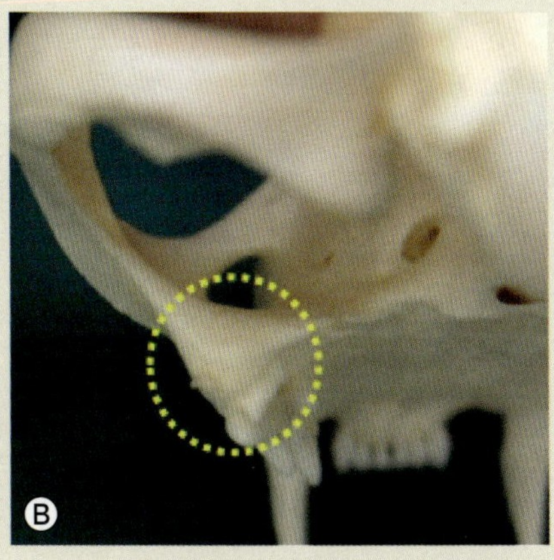

尾側から臨む

図7.76● 臼歯の抜歯

Ⓐ側面から見ると眼窩までは距離があるように感じられるが，Ⓑ尾側から見ると非常に近いことがわかる．
点線で囲んだ部分は，上顎第4前臼歯や後臼歯周囲の歯槽骨を示す．

■ 臼歯の抜歯症例

下顎臼歯が吸収病巣と重度歯周炎を併発した症例（**図7.77Ⓐ**）．X線画像では，PM3は歯冠が少し残っているものの歯根は吸収されている．PM4とM1では，歯頸部に歯周病と吸収がみられる（**図7.77Ⓑ**）．

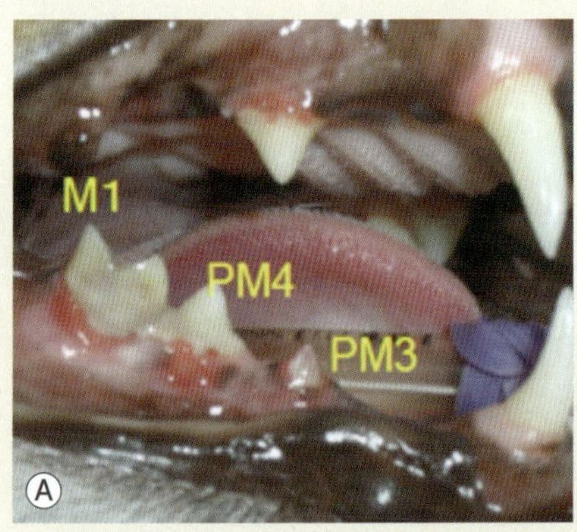

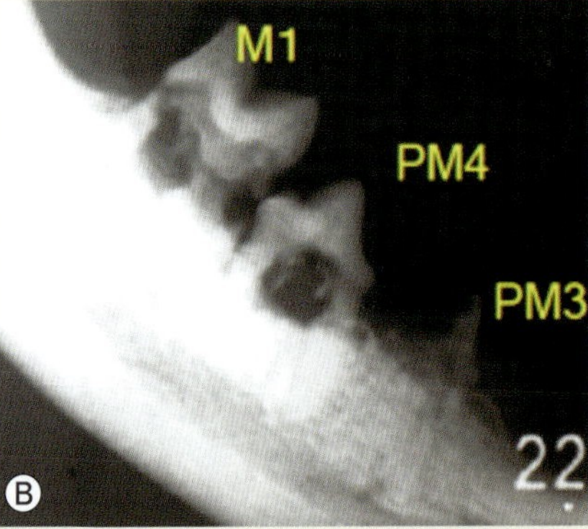

図7.77● 下顎臼歯の歯周病と吸収病巣
Ⓐは処置前の口腔内の様子，Ⓑは同部位のX線画像

メスで歯肉溝や歯肉縁を切開し（**図7.78Ⓐ**），骨膜起子やチゼルなどで頬側の歯肉・粘膜を丁寧に剥がす．しっかり目視下で歯槽骨の頬側面が見えるように露出するのがコツ（**図7.78Ⓑ**）．

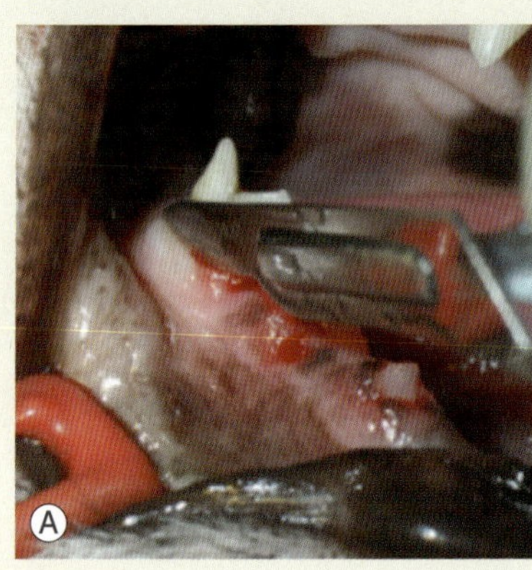

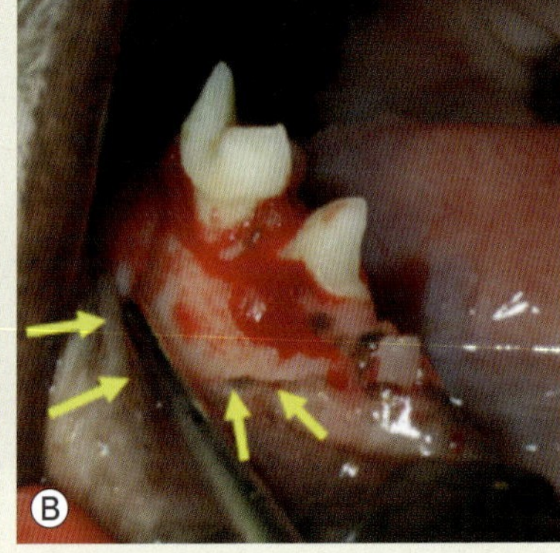

図7.78● 歯肉の切開
メスで歯肉縁を切開し（Ⓐ），骨膜起子などで粘膜を剥がす．矢印部分が歯肉粘膜のフラップ（Ⓑ）

ペアーバーなどで歯根周囲の歯槽骨を歯根に沿って慎重に切削し，歯根を露出させる（**図7.79Ⓐ**）．歯槽骨は頬側（外側）から丁寧に削るのがポイントである．ダイヤモンドの細めのシリンダーバーやカーバイトのペアーバーなどで多根歯を根分岐部から歯冠に向けて切断し，分割する（**図7.79Ⓑ**）．

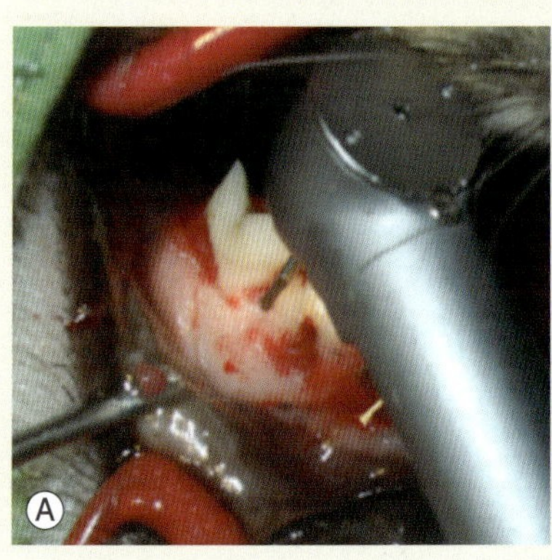

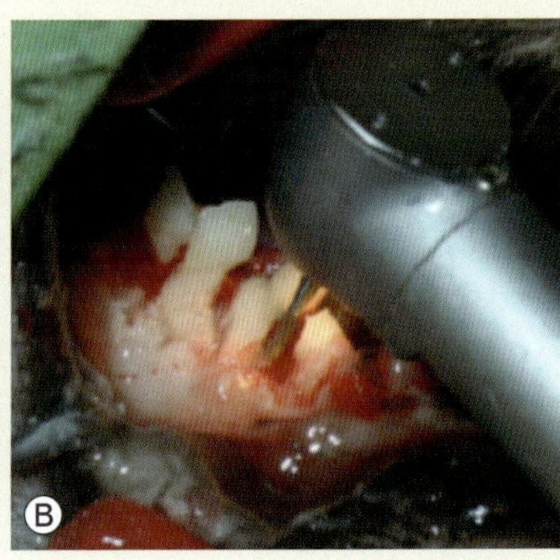

図7.79● 歯槽骨の切削，多根歯の分割
ペアーバーなどで歯根に沿って歯槽骨を切削し（Ⓐ），シリンダーバーやペアーバーで多根歯を分割する（Ⓑ）．

エレベーターや抜歯鉗子で動揺させ，丁寧に抜歯する（**図7.80**）．ダイヤモンドチップの把針器はすべりにくいため分割片をつかみやすい．残根は小さなエレベーターや残根鉗子で取り去る．その後，X線で残根の有無を確認する．

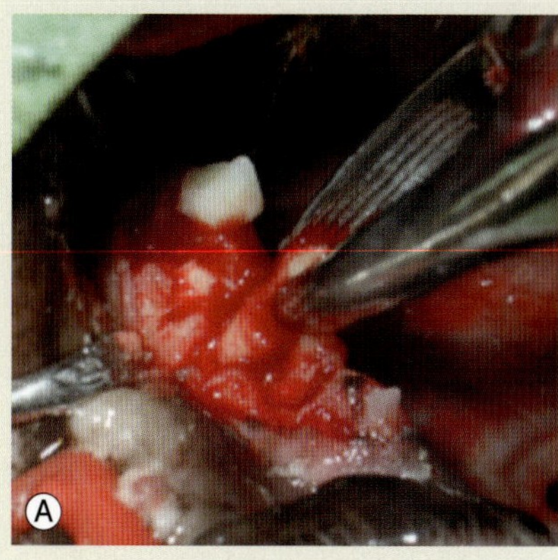

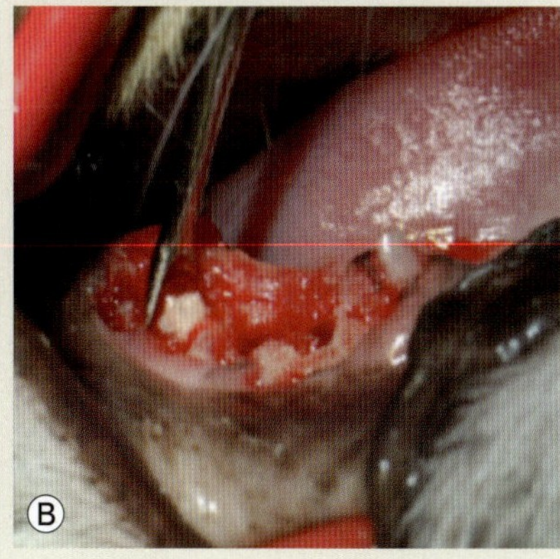

図7.80●多根歯の抜歯
抜歯鉗子（Ⓐ）やエレベーター（Ⓑ）で丁寧に抜歯する．

7 抜歯

抜歯窩の歯槽骨の突起をダイヤモンドポイントのシリンダーバーや太めのラウンドバーで丁寧に削り，抜歯窩の縁や骨稜などを滑らかにする（**図7.81**）．グローブ越しに手で抜歯部分を触り，引っ掛かりがないことを確認する．

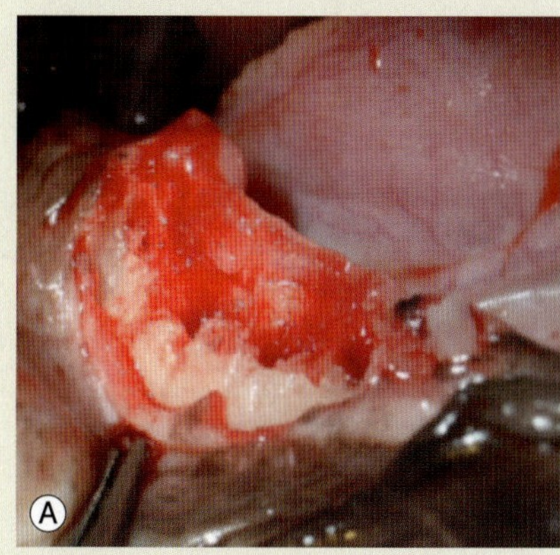

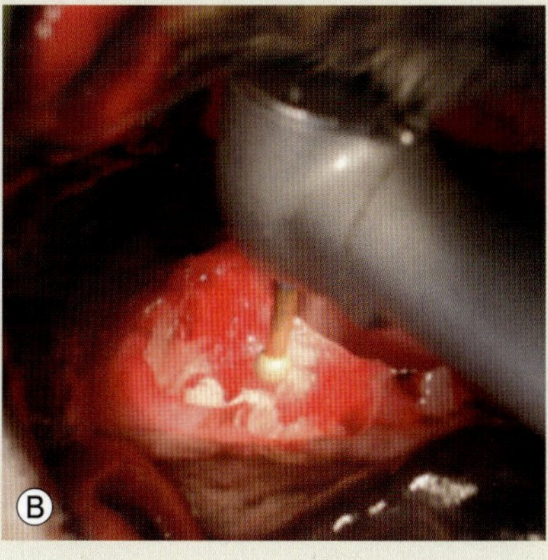

図7.81●歯槽骨の切削
抜歯窩の歯槽骨の突起（Ⓐ）をラウンドバーなどで丁寧に削り（Ⓑ），滑らかにする．

下顎骨の舌側粘膜を剥がしてテンションがかからないように減張し（**図7.82Ⓐ**），不良な歯肉縁を歯肉鋏でトリミングして縫い代を作る（**図7.82Ⓑ**）．

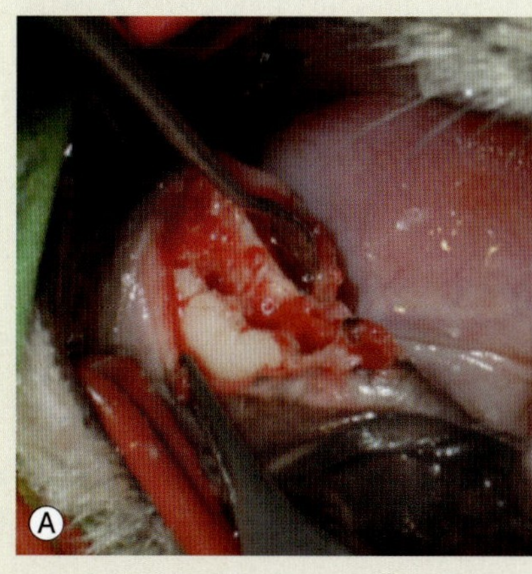

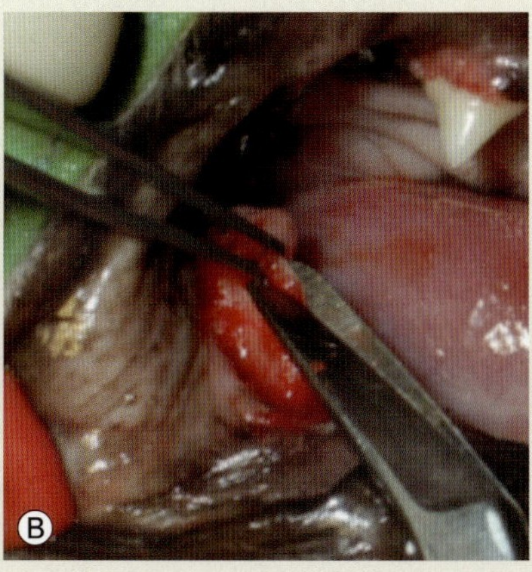

図7.82●フラップの形成
舌側の粘膜を剥離し，フラップを作る（Ⓐ）．不良な歯肉縁をトリミングして縫い代を作る（Ⓑ）．

縫合前に，X線で残根や抜歯窩の状況を確認する（**図7.83**）.

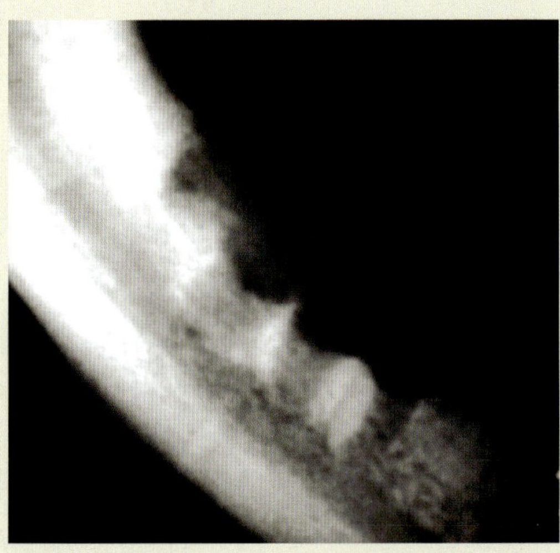

図7.83●残根の確認
縫合前にX線で残根がないか確認する.

角針付き4-0もしくは5-0のモノフィラメントの吸収糸で縫合する（**図7.84**）.

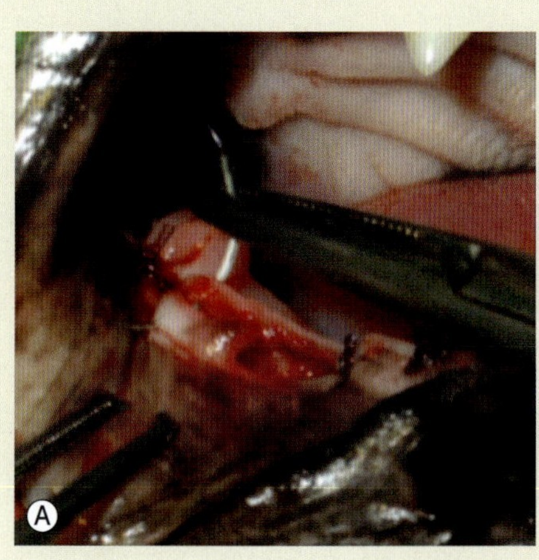

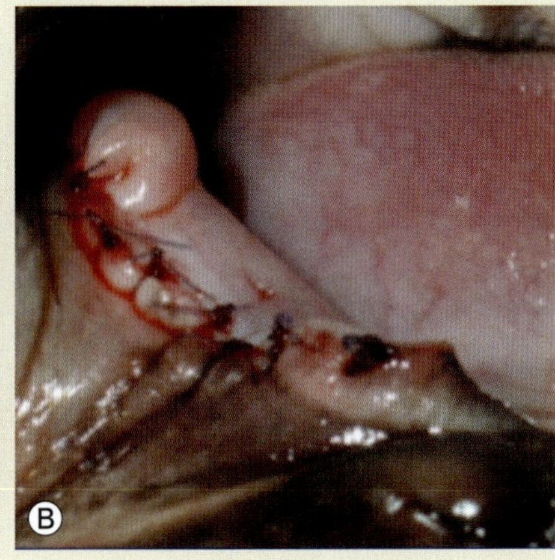

図7.84●縫合
角針付き4-0または5-0のモノフィラメントの吸収糸で縫合するⒶ. Ⓑは縫合後の様子

■ 残根処置

残根は，基本的には除去しなければならない．特に感染歯根は確実に除去すべきである．残根の除去は，歯冠を持つ歯の抜歯より難しいので，X線で位置をよく確認しておくことが重要である．

歯根は，周囲の歯槽骨に比べ，白く硬い組織である．比較的若い個体であれば歯根膜腔も広く，見つけやすい．しかし10歳以上の高齢になると，歯根膜腔は非常にわかりにくくなる．症例によっては，歯根が周囲の骨と骨性癒着（アンキローシス）を起こしていることがあり，X線でも歯根膜が判読できないため，抜歯が非常に難しくなる．

歯周病を伴う場合

手順としては，歯肉粘膜を前述のように剥離し，目視下で歯槽骨をダイヤモンドの小さいラウンドバー（直径1 mm程度のダイヤモンドバーが良い）で，頬側から切削し，残根を露出させたうえでエレベーターや残根鉗子等で取り出す．その後，残根が残っていないか，再度X線で確認する．

また，超音波スケーラーのユニバーサルチップを歯根膜腔に差し入れ，振動により歯根を剥がし，それを歯根全周に行い，緩んだところで取り出す方法もある．

下顎臼歯の根尖周囲には下顎管があるので，処置時に神経血管を傷つけないように注意すること．

アンキローシスを起こしている場合は，先の尖ったダイヤモンドのテーパーシリンダーバーを用いて，歯槽骨と歯根を削る感覚の差に注意しながら歯根周囲を慎重に切削し，歯根を露出させるしか方法がないこともある．頬側に面している歯根であれば，歯根の側面の歯槽骨を削り，横方向に抜歯することもできる．歯根が完全に除去できたか，X線で何度も確認しながら行う．

吸収病巣の場合

吸収病巣の場合は，残根があっても取らなくても良い場合がある．

吸収病巣のステージ5の場合，前述のように，歯冠がすでに吸収され，歯根膜もすでに骨組織に置換されており，X線で歯根が歯槽骨とほぼ同程度の透過度になっている．この場合には処置を行う必要はない．

ステージ3，4で歯根膜が残っている場合は，基本は抜歯を行うべきである．歯根膜が確認しにくい場合は，すでに歯根が骨に置換されていることが多く，通常の抜歯が困難である．歯周病などによる歯根の炎症がみられない場合には，歯冠部分を歯槽骨ラインである歯頸部まで切除し，歯根部を残す場合もある．その場合でも縫合は行う．手順は，まずダイヤモンドのシリンダーバーを装着し，歯冠を歯頸部と歯槽骨頂を段差がないように切削する．次に周囲の歯槽骨の高さに合わせ，隆起や棘とならないように太めのダイヤモンドラウンドバーなどを用いて切削し，滑らかに仕上げる．

歯周病を伴わないステージ1，2の場合は，グラスアイオノマーセメントでの修復か歯冠切除の処置を行う．歯周病を伴うステージ1，2の場合は歯周病の治療に準じて，抜歯や処置を行う．ホームケアができないようであれば抜歯が適応となる可能性が高い．いずれにしても定期的に経過を追う必要がある．

■ 猫の吸収病巣（TR）の治療

5章で吸収病巣（TR）について解説したが，ここではTRの治療について述べる（**表7.3**）．TRは，見た目では診断が難しい場合もあるため，処置前には全部の歯の歯科X線検査が必須である．

ステージ1，2の病変はわかりにくいが，歯を丁寧にエキスプローラーで検査することで見つけることが可能になる．ステージ1，2（歯冠部で露髄のない場合）の病変で歯周病を伴わない場合は，グラスアイオノマーセメントなどによる修復を行うこともあるが，修復した歯にTRが再発することも多い（65%）．したがってTRの治療の長期予後は不良である．フッ素の塗布は，病気の進行を遅らせることが期待できるため，歯科処置時に行うことは有効とされている．

ステージ3，4の病変では抜歯もしくは歯冠切除のいずれかの処置を行うことが多い．ステージ5の場合は前述したように無処置である．

TRの予防は難しいが，一般的なホームデンタルケアでプラークコントロールを行い，病院で歯周病治療を行うことが良いとされている．

表7.3● 吸収病巣（TR）の病期による治療

- ●ステージ1，2：歯周炎を併発していない→保存修復処置（グラスアイオノマー）もしくは抜歯
- ●ステージ1，2：歯周炎を併発→抜歯
- ●ステージ3，4：→抜歯，歯周炎を併発していない場合は歯冠切除
- ●ステージ5：→無処置

7 抜歯の併発症

▶ Point

- 抜歯は併発症が起こりやすい処置である.
- 特にエレベーターの操作は，周囲組織を損傷しないように慎重に行う必要がある.

抜歯は併発症が起こりやすい処置でもある．口腔内は複雑な構造をしているため，解剖を熟知し，周囲組織への損傷に十分注意する必要がある．下記に，代表的な併発症を列記しておく．

■ 感染歯根の残根による根尖周囲病巣形成や骨炎

感染を伴う残根は，そのまま放置すると根尖周囲病巣を引き起こすことがある．残根の可能性がある場合は，必ずX線で確認すべきである．

■ 乳歯抜歯時の永久歯歯胚の損傷

エレベーターなどの操作により，乳歯の内側（舌側，口蓋側）にある永久歯歯胚を傷つけることがあるため，必ず事前にX線で永久歯の位置を確認すべきである．乳歯の抜歯時に歯根に沿って歯肉粘膜を切開することで，歯根を直接見ることができるため，永久歯の損傷を避けることができる．

■ 歯槽骨骨折および下顎骨の骨折

歯周炎により歯槽骨が脆くなっている場合や，無理な抜歯操作により，歯槽骨などが骨折することがある．特に重度歯周炎により下顎骨の吸収が進んでいる場合は，軽度の力でも病的骨折を起こすため，抜歯や，保定の際には十分注意が必要である．

また，下顎に進行した歯周炎が疑われる場合には，あらかじめ飼い主に病的骨折の危険性を伝えておくべきである．

■ 軟組織の損傷

エレベーターなどの操作ミスにより，口腔粘膜，神経，血管，眼球などに損傷をもたらすことがある．具体的には，出血，麻痺，組織壊死，縫合部の離開などが起こり得る．

特に上顎では第四前臼歯，第1後臼歯の背側に眼窩下管があり，下顎では第1後臼歯の歯根周囲に下顎管がある．いずれも重要な血管・神経が走行しており，十分注意したい．

また，上顎第2後臼歯の尾側はほとんど支持する骨がなく，その歯の周囲には多くの血管や神経が存在する．さらに，その背側の眼窩には眼球があり，第2後臼歯と眼球を隔てる骨はないため，エレベーターが誤って深く刺さった場合には，それらの軟組織を損傷する可能性がある．

■ 口鼻瘻など鼻腔の損傷

例えば上顎犬歯抜歯の際に，誤ったエレベーター操作などにより医原性に歯槽骨を破壊し，口鼻瘻孔を形成してしまう危険がある．重度歯周炎では犬歯歯根周囲の顎骨が脆くなっているため，犬歯口蓋側面にすでに口鼻瘻ができていることもある．抜歯前にプロービングやX線による確認が必

要である．

さらに鼻腔内に炎症が及ぶ場合は，不良組織や膿の除去処置の際に，かなりの出血を伴うことが多い．丁寧に操作を行い，不良組織を除去する．

■ 歯周炎罹患歯の抜歯時に起こる骨髄炎および菌血症

抜歯の手技の際には，出血や歯周組織の損傷などが少なからず起こる．しかし歯周炎が進行している場合は，歯周病菌による影響が強く出ることが予想され，骨髄炎や菌血症を引き起こす可能性がある．そのため処置前に，抗菌薬の投与を行っておくべきである．

■ 対合歯による抜歯部位や口唇の損傷

例えば上顎犬歯を抜歯した際には，下顎の犬歯が上顎の口唇に当たりやすくなり，その部位の口唇などに損傷が起こる．その場合は，対合歯も抜歯するか，生活歯髄切断法により歯冠を短く切断するなどの方法をとる．

8 処置後の管理

▶ **Point**

- 処置後の管理では，まず何よりも縫合面の保護を考え，適切な対処と飼い主への指示を行う．
- ホームケアと歯科予防処置の説明もぜひ行いたい．

抜歯処置後の管理としては，まず麻酔の回復時に血圧が回復する際の術創からの出血に留意しておかなければならない．

重度の感染がみられた場合は，敗血症や顎骨の骨髄炎を伴っていることが多いため，その重傷度に応じて長期的（数週間～数カ月間）に抗菌薬の内服投与などを行う．疼痛管理も必要に応じて数日間行うべきである．

また，犬や猫が手術部位を気にして前肢などで縫合部を触ることを防ぐために，術後2～3週間はエリザベスカラーを装着して，創面を保護する必要がある．

さらに，縫合部は非常に脆いため，2～3週間は柔らかい食事のみを与えるように指示する．ガムや平たい乾燥肉片，おもちゃなどを口にすることも，同じく2～3週間ほど中止させておく．

縫合部は1週間前後が離開しやすいため，そうした指導をすることも含めて，1週間後もしくは2週間後に再診の機会を作っておきたい．

その他自宅での注意点としては，下顎の第1後臼歯や犬歯など比較的大きな歯が重度歯周炎であった場合は，下顎骨折の危険があるため，安静に維持させる必要がある．

また，重度歯周病などで病的骨折しそうな場合は，1カ月後および3カ月後に検診し，X線を撮影して確認を行うべきである．

そして歯周病の場合は，退院の前にデンタルホームケアの指導と，定期的な歯科予防処置の必要性を説明することを忘れてはいけない．このプロセスが，再発防止に大きく影響するのである．

参考文献

- Crossley DA., Penman S. (2003)：小動物の歯科診療マニュアル(奥田綾子訳)，ファームプレス
- Donald H., DeForge., Ben H. Colmery III. (2003)：獣医歯科X線アトラス(奥田綾子訳)，学窓社
- Harvey CE., Emily PP. (1995)：小動物の歯科学(奥田綾子訳)，LLLセミナー
- Harvey CE., et al. (1994)：猫の歯科学(林一彦監訳)獣医臨床シリーズ1994年版 vol.22/no.6，学窓社
- Harvey CE. (2006)：歯周病の管理，Saunders Veterinary Clinics Small Animal Practice，犬と猫の歯科学，49-64，インターズー
- Holmstrom SE. (2000)：犬の歯科学(奥田綾子訳)獣医臨床シリーズ2000年版vol.28/no.5，学窓社
- Holmstrom SE., Frost PF. (2004)：Veterinary Dental Techniques 3rd Edi., Sanders.
- Kainer RA., MacCracken TO. (2003)：犬の解剖カラーリングアトラス(日本獣医解剖学会監修)，学窓社，2003
- Kainer RA., MacCracken TO.：猫の解剖カラーリングアトラス(九郎丸正道監修)，学窓社
- Sherding RG. (1993)：猫の医学(加藤元，大島監訳)，文永堂出版
- Wiggs RB., Lobprise HB. (1997)：Veterinary Dentistry principles and practice, Lippincott-Raven
- The North American Veterinary Community (2002)：Proceedings of Current Perspectives in Canine and Feline Dental Health Management , The North American Veterinary Conference 2002.
- 石井正敏(1997)：やさしい説明，上手な治療(1)歯周病，永末書店
- 江澤康博(2001)：一からわかるクリニカルペリオドントロジー，医歯薬出版社
- 奥田綾子(2002)：老齢動物の口腔内疾患治療における周術期の管理，MVM，No.67，ファームプレス
- 黒崎紀正ほか(2001)：イラストレイテッド・クリニカルデンティストリー2 歯・歯髄・歯周組織の疾患，医歯薬出版社
- 桑原洋助ほか(2002)：一から学ぶ矯正歯科臨床，医歯薬出版社
- 関根弘(1989)：歯科医学大辞典，医歯薬出版
- 戸田功(2003)：一般開業医のための歯科治療と予防—基礎編—，CAP，No.169チクサン出版社
- 戸田功(2003)：一般開業医のための歯科治療と予防—実践編—，CAP，No.171，チクサン出版社
- Bahekar AA., Singh S., Saha S., et al. (2007)：The prevalence and incidence of coronary heart disease is significantly increased in periodontitis : a meta-analysis, *Am Heart J.* 154(5), 830-7
- Corbella S., Taschieri S., Francetti L., et al. (2013). Periodontal disease as a risk factor for adverse pregnancy outcomes : a systematic review and meta-analysis of case-control studies, *Odontology.* 100(2), 232-40
- Davé S., Van Dyke T. (2008)：The link between periodontal disease and cardiovascular disease is probably inflammation, *Oral Dis.* 14, 95-101
- Didilescu AC., Skaug N., Marica C., et al. (2005)：Respiratory pathogens in dental plaque of hospitalized patients with chronic lung diseases, *Clin Oral Investig.* 9(3), 141-7
- Girard N., Servet E., Biourge., et al. (2008)：Feline tooth resorption in a colony of 109 cats, *J Vet Dent*, Sep, 25(3), 166-74
- Hennet P., Servet E., Soulard Y., et al. (2007) : Effect of pellet food size and polyphosphates in preventing calculus accumulation in dogs, *J Vet Dent.* 24, 236-239
- Offenbacher S., Katz V., Fertik G., et al. (1996)：Periodontal infection as a possible risk factor for preterm low birth weight. *J Periodontol.* 67(10 Suppl), 1103-13
- Pavlica Z., Petelin M., Juntes P., et al. (2008)：Periodontal disease burden and pathological changes in organs of dogs, *J Vet Dent*, 25(2), 97-105
- Schlup VD. (1982)：Epidemiologische und morphologische Untersuchungen am KatzengebiB. I. Mitteilung: Epidemiologische Untersuchungen, *Kleintier praxis* , 27, 86-94
- van Wessum R., Harvey CE., Hennet P. (1992)：Feline dental resorptive lesions. Prevalence patterns, *Vet Clin North Am Small Anim Pract*, Nov., 22(6), 1405-16
- Yoneyama T., Yoshida M., Matsui T., et al (1999)：Oral care and pneumonia. *Oral Care Working Group. Lancet.* 7, 354-515

索 引

あ

か

さ

た

な

は

ま

や

ら

欧

●著者プロフィール

戸田　功

1959年に東京で生まれ，日本獣医畜産大学に入学し，1985年に修士で卒業．
1988年に東京都江東区にとだ動物病院を開業．
1995年に同区内の現住所に移転．

20年以上前から小動物歯科を始め，VettecDentistryの奥田綾子先生とアメリカボルチモアのDr. Ira Luskinに師事を受けた．アメリカボルチモアのアニマルデンタルセンターの元レジデント．
現在，日本総合口腔医療学会理事，日本獣医顎顔面口腔外科研究会副会長，日本臨床獣医学フォーラム幹事，日本小動物歯科学会会員，アメリカ歯科学会会員，ヨーロッパ歯科学会会員．
年に40回以上の歯科関連の講演と多数の動物歯科関連の執筆活動を行っている．開業獣医師だけでなく，獣医大学，動物看護大学および専門学校でも教鞭をとっている．また，動物看護師，トリマー，飼い主さん向けにも幅広く講演や執筆活動をしている．

即実践！犬と猫の歯科
動画と写真でマスター ベーシック編

2018年7月26日　第1版第1刷発刊
定価（本体15,000円＋税）

著者――戸田　功
発行人――山口啓子
発行所――株式会社 学窓社
〒113-0024
東京都文京区西片2-16-28
TEL：03（3818）8701
FAX：03（3818）8704
e-mail：info@gakusosha.co.jp
http://www.gakusosha.com

印刷所――株式会社シナノパブリッシングプレス

ISBN 978-4-87362-760-1

即実践！

犬と猫の歯科

動画と写真でマスター

ベーシック編

戸田 功
とだ動物病院

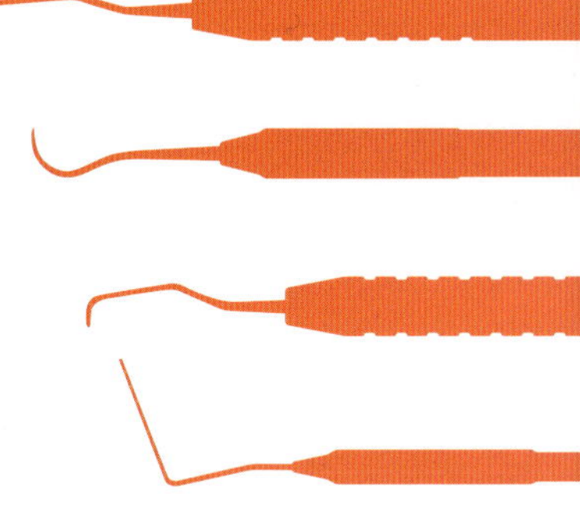

学窓社

JN196540